U0223027

# 赛先生在当代

## 科技升格与文学转型

李 静 著

生活·讀書·新知 三联书店 生活書店 出版有限公司

本书受到中国艺术研究院基本科研业务费项目（项目号：2023-3-5）的资助

**图书在版编目（CIP）数据**

赛先生在当代：科技升格与文学转型 / 李静著.
-- 北京：生活书店出版有限公司，2024.6.
-- ISBN 978-7-80768-476-3
Ⅰ. N43
中国国家版本馆 CIP 数据核字第 2024ZC9329 号

责任编辑　李方晴
装帧设计　鲁明静
责任印制　孙　明
出版发行　生活書店出版有限公司
（北京市东城区美术馆东街 22 号）
邮　　编　100010
经　　销　新华书店
印　　刷　北京启航东方印刷有限公司
版　　次　2024 年 9 月北京第 1 版
2024 年 9 月北京第 1 次印刷
开　　本　889 毫米 × 1194 毫米　1/32　印张 12.625
印　　数　0,001–3,000 册
字　　数　240 千字
定　　价　68.00 元
（印装查询：010-64052066；邮购查询：010-84010542）

# 目　录

## 下　篇

## 从“赛先生”到赛博格

### 文明转型与文学创造

# 序　言

## 赛先生：当代中国人文学研究的重要视角

钱理群

我的专业是中国现代文学研究，但我对中国当代文学的创作与研究，始终有浓厚的兴趣。我对当下中国当代文学及其研究，在满怀焦虑的同时，又充满好奇心：在后疫情时代的前所未有的历史大变动中，和我们每个人生存息息相关的文学与研究，在面对危机的同时，又迎来什么新的机遇，拥有哪些“历史再出发”的新的可能性？正是在这样的困惑和期待下，我读到了李静的《赛先生在当代：科技升格与文学转型》，眼睛为之一亮：我欣喜地发现，在年轻一代学者中，还有人在通过回顾“历史”、总结“现状”，来寻求、思考、讨论中国当代文学与研究（背后更有当代中国社会和个人发展）的“未来”之路。尽管由于时代与知识结构的距离，我对她的论述还有许多不懂之处，但仍愿意如实写下我的关注与思考。

我想从2022年所写的《商金林学术研究的“现代中国人文史”视野》一文说起。文章谈及商先生发现的关于鲁迅的一个重要史料：20世纪30年代，日本学者翻译、出版了《大鲁迅全集》，在所拟广告词里给予鲁迅两个重要评价。一是明确提出，要关注和研究“现实的活的中国”：它对于世界是一个“伟大的谜”；“解开这个谜的唯一钥匙，就是这部《大鲁迅全集》”。二是对鲁迅的《中国小说史略》的研究方法，做出新的概括：不仅研究“从古代到近代支那小说”，也论述了“政治、经济、民族、社会与小说之间的相互影响与作用”，这就“超越了文学史，达到人文史的顶峰”。正当我为商老师的新发现兴奋不已时，又注意到，也就在2022年9月，在陈平原老师的倡导下，北京大学成立了“现代中国人文研究所”。我立即敏感地意识到，这绝非偶然。其所提出的是一个“解开‘现实的活的中国’之‘谜’”的学术使命，以及相应的超越文学史的“人文学”研究视野与方法：它很有可能在21世纪初的历史大变动中，为陷于困境的中国文学创作与研究提出了一个新思路，以至新方向。我因此在文章里响应商、陈二位的倡议，明确提出要“接着鲁迅往下想，往下写，往下做”，突破“重传统，轻现、当代研究”的学术现状，重振“现、当代中国”的

“人文学”研究，认真总结20世纪、21世纪初的中国经验与中国教训，以解析“现实的活的中国之谜”。

此刻放在我们面前的这本李静的新著，就是我所期待的，解析“现实的活的中国”之“谜”的“人文学”著作。作者的独特之处在于，她不仅自觉于此，而且找到了自己的独特视野：以“赛先生在当代：科技升格与文学转型”为突破口。本来“赛先生”和“德先生”一样，都是“五四”新文化、新文学的主题词；现在作者将其延伸到当下，研究“赛先生在当代”，讨论“现代社会与现代中国人生活中的科学，探究科学的社会化进程”及其“叙事系统”，从而将“科学”与“文学”及其背后的社会、思想、政治、文化有机统一起来：这本身即构成了本书的最大特色与贡献。

书中包含了独特的“科学观”：“在中国语境中，理性与道德、知识与正义、科学与文化是一体两面的，而非彼此孤立。在现代化转型中，科学一直是高度人文化与道德化的，与政治结构、社会结构和文化结构密切互动。”正是从这样的科学观出发，“本书所关心的不是思想史与制度史中的‘科学’”，而是“活生生地存在于中国现代转型的不同阶段中”的“科学”。于是，李静又有了一个独特发现：在当代中国的现代转型中的两个关键时刻，“赛先生”都是一个核心性存在，发挥了重要作用。本书也是以这两个历史时刻，结构成“上”“下”两篇。

上篇题为“历史转轨中的‘赛先生’”。她发现，20世纪七八十年代之交的中国，正处于“由‘文革’向‘改革’过渡”的历史时期。在“改革”的新阶段，邓小平逐步发展出“科学技术是第一生产力”（1988）的论断。在这一背景下，才能深入理解徐迟的报告文学《哥德巴赫猜想》中以陈景润为代表的“科学家（知识分子）英雄”形象。这也就意味着毛泽东时代“工农兵英雄形象的退场，科技人才成为更有价值的新人代表”。这标志着价值观念、人生理想、选择的巨大变化。正如本书引述的北京大学教授的自述，彼时他还是年轻学子，“他（陈景润）对专业研究的认真勤奋，他对‘时事政治’的冷漠态度，他对日常生活的毫不讲究……都与一个落寞的‘文革’时代形成强烈反差，我们狂热地崇敬他。……他的生活观念或者说生活方式，长久地影响着我，影响着我们这一代的许多人”。陈景润“由科学怪人转变为美的化身”，表征着新时期“对于‘人’的理解方式正悄然转变”，“为理性而生”的“知识分子”也因此被“高度道德化”。在1978年3月召开的全国科学大会上邓小平即明确宣布：“我们的科学事业是社会主义事业的一个重要方面，致力于社会主义的科学事业，作出贡献，就是红的重要表现，就是红与专的统一。”邓小平同时还“定位了知识分子的阶级属性：是劳动人民的一部分”，真可谓“石破天惊”。这样的“知识（科学技术）”的新定位，“知识人”的诞生，对此后的改革开放，中国逐渐成为科技强国和经济强国，显然奠定了基础。

或许更值得注意的，是“下篇”关于“2016年以降移动互联网时代”开启了“当代文明转型”的讨论。在我看来，这是李静的另一个重要概括。她指出，“2016年是所谓人工智能元年，伴随智能手机、移动终端的普及与应用，科学技术重构了衣食住行全方位的生活系统。在数码文明转型的时代中，科技的重要性已不再需要文学的‘游说’，科技已融入身体经验，作用于环境本身，科技、资本与民族国家深度绑定”。这样一个新时代、新文明，与高科技的新结合，其本身就是高科技（人工智能）的产物。而如她所强调，“数码文明时代前所未有地为大众带来了参与文化的渠道，带来了各种联结的可能性”。高科技也为国家对政治、经济、社会、思想、文化、教育的全面管控，提供技术的支撑。同样值得注意的是，互联网的出现，改变了知识分子的角色，他们早已不再是居高临下的启蒙者，而是拥有了深入社会、进入年轻一代生活中的可能，独立知识分子的批判功能在网络上找到了施展空间，成了“公共知识分子”。而人工智能的发展，导致机器人挑战了人的功能与作用，由此更是不可回避地提出了“人类向何处去”的问题。这既引发关于人的未来的好奇与想象，更导致人的精神的焦虑与绝望。如本书中所写：“虚无主义、神秘主义甚至新蒙昧、新迷信正在上演。而情绪极化，普遍性失落与反智倾向正在蚕食着我们的文化土壤。”数码文明带来的“历史巨变”才刚刚开始，一切有待于我们的持续观察与思考。

这样，李静通过抓住两个时代："由'文革'向'改革'过渡的七八十年代之交，以及2016年以降的移动互联网时代"，把1978—2023年四十余年的当代中国巨变拎了起来，开拓了一个极为广阔、丰富的人文学研究空间。

李静不仅自觉选择了一个全新的课题，开拓了独特的研究空间，而且找到了自己的研究方法：或许这才是我最感兴趣的。我特别关注的，有三个方面：

其一，她对科学文化的研究，不仅注意科学的思想观念与文化形态，还牢牢把握其"叙事系统"，即科学的建构与叙述。她是从"科学与文学"的关系入手，来展开自己的科学人文学研究。其研究方法，就是进行"科学故事的个案研究"。而文学书写中的科学故事的最大特点，就是"高度情境化、经验性与差异化"，以及高度个体化，对细节的着意关注，等等。这就避免了科学理论与科学史研究对科学的概括叙述可能带来的抽象化、简单化、单一化等问题，从而有助于复原实际生活中科学的丰富性、复杂性与个体性。文学修辞书写的科学故事，也更便于发挥"文学在预示、警示、反思等方面的能动作用"，以及"想象力与创造力"带来的文学魅力。

我读李静这本专著，最感惊异的是，全书只讲了七个"科学—文学故事"：蒋子龙的《乔厂长上任记》、徐迟的《哥德巴赫猜想》、刘心武的《班主任》、叶永烈的《小灵通漫游未来》、互联网时代的"诗歌创作的机器拟人与人拟机器"、"四大名著的接受"，以及鲁迅所代表的"现代经典的后现代命运"，但我却从中看到了改革以降四十余年间的历史巨变，尤其是社会阶层的变化导致的社会结构、政治结构的变化，比如，20世纪70年末80年代初老干部上任、老工人退出，"知识分子英雄"登场，中国教育的新阶段开启，这些真让我浮想联翩。而2016年以来的互联网时代，中国人的思维方式、行为方式的巨大变化，对"未来"的想象，对人际关系的处理，对自我生存方式与生命形态的选择，更激发了我的好奇心与想象力。这正是我所欣赏与追求的学术境界：不仅给读者提供相关的知识、文化与研究者的思考，而且能够唤起读者的历史记忆、经验和生命体验，激发读者的想象力与创造力。

其二，关于学术研究的"历史性"，李静也别有见地。她强调了两个侧面。一是要"进入历史情境"，对当事人的选择怀有理解与同情；二是要正视选择的"后果"，展开当下的反思。她清醒地意识到，所谓"历史"是一个逐步展开的过程：当事人在不知后果的情况下，做出自己的选择；而我们今天的研究者所面对的，却是当年的选择带来的后果。研究者所要坚持的"历史性"，就是要置身于"当时"的历史情境，又置身于"当下"的历史情境。这就产生了研究者历史叙述的复杂性与反思性。我因此注意到，她关于70年代末80年代初的"知识分子英雄化"的出场的故事的讲述，不仅谈到当时从"文革"转向改革开放的历史背景下，知识分子淡化政治，转向专业化的历史合理性与正面作用，也不回避这样的“急转弯”带来的深远影响：“‘政治’越来越被理所应当地认为是专属‘政党’的事情，进而逐渐从个人的生活世界中退出。照此逻辑发展下去，人民参与现实政治的意愿、能力与渠道只会逐渐缩减，难以成为国家事务的能动参与者。”而“伴随市场经济时代以来的阶层分化，寒门难出贵子……‘脱不掉的长衫’等网络热词出现时，证明我们已经置身于难以逆转的后果之中了”：“知识与学历不再是阶层上升的有效渠道”。这样的“知识降格”就必然会导致出现我所说的“精致的利己主义者”。这种“正视后果”的历史叙述，不仅更加接近历史的真实，而且更能凸显历史研究的反思、批判功能。

其三，李静在导论里宣布：“本书的主旨是去追究科学何以社会化，以至其原理、方法、观念甚至成为每个现代中国人的人生律令。”这是她的另一个自觉追求：追寻学术研究与自我个体生命的连接，把自己的“生命难题变成研究课题”，追问“自己投身的研究与批判”，与自己生活的社会、时代，更与自身的生命，到底有着什么关系与“意义”连接。她坦言：“书写这本书的过程，也是照见自己成长与生活的过程。”这样的研究主体与研究客体相互融合的研究，使我想起了自己在《商金林学术研究的“现代中国人文史”视野》里的一个论断：人文史研究的“人”，既包括作品所描写的“人”、创作者自身，也包括研究者其“人”、读者其“人”。人文，人文，就是“人物—作者—学者—读者”四位一体的生命，因“文（文学形态）”而融合，发生精神的共振。更加难能可贵的是，李静既追求这样的“融合”和“共振”，又清醒于其间不可避免的矛盾与冲突。她曾自嘲为“半新半旧之人”，“既不甘传统，又怀疑潮流”。对于自己所关注，相关作品所描述的时代“科技故事”，其所显现的“人”以及作者其“人”的观察、选择，是既产生共鸣，又有所怀疑的，因而“注定只能在持续焦灼中艰难地写下心声。而这心声的价值或许不久便将消失殆尽”。这样的对研究对象及自身的双重怀疑，同时又共鸣的矛盾，就使得本书的研究与叙述，充斥一种焦虑与不安的氛围：这恰恰是我最为看重的。

2023年10月31日至11月3日陆续写成

# 导 论

## “文学中国”遭遇“赛先生”之后

### 一、走出实验室：“科学”的社会化

这三十年来，有一个名词在国内几乎做到了无上尊严的地位；无论懂与不懂的人，无论守旧和维新的人，都不敢公然对他表示轻视或戏侮的态度。那个名词就是“科学”。

——胡适：《〈科学与人生观〉序》(1923)[1]

大兴的努力、正直、热诚，使自己到处碰壁。他所接触到的人，会慢慢很巧妙地把他所最珍视的“科学家”三个字变成一种嘲笑。他们要喝酒去，或是要办一件不正当

的事，就老躲开“科学家”。等“科学家”天天成为大家开玩笑的用语，大兴便不能不带着太太另找吃饭的地方去！

——老舍：《不成问题的问题》(1943)[2]

今天的文学家和科学家有着相同的使命。科学家在发现新的世界、新的自然规律；文学家则应该努力发现新的人、新的生活准则。

——靳凡：《公开的情书》后记(1981)[3]

20世纪以来，“科学”这一概念在中国社会日渐普及，并重塑着民众的生活世界。开篇所引三则，便显示出“科学”在不同时代语境下的复杂影响。第一则，出自胡适为1923年科玄论战所撰总结，强调“科学”作为现代西方文明之精粹，逐渐占据至尊地位。文中虽也提及梁启超在“一战”后反思“科学万能”论，但颠扑不破的前提仍是科学权威的确立；第二则，取自老舍在战时重庆所作的短篇小说《不成问题的问题》，小说描写了在美国学成归来的园艺学家尤大兴来到“树华农场”后的遭遇。他满心希冀“科学救国”，却因不通人情世故而四处碰壁，直至“科学家”三个字沦为嘲讽之语；第三则，选自靳凡为自己的书信体中篇小说《公开的情书》所作后记，道出20世纪70年代语境下年轻人的思想取向，对他们而言，科学与文学中都孕育着新价值、新生活与新信仰，这一除旧立新的文化选择闪耀着理想主义的光芒。

仅凭上述三则文字，便可一窥“科学”在现代中国历史进程中产生的深广影响。科学观念的最早倡导者吴稚晖如是断言：“科学公理之发明，革命风潮之澎涨，实十九二十世纪人类之特色也，此二者相乘相因，以行社会进化自然之公理。”[4]在“道术将为天下裂”的转折关头，在“文明等级秩序”的压力下，在救亡图存、追求富强、抗战建国的一系列紧急任务面前，广义的“科学”不仅意味着先进知识与实用技术，更负载实现众人之幸福、社会之进化的艰巨使命。它既落实为理性主义与科学方法，又承载了从宇宙观到社会观、政治观，进而到人生观、道德观的全方位变革，最终发展为一种最为权威的理解现实的文化范式与超级能指。

大体来说，科学堪称封建社会的挑战者、现代文明的推动者与新信仰的提供者的三位一体。而且值得注意的是，“中国的科学主义之所以不同于西方的科学主义，正因为它存在着中国特有的、用现代常识理性建构新道德意识形态的隐形模式”[5]，这意味着在中国语境中，理性与道德、知识与正义、科学与文化是一体两面的，而非彼此孤立。在现代转型过程中，科学一直都是高度**人文化与道德化**的，与政治结构、社会结构和文化结构密切互动。正如巴里·巴恩斯指出的，“科学并非首先是提供特殊的技能，而是要成为一种生活方式的文化和思想基础”，那么，“鉴于科学可以用来作为一种完整的生活方式的文化基础，那就必须把它看做是文化的产物”。[6] 因此，人文学者关心与研究科学文化，便属情理之中，思想史、概念史、科学/技术哲学、知识社会学、科学文化史等多种研究路径都产生了值得关注的成果，诸多中外思想家对此亦相继开掘，这些构成本书的重要思想资源，却非主要论述内容。同样，围绕科学技术而构建的制度史、学科史、政策研究，也非本书的论述对象。本书所关心的不是思想史与制度史中的“科学”，而是现代中国社会与现代中国人生活之中的“科学”，想要探究的是“科学”的社会化进程，亦即它是如何走出“知识黑箱”，活生生地存在于中国现代转型的不同阶段中的。

谈及“科学”的人文化与社会化，有一个文化符号绕不过去，那便是著名的“赛先生”。一般认为，“赛先生”诞生于陈独秀为《新青年》杂志辩护的文章《本志罪案之答辩书》，文中认定只有“德先生”（democracy）和“赛先生”（science）“可以救治中国政治上道德上学术上思想上一切的黑暗”[7]。瞿秋白评价道：“二十余年和欧美文化相接，科学早已编入国立学校的教科书内，却直到如今，才有人认真聘请赛先生（陈独秀先生称科学为Mr Science）到古旧的东方国来”[8]，科学才真正进入并搅动古老中国文化的深层根基。本书沿此思路，继续调用“赛先生”这一文化形象，站在科学与文化的交叉地带，考察“科学”**走出教科书与实验室之后，渗透进中国的社会化进程**。本书所使用的“科学”概念，主要不是指具体的科学理论与应用技术，而是指向以“赛先生”为代表的文化形态、思想观念与叙事系统。以“赛先生”为视角，可以观察科学观念在确立与普及过程中所使用的修辞策略，及其所包含的伦理导向与意识形态内涵。

比方说，当科学观念由精英群体扩散至更广大的基层社会后，到底带来哪些变与不变？再比如，那些独属于中国语境的时空维度，像老舍小说描写的“树华农场”这类基层社群/关系网络，又或是靳凡所描写的身处特定情境的一代人，这些要素的加入到底令“科学”演绎出哪些故事，造成何种后果，又萌生了哪些影响至今的重要思想文化议题？归根结底，本书的主旨是去追究科学何以社会化，以至其原理、方法、观念甚至成为每个现代中国人的人生律令。要面对这个极其庞大的问题，或许可以借力于“赛先生”闯入中国社会之后经历的种种故事，以此为中介，去谛听现代中国文化生成的内在节奏。

## 二、“情动于中”：科学故事在述说什么？

当“科学”概念与社会结构深入互动时，会激发出一套套故事/叙事，亦即个体以艺术形式重述与再现发生之物，使之变得可以理解与共享，并负载着特定的意义。关于科学知识的叙事性与建构性，布鲁诺·拉图尔（Bruno Latour）与史蒂夫·伍尔加（Steve Woolgar）合著的《实验室生活：科学事实的建构过程》(*Laboratory Life: The Construction of Scientific Facts*, 1979)堪称经典。两位作者在实验室近距离观察科学家的日常工作，深入阐释了科学知识是如何在实验室内部的互动与协商，以及社会文化的制约下建构起来的。对此书有着很高评价的科学史家唐娜·哈拉维也使用“情境化知识”(situated knowledges)这一概念解构本质化的科学知识，提出所有知识都受到特定情境的制约，而且局部、具体的视角，比如女性视角，具备长期被忽略的认知价值。[9]

这类理论考察了科学知识的专业化/职业化生产过程，还可以继续去探究的是，“科学”的社会形象又是如何被生产的？“科学”是如何传播，并转化为可被科学共同体之外的大多数人阅读与感知的修辞系统/形象符号的呢？科学观念是如何在中国社会运转起来，并被赋予无穷的“魅力”/“权力”的？科学观念只有转化为一套面向公众的情动机制与主体召唤术，被注入温度与价值，以及强烈的道德感，才有可能搅动中国文明、中国社会、中国人的旧有价值系统，有机参与进现代转型的过程之中。“科学”完成自我的叙事化，才有可能入脑入心，化作现代价值谱系中不可缺少的一环。故而我们才能够理解，为什么在倡导“文学革命”的杂志《新青年》上，会诞生“赛先生”这样人尽皆知的宣扬科学精神的文化符号，二者实则统一于文化现代性的进程之中。正是在陈独秀的激烈辩词中，德先生与赛先生成为两面鲜明的旗帜，象征着革命的力量与前进之方向。相比起直接音译为“赛因斯”，“赛先生”的说法形象地展示了以西方文明为师长的学习姿态，且更便于民众理解、使用与记忆，加速了其普及传播的效率。

在20世纪文化变革中居于重要地位的文学，在打造“科学”形象的过程中同样起到关键作用。关于文学与科学的关系，已形成若干认知模式：其一，以英国科学家兼作家C. P. 斯诺于1959年提出的“两种文化”论为代表，强调二者的分隔与差异，激起广泛共鸣与持久回响。其二，研究文学学科的科学化/现代化进程，具体表现为研究文学学科的建立，研究古老的文学如何转变为一门现代“知识”，以及文学研究如何获取方法上的科学性。这主要集中于制度史、学科史、学术史等领域。又或以“影响论”的方式，讨论科学如何全面地影响了文学的生产、创作与传播等过程，这在近年来的新媒体文艺研究中尤为常见。其三，强调文学在预示、警示、反思等方面的能动作用，揭示其守护人文精神、省思科技后果的不可缺少的重要作用。后两种论述模式，其实也是在“两种文化”的前提下展开的，在科学霸权作用的支配下探讨两种知识类型之间的交互关系。

就目前已有的学科分类体系而言，上述讨论方式是合理且重要的。但本书想要暂且跳出“两种文化”的区分，回到文明转型的历史语境中，思考文学与科学的同构关系。在文化现代性的诉求下，科学与文学虽是各具自律性的两种知识类型，却也扭结为一对相互依存的矛盾共同体。科学与文学，在革命的世纪里被彼此深深影响，科学性内置于文学学科的形构之中，而科学之所以能发挥巨大的文化影响，也仰仗于文学叙事，文学拥有不容忽视的能动力量。

在此意义上，面向大众读者的科学故事，便具备重要的研究价值，它们记录了大众对于科学的认知与理解过程，承载了大众对自我的期许与规划，进而以各种形式参与构建了公共认同与现实实践。因此，本书的主体内容便是对科学故事的个案研究。科学故事所蕴藏的研究价值主要体现在三个方面：其一，科学故事承载了中国本土经验的复杂性。科学观念是被有机结构进整个社会文本中的，而非一个孤零零的观念。科学故事是高度情境化、经验性与差异化的，故而也可被看作“准民族志书写”，记录了所谓“后发国家”在现代性的“挤压”之下，如何“紧急变身”的过程，其中的经验教训特别需要身处这一文化语境中的研究者加以总结。

其二，科学故事具备揭示文化生成逻辑的理论价值，这何尝不是另一种形式的“客观性”？相比起社会调研、数据统计、田野考察，文学文本的细读看似不够客观。但如前文所述，科学社会化所衍生出的“故事家族”实际上构成连贯的、可追踪的文本脉络，本身便构成文本的“田野”。讲述动力、故事主体、行为方式与历史后果，也可被视作“文本田野考察”的若干“参数”与“坐标”，并借此勾勒社会结构与历史逻辑的变化过程，其中的微妙分寸或许不是因果律与实证统计能够妥善驾驭的。

其三，科学故事最大程度地展现了科学观念所产生的情感效能。这点并不难理解，但以往的关注程度还不够。比如，本书中所分析的报告文学《哥德巴赫猜想》这一文本，凝结了时代中人对科学迸发的极度热情与重塑自我的极致渴望，留存了这一特殊阶段的情感势能。在这类科学故事的陪伴下，我们可以获取在知识、概念、实证性事实之外的某种具体情境，有可能由此激活自身的切实感知，提升对于历史的理解能力。换句话说，正因为这些科学故事“情动于中而形于言”，才令过去与现在变得可以理解，变成与我们有关的“记忆”，而且仍在形塑着我们的当下与未来。

## 三、“现代文化的不安定层”：一种文学生存论

回到“赛先生”的故事里，我们会发现，“凡‘赛先生’出场时，大多时候不是孤立存在的，各种概念围绕着他试图搭建起诸如朋友、敌人、家人等形形色色的社会关系。身处其中的‘赛先生’一方面被证明拥有不可或缺的社会地位，另一方面也深陷各种社会关系的比附之中，从而具有了多层次的身份等级”[10]，他与德先生、费小姐（freedom）、穆女士（moral）、“爱先生”、“美先生”等人格化譬喻，交织组合成建

设现代文明的各式方案。“赛先生”与其他人格化概念之间有着复杂的社会关系，它们各自地位升降浮沉的背后，乃是“近代中国在现代化转型过程中，该如何选择价值排序”[11]。以“赛先生”为代表的人格化概念群参与了思想重构与现实解放的过程，人们借助这些概念范畴与叙述框架来不断重新表述自己的生活世界。

而在特定语境与阶段下，概念也会在与现实的交互中裂解出不同的理解方式与发展形态，掀起思想与实践的巨流或微澜。即便是在科玄论战中主张科学有限性的张君劢，在目睹科学技术对“二战”的巨大影响后，也转而站在了主张科学救国的一方，而且尤其看重先进武器的力量，“赛先生”的形象亦随之有所变化，更偏重于物质层面。“赛先生”既可以是科学精神与科学方法，同时也可以代表强调物质、工艺的科学，其间的思想差异不可谓不大。[12]那么，“赛先生”闯入现代中国之后，到底有着何种命运，又是如何持续在场，成为一种有效的表达的呢？这是本书将要借助具体文学文本来思考的问题。

具体而言，在文学文本的个案研究中，我们可以观察有关科学的叙述是如何发动的，这些叙述又是如何与其他社会力量联动，产生了怎样的历史后果。其中，“动力”与“结果”正是文本细读时尤其值得注意的两个维度。“动力”关涉历史上下文的具体脉络，而“结果”则是如今展开反思的立足点，同时也构成我们已有的认知框架。在科学故事中，关于“动力”

与“结果”的讲述，往往是以一种高度混沌暧昧甚至情绪化的方式呈现的。这是文学区别于其他实证性学科的特殊之处，它是反概括、反还原的，总是死死地盯着那些幽暗未明、无法简单作答的地带。当然，在科学故事家族中，同样不乏主题先行、图解政策的文本，但难免仍会有意或无意地纠缠着将明未明之际的思索，制造着超越于常规之上的某种“奇观”。

王汎森曾特别关注到傅斯年所提的“儒家文化的不安定层”一语。傅氏所言，意在指出儒家经典对于下层百姓的精神与思想缺乏引导，因而产生“不安定层”，下层百姓很容易被新兴宗教所俘获。[13]不妨借用这个说法，科学精神是现代社会的基本架构与合法性来源，但它果真能够全然渗透进基层社会的生活伦理之中吗？它能够“武装”普通人的思想与情感世界使之免受其他思想的诱惑吗？对此，文学自有答案。在鲁迅的《祝福》里，武装了科学知识的“我”，难以解答“祥林嫂之问”：

> 她走近两步，放低了声音，极秘密似的切切的说，“一个人死了之后，究竟有没有魂灵的？”
>
> 我很悚然，一见她的眼钉着我的，背上也就遭了芒刺一般，比在学校里遇到不及豫防的临时考，教师又偏是站在身旁的时候，惶急得多了。对于魂灵的有无，我自己是向来毫不介意的；但在此刻，怎样回答她好呢？[14]

“一个人死了之后，究竟有没有魂灵的？”连同“那么，也就有地狱了？”“那么，死掉的一家的人，都能见面的？”这一系列问句构成“祥林嫂之问”。在此，文学书写标示出科学在民间社会中的局限，展现了先进观念及其传播者在具体生活情境与民间伦理世界中遭遇的挑战，这些挑战看似微弱，实则举足轻重。有意思的是，《祝福》描写“我”的困窘之状时，拿出学校考试般的惶恐做对比。当“科学”走出课堂，面对大众时，到底会遭遇怎样的挑战？在“我”的眼中，祥林嫂之问代表了“末路的人的苦恼”[15]，而正因身处末路，“像阿Q、祥林嫂这样的非历史性存在获得了完全不同于历史学家们观察历史的视角——一种近于鬼神的视角。祥林嫂失去了一切身份，只是天地间的一个活物，也因此获得从‘外部’追问这个世界的能力，一种能够想象非历史的时间和空间的潜能”[16]。

在此意义上，鲁迅式的文学便拥有接近鬼神的视角，因而能从“外部”追问现实世界。文学也由此构成现代理性文化的“不安定层”，徘徊于那些难以归纳/概括/推理的灰色地带。文学无法在理性化的现代世界背道而驰，它本身也需要遵循所谓科学理性的法则，却也不得不负载许多“科学”之外的剩余物，记录那些无法被客观语言定型、命名的东西。马克思与恩格斯的《共产党宣言》开篇就曾用“幽灵”（Gespenst）来描述无产阶级，以文学修辞的力量确认了无产阶级“潜能”的存在，使之成为从西伯利亚到加利福尼亚传诵的“圣经”。关涉

“魂灵”的文学书写，并非全然想象，亦非仅是对科学的补充，它与科学共存于现代生活世界。按照马克斯·韦伯的理论，理性化与祛魅是现代社会的重要指标，那么借助文学文本可以看到，这一“祛魅”终将是不彻底的。在社会组织、经济管理、权力运转的层面，理性化的渗透相对深入，但在主体性的层面，理性化是不彻底的。一方面，主体不得不以效率与实用为导向组织/优化自己的行为，逐渐结成当前的绩效社会或优绩社会（Meritocratic Society）；但另一方面，科层系统、异化劳动与数字化生存带来的倦怠与虚无构成我们时代的生命难题，同时也是孕育新文化形态的“不安定层”。正如本书个案中将会论及的，人会在极度异化与疏离的状态下模仿机器写诗，在嘲弄或自嘲之间，“信息坟场”里升起的诡异诗意，圈定出科学尚未触及的、属于内在身心的文学领地。

如此立论，并非要秉持某种神秘主义，或是停留于对文学价值的辩护，而是意在说明现代社会中的文学固然深受科学霸权的影响，但它依然以相对独立的姿态记录了那些难以用数理逻辑、因果关系、计算实证来命名的“诗的真实”。更重要的是，它真正触及“存在的难题”——人如何适应现代世界，如何在其中安顿自我？科玄论战的余音，仍回荡在每个现代人的体内。而文学相当于提供了存在的可能性，它赋予普通人反思种种霸权的空间与媒介，它尊重偶然性、矛盾性与“末路人的苦恼”，或多或少地保存了普通人的主体能动性。因此，走进科学故事，不只是一项研究课题，它真正想要探究的，是文学赋予现代人的一种存在方式。在庞大的科学理性之外，原来尚且有书写与思考的某种“自由”存焉。

## 四、赛先生升格运动与文学转型

确立了本书的思考主旨与核心诉求之后，又该如何设计与展开具体研究呢？对“赛先生”命运的学术追踪，集中于其诞生之初的五四新文化运动时期，比如樊洪业的《“赛先生”与新文化运动——科学社会史的考察》(《历史研究》1989年第3期)、汪晖的《“赛先生”在中国的命运——中国近现代思想中的“科学”概念及其使用》(《学人》第1辑)等。20世纪30年代以降，科学大众化运动展开，马克思主义唯物辩证法逐渐占据主流，“赛先生”开始被化约为胡适一派的实验主义哲学与科学方法论，进而逐渐边缘化。[17]但实际上，赛先生所代表的追求无限进步的现代精神，始终贯穿于之后的发展进程中，正如研究者指出的，“(但)无论成功与否，‘赛先生’作为五四时期的思想遗迹，在后五四时期的各种思想辩论中始终在场，发生于30年代的‘新社会科学运动’与‘文艺自由论辩’，发生在40年代的‘新启蒙运动’，‘赛先生’无不参与其中”。而“时至40年代，有上海同济大学的学生称呼‘科学’为‘赛小姐’，还有儿童读物衷心祝福‘德先生’与‘赛小姐’能够百年好合，这位曾经意气风发的‘先生’甚至没有了师道尊严”[18]。“赛先生”或隐或显地始终在场，其地位的升降浮沉，以及与其他价值观念之间错综复杂的变动关系，构成理解现代中国历史的窗口之一。但遗憾的是，对于“赛先生”在当代中国的命运，相关研究还不是特别充分，而这正构成本书的研究领域。

本书主标题名曰“赛先生在当代”，意在探讨社会主义体制下文学如何表述“科学”。之所以强调“当代”，是想说明“赛先生”置身于全新的历史参数之中：现代民族国家、无产阶级先锋政党、马克思主义、社会主义革命与建设、冷战、现代化等。正如于光远1979年在报告中指出的，“五四运动时陈独秀说要请来两位先生，一位叫德先生，一位叫赛先生，现在这两位先生都已经入党了，德先生成了德同志，赛先生也成了赛同志。这是五四运动后中国革命向前发展的结果，随着历史的前进，五四运动的革命精神也前进了”[19]。

在“赛先生”成了“赛同志”之后的种种境遇中，能够挖掘出更多贴近本土文化语境的思想议题，特别是实践难题。具体而言，“赛先生”在当代继续自身的文学叙述，一方面文学生产与研究需要遵循科学社会主义的原则，接受马克思主义理论的总体指导；另一方面，“赛先生”也需要文学叙事去抵达更多的人民群众，亦即所谓的“科普”，从而发挥其塑造新人、加速现代化进程的作用。在毛泽东时代，科学发展的基本原则是“又红又专”，坚持走“群众路线”，科学技术的发展要在社会主义总路线与总方向下展开，具备高度的组织性、[20]计划性与应用导向，并依靠运动、动员、竞赛等方式来加速科技发展与应用的速度。近年来，国内外出现一批关于毛泽东时代群众科学的研究，研究范畴涉及科学种田运动、汉字检字法与排字法改革、防治血吸虫病、赤脚医生运动、电子工业与运筹学的群众运动、农业气象学调查、地震群防群测、古人类与古脊椎动物的发掘，[21]可谓切中了这一时期科学发展的主要特点。

在当代科学发展史上，对科学主义的集中反思，要到20世纪80年代中期之后。这与其时的“文化氛围紧密相关，它主要地不是有关‘知识’的检讨，而是关于文化、政治和意识形态的反思。这是一个孕育着巨大的历史变动的时期，对现代化问题的思考与对国家社会主义及其制度形式的反思紧密地联系在一起”[22]。在此背景下，才能理解郭颖颐（D. W. Y. Kwok）的《中国现代思想中的唯科学主义》（*Scientism in Chinese Thought 1900–1950*）这本1965年即已出版的著作，为何会在1989年被翻译为中文并产生很大影响。同样是1989年，张灏也在《五四运动的批判与肯定》一文中总结了五四思想的悖论性，亦即在理性与浪漫、问题与主义之间徘徊的矛盾心态，令他们找到了“德先生”与“赛先生”，“而‘德先生’与‘赛先生’在他们的心目中已常常不自觉地变成了‘德菩萨’与‘赛菩萨’”[23]。在这类研究中，科学主义开始得到系统而深入的清理，科学主义与权力形式、国家制度、社会秩序的密切关系成为重要论域。

“赛先生”诞生后，无论是“赛小姐”的祛魅、“赛同志”的变身，还是“赛菩萨”的反思，都延展出丰富的问题谱系。本书具体关注的，则是科学技术摆脱“又红又专”的框架之后，迅速“升格”（即地位升级）的两个时期，分别是**由“文革”向“改革”过渡的20世纪七八十年代之交，以及2016年以降的移动互联网时代**。本书分为上、下两编，恰好分别对应这两个时段。这两个时段当然有着诸多不同，但之所以能在本书的问题意识下并置在一起，最重要的原因便是科学技术不再完全受到阶级斗争与意识形态紧身衣的制约，反而因其被制约的历史获取了更高的合法性与自主性。而且其发展路径恢复了常态化积累的方式，越来越职业化，将绝大多数普通人摒除于专业领域之外。科技如出笼猛兽，在这四五十年间快速改变了我们的生活世界。

分而论之，在上编所聚焦的20世纪七八十年代之交，科学技术逐渐上升为第一生产力（1988年由邓小平明确提出），此时的文学叙事参与了科学/改革合法性的建构。在对蒋子龙工业题材小说的综论中，可以看到社会主义文化、人情社会与管理科学之间的内在张力，见证了科学话语在工厂改革过程中产生的复杂效应；而在徐迟的报告文学《哥德巴赫猜想》中，以陈景润为代表的“科学家英雄”形象诞生，这也意味着前一时代工农兵英雄形象的退场，科技人才成为更有价值的新人代表，以陈景润为人生榜样的发展轨迹也直接开启了对精英阶级/专家集团的成功拜物教。也正是在这种教育理念的指导下，“救救孩子”的呼吁再度响起，片面追求科学知识与唯分数论，在彼时掀起了关于成长、道德的广泛讨论，但很快又被回收进关于进步主义的想象之中。这类充斥着进步主义的未来想象，完美地呈现于叶永烈的科幻小说《小灵通漫游未来》之中。这本“文革”结束之后首部出版的科幻作品成为现象级畅销书，直接形塑了科技主导的未来想象，也意味着对于社会关系改造的乌托邦式想象暂时停止。以《小灵通漫游未来》为代表的科幻文类，正是在科技升格的过程中逐渐发展为独立文体，摆脱塑造社会主义新人的科普目的，借助创作自由与文本自律的诉求，参与了时代政治感的重塑。这些文本及其延伸出的话题构成上编五章的具体内容。

在20世纪七八十年代之交这一历史时段，文学叙事充当了科学合法性的“说服者”。在发展主义的理念之下，科技与文学共同促成这一时期的历史转型，各领域的自律性得到一定恢复，改革开放的国家规划也借此获取更多大众的理解与支持。与此同时，其时的文学叙事也触及一些反思性范畴（比如社会主义规定性与科技自主性的张力、成功与道德的关系、竞争与友谊的关系），显示出游离于时代之流之外的若干思考。在游说与游离之间，这一过渡时期的文学特质得以更多地彰显。这也是由该时期文学生产的总体环境与历史逻辑孕育而出的。

按照华世平的研究，1978—1984年间唯物主义的科学主义占据主导地位，反拨了唯意志论与人道主义思潮，进而为改革提供了合法性，生成新的社会科学原理，尤其是重新思考了生产力与生产关系的作用，[24]以此实现所谓的"'意识形态再功能化'（refunctionalization of ideology），即把意识形态与社会现代化经济增长的功能要求联系起来"[25]。通过与实践（"实践是检验真理的唯一标准"）、国际竞争、现代化发展、人民实际利益结合起来，破除了"群众科学"的发展模式，重塑了大众对何为科学的理解。在科技是第一生产力的基本"共识"下，20世纪90年代以降的世界加速巨变。

下编五章则关注2016年以降。2016年是所谓人工智能元年，伴随智能手机、移动终端的普及与应用，科学技术重构了衣食住行全方位的生活系统。在数码文明转型的时代中，科技的重要性已不再需要文学的"游说"，科技已融入身体经验，作用于环境本身，科技、资本与民族国家深度绑定。更多时候，文学扮演着适应者与质疑者的角色。下编首先便论及，在上一时期获取独立地位的科幻文类，在这一时期逐渐代表了一种高密度的现实主义。[26]中国科幻创作与研究渐成新显学，与纯文学相比，更能够为公众提供面向当下的认知媒介与思考平台，并由此塑造出独具中国特色的想象力政治。与此同时，文学的生产、传播与接受正在发生全方位的变化。在诗歌微信公众号的分析中，当代诗意生活的"生产原理"与传播特点得以显露，而对人工智能写作的分析，尤其关注人与机器的双向互拟，这也构成理解当代精神生活的一重视角。曾经的文学经典改换面孔，作为文化内容填充进互联网的生产逻辑中，四大名著在弹幕评点下生产新的含义与读写机制，而作为现代经典的鲁迅文学则贡献了一套互联网化的批评语汇，在网络争论与言说里焕发出重要的文化价值。正如钱理群所发现的鲁迅杂文的当代性："它直通今天的网络文体和网络作者与网民，不仅提供思想文化、思维方式的启迪，更提供了一种未经规范化的、足以天马行空的思想得到淋漓尽致地发挥的自由文体，为今天的网络写作提供了可供借鉴和参考的'写法'。"[27] 以上这些文本个案便构成下编五章，许多话题正处于进行时态。

"赛先生"在变身"赛同志"之后，经历了革命的全方位洗礼，继而又融入国家意志、资本驱动、发展主义的逻辑链条之中，见证了当下的文明转型。在数码文明时代，赛先生迎来深刻而广泛的质疑，曾经求真务实的科学精神越来越窄化为种种实用技术，且似乎走入"后真相"的怪圈。虚无主义与认识论危机随之而来，信息茧房与同温层、大数据算法陷阱、极端化舆论表达等，使得人与社会、人与人之间的有机性被极大损耗，真实性渐行渐远。真相，仿佛只是随机涌现的信息组合。比起尊崇科学家英雄的时代，近几年舆论场中对"专家"的信任近乎破产，人文知识的价值更是备受质疑。虚无主义、神秘主义甚至新蒙昧、新迷信正在上演。而情绪极化、普遍性失落与反智倾向正在蚕食着我们的文化土壤。与此同时，赛先生背后所关联的强力逻辑、赶超逻辑、效率至上、发展主义又未曾改变，从未得到深入的清理，遑论应对之道。当然，不得不补充的是，数码文明时代前所未有地为大众带来了参与文化的渠道，带来了各种联结的可能性，本书所写作的有限时段里，对这方面的认知还极为有限，也期待在接下来的研究工作中继续推进。

身处巨变之中，思考的任务变得更加紧迫。在文学经验与语言的创造性表达中，在文化与科技交互的视野中，在经验的反思与重构中，我们置身其中的现实得以真正涌现，我们拥有了言说与参与现实的某种可能。文学应时而变，不变的则是它的创造力与反思精神，以及向多数人敞开的参与权。在此意义上，讲述科学故事是极为重要的文化事项。本书希望在对若干科学故事的研读之旅里，向读者展示更丰富的中国经验，不断叩问我们时代的存在难题。

# 上篇

# 历史转轨中的“赛先生”

## 文学的“游说”与“游离”

# 第一章　社会主义文化与科学话语的复杂张力

## ——以蒋子龙的工业题材小说为例（1975—1982）

“赛先生”穿行至“改革中国”后，首先在经济领域大放异彩。自革命至改革的过渡时期里，恢复与发展生产力，加速实现四个现代化，逐渐成为时代共识。而科学与社会互动，又是最先落实于组织系统的理性化与标准化，“其他现代社会组织都从经济技术组织中获得结构性示范”[1]。中国的改革实践印证了这一点，“市场规律”与“管理科学”等俨然化身崭新“公理”，而这一时期的经济学家，诸如薛暮桥、孙冶方、刘国光和许涤新，以及更年轻的经济学家们，起到了巨大的作用。[2]相对而言，文学无法直接参与制度性改革，却以复杂的笔触助力了新共识的确立，揭示了“新科学”落地时带来的复杂问题。如果说，社会科学在改革中国扮演了“药”的角色，在艰难博弈中给出了现实方案，那么文学则以自己的方式反复讲述着“病药相发”的道理，比如作为“药”的科学话语，解决了许多棘手问题，但从长远来看，也未尝不会是“病”的又一根源。

在这一视野下，蒋子龙于20世纪七八十年代之交创作的工业题材小说就变得意味丰富，绝非简单重复改革意识形态。在中国当代文学史的叙述中，其短篇小说《乔厂长上任记》(《人民文学》1979年第7期）被视为“改革文学”的发轫之作，蒋子龙也因之成为“改革文学之父”。洪子诚的《中国当代文学史》评价道：“写主动要求到濒于破产的重型电机厂任厂长，以铁腕手段进行改革的人物的《乔厂长上任记》，被看做是开风气之作；它在读者引发的热烈反响，从一个方面呈现当时文学与社会生活的独特关系。”[3]在众多类似的文学史叙述中，《乔厂长上任记》所开之风气，意为“改革文学”的勃兴。而所谓“改革文学”，是指“文革”结束之后，以追求城市和农村现代化为主旨的作品类型。

但蒋子龙本人却对这一文学史美誉多有推辞：“我写工业题材小说时还不知‘改革’为何物，至今也搞不清‘改革文学’的概念。”[4]事实上，自从在《人民文学》1982年第3期上发表短篇小说《拜年》之后，蒋子龙便停止了工业题材的创作。在1989年3月28日给友人陈国凯的回信中，蒋子龙解释了自己为何选择在创作高峰期“激流勇退”：

> 1983年，城市改革逐渐起步，大工业的改革不同于农村的分田到户。我所熟悉的工厂生活会变成什么样子？无法预测。没有把握，没有自信。与其勉强地拙劣地表达，不如知趣地沉默。更何况改革之势迅速异常，“改革文艺”风起云涌，文坛已经热闹起来，少几个凑热闹的没有关系。[5]

工厂生活曾经是蒋子龙最熟悉的内容。1960年，19岁的蒋子龙从天津铸锻中心技术学校毕业，进入天津铸锻中心厂（后更名为“天津重型机器厂”）工作，成为一名正式工人。虽同年入伍，但1965年退役后再次回到天津重型机器厂（以下简称“天重”）工作，直至1982年被调入天津市作协才彻底结束自己的工厂生活。[6]因此有必要明确的是，他“所熟悉的工厂生活”主要是指毛泽东时代的工厂状况以及“文革”结束至1982年间的工厂“新变”。待到城市经济改革全面铺开之时，他已停止工业题材创作，并将笔触移至别处。

蒋子龙工业题材小说的创作高峰期（1979—1982年）对应着从“文革”到“改革”的过渡时期，其创作主题是继承与反思毛泽东时代的工业发展状况，并应对工厂新出现的生产与管理问题。换句话说，与其工业题材小说血肉相连的“事实”（fact）/“实践”（practice）是毛泽东时代的工人与工业在改革时代顺延、调整与转型的初始历程。而80年代中后期的城市改革完全超出了他以往的经验范畴，加之他已告别工厂，“无法预测”，“没有把握”进而“知趣地沉默”也就在情理之中。

因此，既往文学史叙述所提供的认知方式，亦即将这些作品相当模糊地与80年代以降的城市改革相连，进而将这些作品放置在一个与此前时代截然断裂的“起点”位置上，与实际情况是存在较大偏差的。更值得关注的问题，或许是在摆脱后见之明的影响后，考察身处过渡时期的作家到底给出了怎样的“在场证词”，比如本书所关心的，科学话语如何进入生产实践，而这样的经历又是如何被文学话语赋形、定型并赋予价值的。这种“在场感”难以被清晰地概括，而只能以文学的方式，隐隐地通向此时此刻。

## 一、历史与文学的转轨：“老干部”变身“新人”

《乔厂长上任记》已是中国当代文学中的名作，但在问世时曾遭遇两极评价：[7]一方面，天津文学批评界的一些同志认为该作品反对“揭批查”和思想解放运动，尤其是对造反派干部郗望北的正面描写令他们认为会削弱对“文革”的批判力度；[8]另一方面，《文艺报》与《人民文学》的编辑部则对之大加赞赏。时任《文艺报》编辑的刘锡诚奉主编冯牧之命写下《乔光朴是一个典型》，刊发于1979年第11—12期《文艺报》（亦即第四次文代会专号）。刘锡诚在文中指出：“小说的主要成就在于为我们塑造了乔光朴这样一个在新时期现代化建设中焕发出革命青春的闯将的典型形象。”[9]其他支持意见也持相似观点，纷纷将乔厂长标举为“具有时代精神的英雄人物”（冯牧）、“四化的带头人”（宗杰）、“新时期的英雄形象”（金梅）等。[10]经过文艺界主导力量反复的、高强度的集中论述，共识逐渐建立起来，即《乔厂长上任记》跳出了“伤痕文学”“暴露文学”的哀怨情绪，一改“缺德”文学与“向后看的文学”的创作路径，顺应了四个现代化建设的宣传需要，并且呼应了人民群众对于恢复生产的急迫心理。到了1985年，《乔厂长上任记》已被叙述为“壮哉斯人，壮哉斯文”[11]。

“乔厂长”不仅摆脱了负面争议，还被经典化为四化建设的头号“新人”。不过，“乔厂长”这位新人不同于50—70年代的社会主义新人，乃是一位重回舞台中心的“老干部”。这延续了《机电局长的一天》的主角身份。用蒋子龙的话来说：

> 人家的文艺作品里主人公都是“小将”、“新生力量”，《一天》的主角是个“老干部”；人家文艺作品里的正面人物都是“魁梧英俊”，《一天》里的正面人物却是个“瘦小枯干的病老头”。[12]

“新人形象”从“小将”“新生力量”转移到“老干部”身上，这是读解蒋子龙工业题材小说的首个要点。蒋子龙叙述中看似轻巧的前后对比，实为时代转轨在文学创作中留下的深刻烙印。现实政治力量的博弈与价值秩序的重组，决定了哪个阶层具备承载社会主义未来的资格，也决定了文学创作中的主角设置与意识形态取向。“文革”期间，“老干部”几乎是“党内走资本主义道路当权派”的同义语，“小将”才是被寄予厚望、承担着反修防修任务的“社会主义事业接班人”。落实在文学形式上，蒋子龙总结道：“当时有几条规矩，写作时是必须遵守的，你不遵守到编辑那儿也会打回来。比如正面人物应该是‘小将’‘造反的闯将’，对立面自然就以‘老家伙’为主，任何故事里都得要有阶级敌人的破坏……”[13]如此看来，1975年“老干部”作为文学中的正面人物出场，转变不可谓不剧烈，同时也凸显出其时文学之于政治环境的敏感度，以及文学参与形塑时代意识的功能。

1975年10月底，第一机械部在天津召开工业学大庆会议，落实中央钢铁座谈会（1975年5月8日至10日）的精神。蒋子龙作为“天重”的代表之一参加了会议。据他回忆：

> 我在锻锤上干了十年重体力活，第一次出来参加这样的大会，眼界大开，受到极大的震动，许多知名的大厂，如湖北二汽、富拉尔基重机厂、南京汽车厂等，老干部和老厂长已经真杀实砍地冲在领导第一线，实实在在地在领导着抓生产，他们的事迹让我有一种久违了的发自内心的

感动和敬佩。

…………

我当时正被大会上的一些人物所感染，经历了近十年“文革”的压抑和单调，这种从骨子里被感染的体验是很新鲜的，身上产生了一股热力。[14]

1975年邓小平主持全面整顿工作，带动了一大批老干部的复出。[15]这些“实实在在地在领导着抓生产”的老干部感染了蒋子龙。与此同时，他接到了即将复刊的《人民文学》的约稿。在内心的驱使下，他在会议期间就写下了以“老干部”兼“老工业”霍大道为主角的《机电局长的一天》。而霍大道的原型是“天重”的厂长冯文斌与南京汽车厂副厂长的综合。自《机电局长的一天》开始，蒋子龙在接下来的工业题材创作中，几乎都将“老干部”设置为主要的书写对象。他如此界定“文革”期间的“老干部”：

我说的“老干部”跟现在的老干部概念完全不是一码事。那时的老干部由两种人组成：一种是50年代由工人提拔起来的，还有一种是参加过革命战争，转业后进工厂的老同志。他们有信仰、有定力，不管受多大委屈，当生产出了问题，而造反派又玩不转把责任推给他们时，即便刚走下批斗台，他们也能下去把生产再捋顺了。工人对懂行的领导从来是尊重和同情的。[16]

蒋子龙此处的“老干部”是指在“文革”期间维持着“天重”正常生产活动的领导干部，包括“老革命”和“老工业”两种类型，他们的共同点是“懂行”“有信仰”“有定力”。自《乔厂长上任记》至他停止工业题材小说创作，权力秩序与意识形态话语陡然转变，理解、看待与表现“老干部”的方法自然也不能同日而语。“文革”彻底结束之后，老干部更是大量地回归各级领导岗位。[17]而到了蒋子龙写作《乔厂长上任记》的1979年，社会已实现平稳过渡，并将工作重点更为彻底地转移到经济建设上来。在此前提下，所谓的“凡是派”干部、“文革”期间的“火箭干部”地位迅速下降，这导致从中央到地方各级的老干部无论在数量还是在力量上都已占据绝对优势。曾经的“走资派”今日强势复出，主导着政治、经济与文化秩序的重塑。

可以说，选择“老干部”作为“新人”乃是由其时的现实政治秩序、生产秩序与人心秩序共同决定的。从文学形式上看，这也是蒋子龙在“怎么写”工厂故事上的自觉选择，亦可理解为社会主义大工业发展进程中的一种必然结果。蒋子龙在《大地和天空》一文中，总结了文学反映工业建设的六种模式，值得重视：1.写成生产作坊，小打小闹。2.写以厂为家，做好人好事。3.用写农村的方法写工厂，将工厂里的矛盾写成家族矛盾。4.以工厂为幌子，把人物拉到公园或农村进行描写。5.写二元对立的方案之争。6.写小改小革，围绕一台旧机器修个没完没了。[18]他认为这六种模式完全无法描绘出现代大工业的生产组织方式及其孕育的新人、新道德、新观念与新美学。而他则是非常自觉地去回应现代化大工业对作家的挑战，而且还占据了得天独厚的有利条件。他1965—1974年担任天津重型机器厂厂长办公室秘书、代理车间主任，1974—1982年任天津重型机器厂车间党总支副书记、车间副主任。在八面来风、四通八达的国营大厂里做车间主任、工厂秘书的工作经历，为他提供了走进现代化大工业体系的契机。“文革”结束后经济领域最初的调整也是从国营大厂开始的，大厂故事成为时代变局的理想缩影，由此也就可以理解蒋子龙当年的这些小说为何拥有广泛的社会影响力。

蒋子龙的身份认同是多面的，他既是工人作家，也是一线工人，同时也属于工厂的管理层。他的写作方案最终落实为以管理层“组织生产”的视角串联出现代大工业的宏观图景，以老干部复出来缩影社会主义经济体制调整与变革的初始阶段。有论者敏锐地指出：“因为在新的历史变革时期，在为四化奋斗的道路上，各级领导干部是关键，许多复杂的矛盾往往体现在他们身上，写好他们，就能提挈全盘，从根本上回答一些问题。因此，蒋子龙对各级领导干部形象的成功塑造是一个创举，它给作家的创作带来了强烈的时代精神和着眼全局的宏大气派，体现了时代对文学的要求。”[19]这一观点很能代表1980年代的普遍认知方式，亦即随着群众政治的退潮，经济发展成为核心议题，领导干部被视作开辟新路的主导力量。蒋子龙写作这些小说时，“提挈全盘”的领导干部主要是复权的老干部，虽然他们很快便在1980年代陆续退场，但却在“文革”到“改革”的过渡时期发挥了极为重要的作用。[20]本章意在讨论蒋子龙如何以文学的方式再现老干部复归后面对的新情况，以及其中蕴含的工作方法与精神状态，并从人文学的视角反思整个的历史后果。必须强调的是，蒋子龙清醒地认识到“文革”中的老干部与“文革”后的老干部并非一回事：

> 许多工厂的工人都怀念老厂长，怀念过去的年代。但是老厂长回来以后，发现工厂还是原来的工厂，甚至人还是原来的人，可就是精神面貌不一样了，人与人之间的关系不一样了，矛盾的内容和表现形式也起了变化，原来管理工厂的那一套办法不灵了。用什么办法，怎样领导好现在的企业呢？这就是乔光朴上任后所遇到的问题，也是现在很多工厂的厂长们所面临的问题。[21]

蒋子龙1975—1982年的工业题材小说中的许多作品都可被读解为老干部重回工业战线的“旧人新事”，历史的延续与断裂构成了一个个错综复杂的问题域。有趣的是，《乔厂长上任记》的初稿名字便叫作《老厂长的新事》。《人民文学》的编辑涂光群在复审时将之改名为《乔厂长上任记》。涂光群自述改名的原因有两点："一是出于文学层面的考虑，我觉得《乔厂长上任记》比《老厂长的新事》文学色彩更强一些，更能抓住读者的眼球，改名后显得更为开阔一些。另一方面主要出于政治层面的考虑，因为当时邓小平已经重新上任，开始正式主持中央工作，所以《乔厂长上任记》也在某种意义上暗示了这一政治形势。'文革'结束后我国正面临着百废待兴的局面，政治上'拨乱反正'、经济上'以经济建设为核心'成为国家发展的大势所趋。虽然'四人帮'已经被粉碎，'文革'已经结束，但是，当时仍然有一些很有组织才能的领导干部还被关在监狱里没有出任、主持新的工作，呼唤这些人物重新上任，参与到现代化建设的宏图大业中来成为广大人民的共同心愿。因此，小说修改后的题目无疑比《老厂长的新事》更能充分表达出广大人民当时的心声，也更加突出了'老厂长'复出后致力于'以经济建设为核心'的现代化建设事业的努力奋斗精神，更加符合时代的需求。"[22] 可以说，"老厂长的新事"更接近于新旧交杂的本来面目，而"乔厂长上任记"则有意配合了当时"拨乱反正"的时代需要，设置了一个纯化的崭新起点。在剥离掉"乔厂长上任记"这层"涂改"后，不妨回归故事的创生状态，考察"老厂长"遇到了哪些"新事"，又是如何处理和面对这些"新事"的。

以老干部的"领导者"视角审视新的人与人的关系、新的矛盾内容与表现形式、管理工厂的新的科学的办法，构成蒋子龙工业题材小说中最具现实质感与创造性的要素。本章论及的小说主要包括:《机电局长的一天》(《人民文学》1976年第1期)、《乔厂长上任记》(《人民文学》1979年第7期)、《乔厂长后传》(《人民文学》1980年第2期，亦即《"维持会长"》)、《一个工厂秘书的日记》(《新港》1980年第5期)、《开拓者》(《十月》1980年第6期)、《狼酒》(《中国青年报》1980年9月20日)、《拜年》(《人民文学》1982年第3期)等。这些作品中的老干部形象是多样的，本章拟以老干部的形象塑造为切入点，考察过渡时期不同老干部形象所代表的不同精神状态与工作方法，并从中思考社会主义文化传统在新的现代化方案中是如何顺承与转化的。在此基础上，才能够更好地理解管理科学与行为科学等科学话语在文学文本中的"强势"存在及其意识形态功能，进而把握现代化等科学话语是如何被想象性地结构进社会主义转轨进程中的。

## 二、三种工作法："管理科学""关系学"与投机主义的旋涡

以"老干部"视角提挈全篇，绝不仅仅意味着将小说的主角设置为老干部。在1980年全国优秀短篇小说获奖作品中，除去蒋子龙的《一个工厂秘书的日记》，同类题材还有柯云路

的《三千万》。《三千万》以老干部丁猛对经济指标“三千万”的核算为故事主轴，塑造了一位具有责任感与开拓精神的老干部形象。表面上柯云路与蒋子龙的写法很相似，但蒋子龙坦率地指出了他们之间的不同：“《三千万》这篇小说很好，但‘三千万’的数字本身没有感情……最好是换另外一个角度，把‘三千万’作为副线，不要把人物的感情、纠葛等都拴在‘三千万’上……我写乔厂长，乔厂长改革的成败与否，不影响乔厂长的感情，因为他的感情纠葛在他周围的人，包括上级、战友、对立面以及同他有过一段关系现在结成夫妻的人。”[23] 蒋子龙的小说里也不乏对数字和效率的关注和崇拜，但他更看重的是数字背后的人。他并非围绕生产指标的达成或是技术难题的解决来构思故事，而是自觉地将老干部放进具体的关系场域中，考察他与周围人的情感/精神互动。

以《乔厂长上任记》为例，老干部乔光朴与上级（霍大道、铁健）、战友（石敢）、对立面（冀申）以及同他有过一段关系现在结成夫妻的人（童贞）演绎出不同面相的工厂故事。乔厂长在故事中占据了枢纽位置，以他为中心关联起不同位置的人在具体情境约束下的精神状态与行动选择。真正的“提挈全篇”，意味着一种总体性视野的形成，意味着一套有厚度、有纵深、有现实感的工厂叙事。[24] 用蒋子龙的话来说：“创作的根须在生活里扎得越深，越能细致地感受时代的动荡给人民带来了哪些社会的、伦理的、道德的、心灵和外在的变化。”[25]

进一步说，蒋子龙的小说集中展现了变革时代里复权老干部的工作方法，即老干部如何在上下级之间开展工作，如何组织与调动身边的人，如何具体地达致理想目标，等等。以老干部的工作法为切入点，便会发现这些小说至少呈现出三种不同工作方法与精神取向。

## （一）铁腕人物的“科学”方法

蒋子龙笔下的铁腕领导者构成了一组群像，包括霍大道（《机电局长的一天》）、乔光朴（《乔厂长上任记》）、车篷宽（《开拓者》）、应丰（《狼酒》）、冷占国（《拜年》）等。这些人物一心为公，既具备一往无前的开拓进取精神，又有着极高的业务素养和学习能力。他们一方面是党的干部，同时也是企业生产经营的领导者，既服从社会主义政治的指引，又能按照现代科学和经济规律来管理经济。这些人物极力将“社会主义”“科学”与“现代化”圆融一体：现代化是社会主义发展自身的手段，而社会主义是现代化与科学的终极目的。这些人物设定反映了当时将社会主义与现代化迅速统合的乐观愿景。不过，在主流意识形态之外，蒋子龙敏锐地捕捉到了诸多暗流涌动的现实困境，在小说的具体情境中暴露出“社会主义”“现代化”与“科学”之间失衡与冲突的某些侧面。

霍大道是这一类铁腕人物的最早代表。他始终保持着高度的政治激情，以社会主义信仰来驱动现代化事业。小说结尾处，霍大道冒着暴风雨赶往机电局的场景与他当年长征的场景交相叠印，寓意着现代化是另一场长征。1975年10月24日，胡耀邦在中国科学院纪念长征胜利四十周年大会上做的讲话《实现四个现代化是新的长征》，可谓这类叙事的滥觞。另一典型的情节便是他通过不断书写革命回忆录来激励自己不忘过去，走好“新长征”[26]：“目的就是教育自己，不要忘记过去，激励自己继续革命，顶多再给孩子们看看……经过文化大革命，这一点是更清楚了：不进则退，不斗则修。要不变色，就要立新功啊！”[27]

值得注意的是，在蒋子龙80年代初的小说选本中，“继续革命”“反修防修”的字样已被完全删除，就连霍大道的青年司机小万阅读革命回忆录的情节也被置换为阅读内部政治读物《戴高乐》。从《机电局长的一天》的原版本到后来的删改本，写作回忆录的“继续革命”与“反修防修”的政治意涵被删除，仅仅保留了自我教育的目的。随着“文革”的结束，“继续革命”与“反修防修”彻底丧失了正当性，革命记忆和革命传统成为无法在代际间传承的、日益封闭与抽象化的经验。

小说里霍大道试图利用革命传统来激发安于现状的老干部徐进亭的斗志。但徐进亭并未被这套逻辑说服，他被现实生活里的物质享受深深吸引着。小说里徐进亭的出场总是伴随着小轿车，他极为注意养生。有趣的是，在霍大道看来沉湎于养生才是一种病，只有“大干”才能治“大病”。如果说霍大道凭借其“大干”的闯劲带动了一批基层干部积极向上，那么当他面对躺在功劳簿上的老干部时，却显得非常无力。在“继续革命”的政治运动停止，权力监督机制尚不健全的情况下，要刚刚复权且充满了蹉跎感与亏欠感的老干部重新焕发革命热情，在物质利益与现实诱惑面前保持自我批判，可谓难上加难。此外，霍大道组织动员的另一法宝是战争经验。他经常将战争经验直接代入生产管理——霍大道“总爱提战争年代，总是用文化大革命后的大好形势鼓舞人冲锋不止，总是把调度会开得跟战争年代下达战斗任务一样”[28]。战争经验与解放军政治经验是毛泽东时代思想政治工作的核心经验之一，也是在“政治挂帅”之下发展经济生产的重要工作方法。不过“文革”结束之后，用战争经验来指导现代大工业的生产经营，很快就被视作某种错位与无知，工业管理知识越来越分化为一种专门的学问。

乔光朴并非霍大道那样能够统筹一切的干部，他在出山的第一时间便召唤自己的左膀右臂——分别是老搭档党委书记石敢和工程师童贞。石敢代表社会主义政治，童贞代表现代科学技术，而乔光朴则象征着现代化的开拓精神。乔光朴用共产党员的党性与昔日同志情谊来动员石敢重返工作岗位，又通过“爱情”与“婚姻”将童贞牢牢绑定在现代化战车上。最终形成的“石敢（政治）＋乔光朴（生产）＋童贞（科学）”这组黄金战队，开启了工厂的变革进程。值得注意的是，党委书记石敢的形象今非昔比，他在“文革”之前是能言善辩的鼓动家，但在“文革”遭受批斗时不小心咬掉半截舌头，成了口齿不清的半哑巴。乔光朴在鼓动石敢重返工厂时，竟然将这半截舌头说成两个舌头：“你是有两个舌头的人，一个能指挥我，在关键的时候常常能给我别的人所不能给的帮助；另一个舌头又能说服群众服从我。你是我碰到过的最好的党委书记，我要回厂你不跟我去不行！”[29]这番说辞完全是围绕着“我”/乔光朴的需要而展开的，一方面是在关键时刻给“我”兜底，而另一方面是说服群众服从“我”的意志。毛泽东时代一直强调的党委领导下的厂长负责制，正在发生变化。正如乔光朴的自我定位——“我都不喜欢站在旁边打边鼓，而喜欢当主角”——厂长逐渐成为真正的领导核心。小说反复渲染乔光朴与石敢的不同：“乔光朴永远不是个政治家”，而“石敢有敏感的政治神经”，面对反派人物冀申“摆的阵势，石敢从政治上嗅出来了，乔光朴用企业家的眼光从管理的角度也看出了问题”。这对看似亲密无间的昔日战友之间的界限非常清楚，乔光朴在会议上的一段发言很能代表他对“政治”的感知：

> 但在工业界我知道是出了一批政治导演。哪一个单位都有这样的导演，一有运动，工作一碰到难题，就召集群众大会，做报告，来一阵动员，然后游行，呼口号，搞

声讨，搞突击，一会这，一会那，把工厂当舞台，把工人当演员，任意调度。这些同志充其量不过是个吃党饭的平庸的政工干部，而不是真正热心搞社会主义现代化的企业家。用这种导演的办法抓生产最容易，最省力，但遗害无穷。这样的导演，我们一个星期，甚至一个早上就可以培养出几十个，要培养一个真正的厂长、车间主任、工段长，却要好几年时间。靠大轰大嗡搞一通政治动员，靠热热闹闹搞几个大会战，是搞不好现代化的。我们搞政治运动有很多专家，口号具体，计划详尽，措施有力。但搞经济建设、管理工厂却只会笼统布置，拿不出具体有效的办法……[30]

乔光朴批判的是“用政治的办法管理经济”（大声讨、大会战、群众动员、政治挂帅），倡导“用经济的办法管理经济”[31]。1979—1980年国企变革的焦点是扩大自主权，摆脱官僚主义束缚。在经济争取“自主权”的前提下，所谓“吃党饭的平庸的政工干部”与“真正热心搞社会主义现代化的企业家”是截然对立的。在蒋子龙的小说中，政工干部的形象全部都是负面的（表现为不学无术、品德低劣、得不到爱情等），而“嘴”作为思想政治工作的象征，同时也成为“空头政治”的代名词：“为人要实不要虚，知识要真不要假，平时要炼心，炼志，炼手，不可炼嘴……”[32]如此看来，石敢被设置为

“半哑巴”，实则颇有深意，唯有如此他才能免去成为“政治导演”的风险，符合乔光朴“最好的党委书记”的定义。可不得不承认的是，石敢在乔光朴大刀阔斧的改革措施中几乎没有发挥任何作用。乔光朴由于推行职工考核评议，将业务不合格的工人归入服务大队，辞退全部的临时工等铁腕政策，最终引发不少工人和干部的强烈不满。石敢在此过程中既没有说服乔光朴在政治方面多加考虑，团结可以团结的力量，也没能帮他打消群众的怨气，减少不必要的冲突。到了《乔厂长后传》中，乔光朴的左膀右臂换成了总会计师李干和副总工程师童贞，党委书记石敢变得更加可有可无了。

不过，如果以为“政治”已经完全退场，那就太过武断了。在与石敢对举时，乔光朴焕发出作为企业家的特质，但当他与工程师童贞相遇时，他作为党的干部的属性便凸显出来。乔光朴对纯技术的路线是不认可的，并对童贞的“政治衰老症”很不以为然。童贞对于乔光朴的仰慕与顺从，从性别与情爱的角度暗示出技术相对于政治的附属地位。在《乔厂长后传》中，乔光朴动员劳资科长和组织科长开展工作时，曾提到干部应当反思自己，应当对国家民族有“过失感”。对此组织科长表示完全无法理解和接受，他们并不具备乔光朴那样的政治责任感。因此，工厂生产中“政治挂帅”虽然被否定，但“政治”依然是老干部开展工作时的话语资源。当然，“政治”的意涵已经逐渐被抽象为爱国、爱党乃至热爱现代化事业了。

用科学原理和客观规律来组织工厂的生产秩序，成为这些开拓进取型的老干部的工作方法：比如乔光朴主持工厂的技术考核，恢复物质刺激，追求生产效率与利益，而他也对自己的时间进行科学有效的分配与管理；再比如《乔厂长后传》里，总会计师李干迅速上升为乔光朴的重要搭档。在写到李干提交的关于电机厂经营的主要问题和成效的报告时，小说强调："这是李干自己设计的，上面没有一个多余的字，都是用实实在在的数字说明问题，一目了然。"[33]需要明确的是，乔厂长的管理方式还不是所谓的"管理学"，反倒更接近"十七年"的工厂管理经验，也就是接近蒋子龙设想的工厂管理的"应然"状态。蒋子龙曾说："当时我完全没有接触过现代管理学，也不懂何谓管理，只有一点基层工作的体会，根据这点体会设计了'乔厂长管理模式'，想不到引起了社会上的兴趣，许多人根据自己的体会来理解乔厂长，并参与创造和完善这个人物。"[34]情况到了《开拓者》才彻底转变。《开拓者》中的主角车篷宽主张积极引进外国技术，推广管理科学和行为科学，并且积极推动思想政治工作科学化。车篷宽在干部会议上公开倡导，并对目前的干部队伍表示了不满：

> 现代化管理是一门综合的科学，是由许多学科组成的。现代化企业靠个人的感性经验来指导是不行的，要善于学习，学会用科学方法、科学组织和现代化工具进

行领导……

比如说一个厂长要具备什么样的条件和能力呢？一个现代化企业的厂长，应具备五个条件：有科学知识，有才能，有经验，有个性，有远见性。讲具体点，就是厂长要有生产、技术、财务、劳动、人事、市场销售等方面的专业知识，能掌握各种现代化管理的工具、手段和方法，有一整套管理企业的能力。要了解厂内外、国内外本行业的情况，如政府政策、市场变化、新技术发展动向等，掌握全局，有远见地作出决策……[35]

在推崇客观经济规律与生产效率的时代语境中，专门的科学管理知识成为“显学”与文学作品中的正面意象，并不难理解。需要用心体察的地方在于，蒋子龙的小说不只是提供了现代管理科学与行为科学的合法性叙事，更在具体情境中“演示”了进行科学管理的“后果”。在具体的工作实践中，上述新的管理方式迅速形成新的评价标准，触动了很大一部分既得利益群体。首当其冲的便是老干部群体，因为他们普遍科学文化水平较低。越是提倡科学管理，就越对他们的领导地位提出挑战，因此乔光朴式的铁腕改革，面临着巨大的阻力。因而，蒋子龙笔下的这些铁腕领导者具有一个共同的特征：由于不断地受阻因而情绪变化剧烈，行动能力很强的同时脾气也比较暴躁。他们总是处于一种“有气”的状态，总是在与各种人“吵架”。与他们形成鲜明对比的是《机电局长的一天》里养尊处优的老干部徐进亭。小说里这样写道：“徐副局长又高又胖，五十多岁的人了，大脸盘子红润润的闪着亮光，一点褶儿也没有。别看这么个威武大汉，倒有一副阿弥陀佛的善性子，是个平时该急不急、遇怒不怒，高兴时还喜欢和下级开个玩笑的老干部。”[36]“善性子”的徐进亭不能理解霍大道身上为什么总有种“刺激人”的东西。

徐进亭式的“善性子”虽不足称道，但铁腕人物的强硬也并非没有问题。他们自诩占有了绝对真理，因而往往是“独断”且骄傲的。这方面最典型的例子莫过于《拜年》中的冷占国。冷占国是一位只管生产、六亲不认，连“拜年”都觉得多余的总调度室主任。他在工作中遇到的难题是：

> 他自信自己那套办法是卓有成效的，过去曾被无数事实证明过。可是现在这些办法只增加了他和周围的人在感情上的裂痕，对工作似乎并无多大好处。因此他也增加了对自己的怀疑和不满，他的坏脾气又使他把对自己的不满发泄到别人身上，这就越发遭别人不满。说穿了现在谁怕谁呀！
>
> …………
>
> 尽管他精通生产，有敏锐的智力，即使在他的坏脾气中也时常显现出智慧的异彩，但是他的坏脾气毁了他的智

> 慧，人们只知道他脾气坏，不承认他有智慧。他不能控制全厂的生产局面，也控制不了这个集中了全厂的能人神仙的调度会了。表面上冷占国是会议的中心，实际上每个人都以自己为中心，各想各的事，各打各的算盘，哪个人都有一套对自己有利的神算妙计。[37]

人如其名，冷占国采取了最冷静、最为数字化的管理方式，但不仅没有做好工作，反而加剧了集体的裂解。他越是严苛地推行科学管理的办法，就越是加重他与周围人的裂痕，越是积累自身的怨气，进而陷入恶性循环之中。他的坏脾气没能引领和团结周围的人更好地投入工作，反倒进一步加重了个人主义的离心趋向。

阎纲在概括蒋子龙的作品时，曾敏锐地指出蒋子龙的小说有实有虚，写出了逆境中的正气。[38]但他没能觉察到正气也在制造着怨气。当管理学被视为绝对冷静客观、绝不务虚、只求实干的“科学”律令时，那么它注定不能够安顿人心。工业管理在本质上是一门实践的学问，是如何管理与组织人的问题。而人事系统的最大特点就是其不可预见性。在变革实践中，人心是否舒畅，人的积极性是否能够被有效调动，劳动者是否可以被有机地团结进新的现代化事业中，才是社会主义企业管理最为关键的问题。以往的研究者已经指出了管理科学的资本家属性，亦即“所谓的科学管理，就是把一些科学方法应用于迅速发展的资本主义企业中越来越复杂的控制劳动的问题。它缺乏一种真正科学的特性，因为它的一些假设，只不过反映资本家对于生产条件的看法”[39]。“管理科学”自身的虚构性与不可能，就在于它试图以管理者的片面视角来管理与控制活生生的劳动实践与人心秩序。实践的流动性、矛盾的具体性和人事关系的不透明性，都导致管理科学很容易沦为某种形式化的“纪律”或计算，难以有效组织一个集体的人心秩序。

因此，科学方法并没有带来工作实践上的成功。蒋子龙笔下的铁腕领导者的结局几乎都是失败的。《乔厂长后传》中，乔光朴的左膀右臂先后被调离他的身边，他自己也面临被罢免的危险，他在孤独面前掉了眼泪；《开拓者》中的车篷宽则是主动辞职，退到研究岗位；《狼酒》中的应丰感受到无尽的孤独，连女儿都不能理解他。这类铁腕干部的困境并非“太阳底下的新鲜事”。

1959年，梁漱溟就曾在总结新中国成立十年来的管理经验时指出：“事情可怕的，就在于最坏的领导并不单出自坏干部，而往往还是某些‘好干部’……他一切依靠自上而下的行政命令办事，就非糟不可——非造成领导者和被领导者的群众之间的隔阂矛盾不可，非压抑了以至窒息了群众的积极性和创造性不可。”[40]“好干部”的“坏领导”是指单纯地依靠自上而下的方式埋头苦干，最终造成干部与群众的隔膜，陷入众叛亲离的境地。梁漱溟的观察总结，同样适用于1979年的现实。在

1979年的历史语境中，“一长制”的合法性建立起来，自上而下的“开拓”被视为最可行的道路。在这样的情势下，除了依靠“科学”方法、铁腕手段，还有更合理的领导方法吗？

## （二）“滑头”的“关系学”

蒋子龙在铁腕领导者的身上寄托了勇于变革的理想，同时也揭示出以“直”“冷”“科学客观”为主要特征的工作法在错综复杂的社会关系中运转不灵的窘境。《乔厂长上任记》中，乔光朴出差寻求友邻单位的协作，结果却因不擅交际铩羽而归。他在现实面前获得的教训是：越是会处关系的人，越容易做出成绩。那么，“关系学”到底是合情合理的关于人的“科学”，还是“组织混乱和作风腐败”的产物？

《乔厂长上任记》中的造反派郗望北给出了回答：“现在人与人之间的关系不同于战争年代，不同于五八年，也不同于文化大革命刚开始的那两年。历史在变，人也在变。连外国资本家都懂得人事关系的复杂难处，工业发展到一定程度，就大量搞自动化，使用机器人。机器人有个最大的优点，就是没有血肉，没有感情，但有铁的纪律，铁的原则。人的优点和缺点全在于有思想感情。有好的思想感情，也有坏的，比如偷懒耍滑、投机取巧、走后门等等。掌握人的思想感情是世界上最复杂的一门科学。”[41] 他认为“偷懒耍滑、投机取巧、走后门”

乃是“类本质”，这相当于彻底否定了“文革”时期改造人性、追求一大二公的乌托邦冲动。既然人性亘古如此，那么对之进行研究和把握（而不是批判、克服和超越），才得以成为“世界上最复杂的一门科学”。郗望北认为目前人与人的关系不同于战争年代（军事纪律）、不同于五八年（社会主义政治经济学视野中平等协作的生产关系），也不同于“文革”初的两年（打碎官僚机器，扁平化的自治组织），而是进入新的人际关系状态。他未能明确阐明的新状态，依稀指向厂长领导下的现代企业制度。这种对“新状态”的体察和认同构成了20世纪80年代以降企业制度改革的心理基础。不过，“新状态”中的“旧因子”往往发挥着至关重要的作用，人情关系与官场裙带关系混杂一体，呈现出似新非新的独特样态。

蒋子龙在《人民文学》1980年第2期上发表的《乔厂长后传》，是根据他1979年春创作的《“维持会长”》删节而成。在公开发表时，小说的篇名更换，相当于将主角从“维持会长”转移到“乔厂长”，这也就转移了小说的矛盾焦点。小说里的“维持会长”指的是市经济委员会主任铁健。当霍大道和乔光朴质问铁健为何要将出口产品的销售权从厂里调到外贸局，又为何要将童贞调离乔光朴身边时，铁健抱怨自己如同封建大家族的长房儿媳妇，苦苦在多重力量间周旋维持。“维持会长”本是指抗战时期为日方供应军需、维持地方秩序的汉奸人物，却被用来描述身兼数职的老干部铁健。这些距离革命文化最远的譬喻都无奈地指向一个现实——这位老干部难以延续革命时期的工作热情与政治文化，他没有动力也没有能力真正解决当下工作中的矛盾冲突，最终选择回避和调和的工作方式。他的这番说辞在第一时间引起了霍大道的同情，不过霍大道瞬间回过神来，认定铁健的所作所为绝不值得同情。霍大道瞬间的同情暴露了真正棘手的问题：在官僚科层制中，似乎只有勉力维持、处处小心，才可以成为官场上的“万年青”和“不倒翁”。

《一个工厂秘书的日记》里的厂长金凤池，被许多研究者视为与乔光朴反差最大的厂长形象。金凤池的最大特点是“滑头”。金厂长上任后的第一件事，就是从外单位给本厂最老实的工人庞万明借车，以便运送庞万明老父亲的遗体去殡仪馆，进而一举奠立自己为工人办实事的形象。果然，庞万明因为金厂长的“施恩”甚至感动到下跪。[42]他也很善于团结自己的同事，主动把副厂长骆明的女儿安排进国企工作，原因是“骆明懂生产，手下有人”。而他最绝的本事体现在到局里和公司开会的时候。他先安排好作为秘书的“我”（老魏）记录外单位的工作经验和公司领导的指示，然后就到会场外跑关系，挨个屋“拜年”：

> 从一楼到四楼，一个处一个处地转。每到一处就像进了老朋友的家一样，从处长到每一个干部，都亲热地一一打招呼，又说又笑，他兜里装的都是好烟，大大方方地给

每一个会抽烟的人撒一根，谁的茶杯里有刚沏好的茶水，端起来就喝。当然，他也不是光掏自己的烟，别人给他烟的时候也很多。他和每个处的人都很熟识，又抽又喝。有时谈几句正经事，有时纯粹是扯闲篇、开玩笑，嘻嘻哈哈，非常开心。一晃几个小时就过去了。[43]

金凤池可谓熟络人情的行家里手，分寸拿捏得相当好。小说非常生动地展现了他与别人巩固亲密关系的这些细节。大家虽是在单位里以公职身份见面，却与邻里街坊串门无异，与熟人社会的相处之道一致。在中国文化的语境中，以私人礼节相处，才算得上是自己人。人情味与裙带关系之间的界限显得非常模糊。小说特意设置了不愿当秘书的老魏来冷眼旁观这一切，使金厂长不得不开口劝导老魏：

老魏，我告诉你一种我发明的学问。在资本主义社会，能够打开一切大门口的钥匙——是金钱。在我们国家，能够打开一切大门口的钥匙——是搞好关系。今后三五年内这种风气变不了。我们是小厂子、小干部，要地位没地位，要权势没权势，再不吃透社会学、关系学就寸步难行。[44]

关系学是金厂长的看家本领，义气和恩惠则是他的杀手锏。“公事私办”加上“私事公办”，才能顺利敲开一切大门。金厂长为了不得罪厂里的群众，赶在政策变动之前大发奖金，被群众誉为“远见卓识，敢作敢为”，却被刘书记斥为拿国家的钱肥个人的腰包。小说结尾处，金厂长战胜刘书记，以压倒性优势当选人大代表。在看似顺风顺水的工作背后，小说插入了一段金厂长的自白：“我不是天生就这么滑的。是在这个社会上越混，身上的润滑剂就涂得越厚。泥鳅所以滑，是为了好往泥里钻，不被人抓住。人经过磕磕碰碰，也会学滑。社会越复杂，人就越滑头。刘书记是大好人，可他的选票还没有我的多，这叫好人怎么干？我要是按他的办法规规矩矩办工厂，工厂搞不好，得罪了群众，交不出利润，国家对你也不满意，领导也不高兴。”[45] 金厂长的无奈在于，做好人与做能人不可得兼，唯有“滑头”才能成事。道德与能力开始分离，甚至成了能力的反面。

到了《拜年》里，道德与能力的撕裂表现得更彻底。前文提到，总调度室主任冷占国的业务素质很强，却难以团结自己科室的员工。相比之下，总调度室副主任胡万通虽然业务很差，没有人看得起他，但人际关系却很好。蒋子龙聪明地抓取“拜年”这一人际互动最为频繁、最能体现中国人处世智慧与人情味的情境来展现两种对立的工作方法。冷占国觉得“拜年”纯属浪费时间，但胡万通却将“拜年”视为真正的工作时刻：

他是故意选了这个春节后第一天上班的早晨来扫大门口，可以向全厂每一个职工都拜一拜年。所谓拜年，还不就是问声好、打个招呼，你主动给别人拜年也比人家矮不了一截，可对方心里会很舒坦。现在当个干部不能拿架子，板着面孔打官腔吃不开了，要想办成点事就得靠人缘儿，靠面子。

…………

不少工人为胡万通扫街而感动，他不仅没有失身份，在群众中反倒涨了身价。新年新岁，喜气洋洋，大家都高兴，更容易联络感情，增加对他的好感，何况在这个世界上你到底做了些什么是无关紧要的，重要的是你如何让人们相信你的确做了不少工作。至于成效多少是不大被人注意的，谁能无止境地吃苦耐劳、忍辱负重，谁就是当今的天才！[46]

在别人最需要被给足面子的时候，胡万通适时地表演出自己的亲和，展现出自己的“吃苦耐劳、忍辱负重”，就能让所有人心里都舒坦。而且胡万通业务能力虽差，却因精于疏通矛盾，成为单位内部畅通心情、缓和气氛、增进团结的润滑剂，由此变得不可取代。最后，正是精通世故的胡万通被选举为厂长。

对一个领导者来说，必要的人情世故当然是需要的，但是当人情世故妨害到基本的道德标准时，就必须加以警惕。蒋子龙的短篇小说《招风耳，招风耳！》讲述了基层干部华胜贵“堕落”的过程。华胜贵发现正是他的严苛忠厚的品质为自己带来了不幸。个人改变不了时代观念，单枪匹马地与之抗衡，只会陷于痛苦。对于普通大众来说，如果依靠投机取巧、油头滑脑的非正规手段就能以最快速度、最低成本达到个人目的，那么美德自然会丧失它的社会土壤与生存空间。在这样的时代风气里，美德并不能带来幸福，只会招致失败、孤独和嘲讽。当华胜贵放弃他的品质之后，“感到浑身轻松，感到自己不再是软弱的和孤立无援的，而是强壮有力的，完全是个胜利者”。蒋子龙不禁问道：“他是个胜利者，还是失败者？真是活见鬼了！”[47]蒋子龙的笔调看似谐谑，内里却非常沉痛，他敏锐地感受到了“从做好人到做能人”的时代风向。与蒋子龙“活见鬼”的诧异相比，时人却将“好人”的逝去看作是现代化的标志：

> 囿于好人主义评价系统，今天的中国就难以前进，更无法现代化，因为现代化所需要的人才，绝不是传统的好人。中国要前进，要现代化，要改革和开放，就必须有大量并不尽善尽美但却勇于创新的强人和能人。事实上，我国近年来已经涌现出并且还将继续涌现出这样的能人。我们这些年所看到的改革家，很难说哪一个是十全十美的好人，有的甚至有很明显的缺陷，但他们无疑是我们时代的

强人和能人。甚至在农村，“老实巴交的好干部”也开始不受欢迎，农民希望那些有知识、懂经营的能人带领他们致富。随着社会发展对人的现代化的要求，中国人已不得不放弃“无为”的人生价值观，放弃那种“不求有功，但求无过”的人生态度，选择与现代社会相适应的“有为”的人生价值观，做“敢冒风险，锐意创新”的现代能人。[48]

在此，“好人”与“能人”被理解为一组二元对立项。其中，“好人”是老实、无为、没有个人意志的代名词，而只有“能人”才会被人需要、被人欢迎，才是“人的现代化”抑或“现代化的人”。与能人相匹配的是一套以个人利益为中心、社会达尔文主义式的竞争逻辑。在这种现代性规划中，道德脱嵌，无法找到合理的容身之地，甚至出现越不道德越能凸显能耐的趋势。20世纪80年代末的这番论述中，还透露着对道德问题的不屑一顾。但仅仅几年之后，知识界便发动了“人文精神大讨论”，沉痛反思整个社会人文精神衰落、道德滑坡的现象。遗憾的是，知识界的这一反思与追问，实在来得太晚了，在政治经济结构面前也显得太无力了。

### （三）机会主义者的官场哲学

如果说金厂长这样的“滑头”还有一丝无奈，主要目的是工作的顺利开展以及保障厂内员工的福利。那么，当最后一丝无奈退去后，工厂故事就蜕变为官场故事。有一类老干部复权之后，虽然占据了工业部门的领导岗位，但他们并不像乔光朴那样以“社会主义企业家”自居，而只是接续前业，再战官场而已，所关心者无非“权力”二字。蒋子龙笔下“只会做官，不会做事”的典型，是贯穿于《乔厂长上任记》与《乔厂长后传》的反派人物冀申。冀申在“文革”时期就牢牢地将自己拴在权力的网络中，利用干校副校长的身份和与下放干部建立联系，博得了他们的好感。“文革”结束后，冀申一方面通过控诉“四人帮”迫害赢得政治资本，一方面他在“文革”时期的政治投资有了回报，与官复原职的老干部有密切的私交，成为有特殊神通的人物。他原本从事组织工作，但“文革”刚结束就看准了机电局在现代化建设中的显要位置，申请调到机电局工作，因为国企厂长这样的身份足以为将来的仕途提供很高的起点。他谋划了“大厂厂长—公司经理—局长—出国”这样一条理想的升迁之路。不过，乔厂长的到任打乱了他的计划，他被降级为电机厂副厂长。小说细致描写了乔厂长到任之前冀申在电机厂的工作方法：

> 这两年在电机厂，他也不是不卖力气。但他在政治上太精通、太敏感了，反而妨害了行动，他每天翻着报刊、文件提口号，搞中心，开展运动，领导生产。并且有一种

> 特殊的猜谜的酷好，能从报刊文件的字里行间念出另外的意思。他对中央文件又信又不全信，再根据谣言、猜测、小道消息和自己的丰富想象，审时度势，决定自己的工作态度。这必然在行动上迟缓，遇到棘手的问题就采取虚伪的态度。诡谲多诈，处理一切事情都把个人的安全、自己的利益放在第一位。工厂是很实际的，矛盾都很具体，他怎么能抓出成效？[49]

“这两年”指的是“文革”结束到乔厂长出山的两年时间，即1976—1978年。在此期间，从平稳结束“文革”，坚持“继续革命”到“抓纲治国”再到十一届三中全会明确树立的“以经济建设为中心”，政治情势在短短的两年时间里发生着剧烈的调整和变化。职业官僚冀申在这一时段内对政治高度敏感，其实无可厚非。他之所以成为负面人物，关键在于“用政治的方式搞经济”的做法。小说里关于经济和政治关系的感觉结构一直延续到今天：政治务虚，工业务实，政治妨害行动。过量的政治感将会导致行动迟缓、态度虚伪以及自私自利。也就是说，政治不仅影响了工厂生产（冀申领导下的电机厂年年完不成生产任务），同时政治还影响人的品德与态度（冀申的虚伪和自私）。不过，必须加以追问的是，冀申所理解的政治就是政治的本来含义吗？换言之，“政治”只等同于猜谜游戏，只是字面含义、小道消息和丰富想象的大杂烩吗？“政治挂帅”“突出政治”中的政治崇高感是如何一步步演变到现在的，政治经济学的总体视野又是如何破除掉的，这都是需要专门展开论述的问题。反派人物冀申成功引起了读者的厌恶感，这提示我们，将“政治”理解为妨害生产实践和日常生活的虚伪话语，构成了去政治化的普遍心理基础。在这一方面，文学起到了重要的形塑作用。

冀申原本幻想通过搞大会战超额完成生产任务，借此调离电机厂。结果乔厂长到任后全厂大考核，冀申也在被考核之列。他被考倒后调至服务大队搞基建，从副厂长降为“编外厂长”。不过，冀申凭借自己手里的王牌——“文革”时保过市委王书记——成功地从窘境中抽身而退，而且还被升级为外贸局局长。借助这一位置，他给不少干部买外国货，进一步巩固自己的利益网络。冀申的背后是无时无刻不在进行交换的利益关系网络，这个网络形成了一套与生产逻辑无关的官场运行逻辑。

而在《狼酒》的饭局描写里，官场规则被更为赤裸地呈现。工业部副部长应丰以及秘书老周、调度局副局长徐炳坤一行前往G省协商大厂转产的问题。刚到G省，徐局长就提出应当主动请G省工业书记海保深吃饭。对此应丰极不理解，工作都火烧眉毛了，为什么第一件事却是请客吃饭？徐局长解释说吃饭这种物质手段是快速建立双方感情的最佳渠道。而应丰眼里只有工作，对此类“惯例”一窍不通。他认为先到工厂调查研究才能摸清情况，解决问题。但徐局长向他保证，在饭桌上就能把想要处理的问题全部解决，谈工作的前提是建立相互之间的感情。不曾想到，G省工业书记海保深抢先一步发出饭局邀约，徐局长替应丰一口答应下来，并详细交代了饭桌上的谈判术：

> 他用下级对上级说话的口吻，用老师开导学生的耐性，给应丰详细分析了海保深的思想，讲解了自己的打算，劝副部长今天在酒席宴进行到高潮、大家吃得正高兴的时候，向海保深提出工厂转产的问题，口气要有软有硬，软中带硬。海保深不到万不得已是不愿意给中央一个坏印象的，他在全国的省委书记中算是少壮派，说不定他想在省里干出个样子将来到中央去工作。要利用他这一点。徐炳坤也叫应丰巧妙地借助自己的权力和地位，再给海保深一些好处，谈判保证会成功。[50]

小说的笔法很精准，徐局长是比应丰年轻十几岁的下级，却成为指导他纵横官场的老师。徐局长既敢大胆进言，又懂得说话的分寸。相形之下，老干部应丰自始至终以党员干部的标准来要求自己，认为这套权谋之术完全是旧官场的糟粕。徐局长却清楚地知道，这本来就不是纯粹的公事，而是体制内不同位置官员之间的一场交易（相形之下，《机电局长的一天》中的各单位反而是互相协作的关系）。G省大厂的业务归工业部领导，党政关系却在地方，产值利润也归地方所有，因而这些大厂接受双重领导。其中，纵向指令叫作“条条”，横向指令被称为“块块”，国营大厂处于条条块块的合力管辖中。这双重领导之间可以选择相互合作，也可能会相互掣肘。海保深需要应丰多给补贴，而应丰也需要地方给下属工厂提供方便，这就是徐局长指出的相互依存关系。所谓的拉关系是指在条条块块上多做文章——双方完全可以在吃得高兴的时候，顺水推舟地建立合作关系。应丰对此虽不以为然，但也只能硬着头皮参加了这场饭局——

> 酒宴开始了，桌上摆的又是“狼酒”。海保深举起酒杯：“来，应部长，尝尝这种狼酒，他虽然不在八大名酒之列，好像不是正统，却人人喜欢，味道妙不可言，柔里有刚，力量大得很，把人醉倒了都不知是怎么醉的。喝！”应丰推说心脏不好，烟酒不沾。谁怎么劝都不行。叫他吃菜，他也不动筷子，眼睛根本不扫菜盘子。这搞得主人十分尴尬，只好叫服务员上主食。他拿了一根筷子，叉起一个馒头，不抬头，不吃菜，甚至不抬眼皮，三下五除二把那个馒头吞下肚去，放下手里的单根筷子，站起身说：“我吃饱了，你们慢慢吃。不奉陪了！”他说完扭身下楼，走出了饭店。

宴席上的人全愣住了。海保深面有怒色，唐副部长嘴角挂着讥讽的微笑。应丰告辞的时候，他们没有说话，也没有动身子，照旧喝酒吃菜。海保深冲着唐副部长高高地举起酒杯："老唐，来，咱们喝干它！"

"对，干了它！"[51]

酒宴一开场，海保深便巧妙地借"狼酒"自喻，抢占先机：狼酒不是正统，寓意他目前身在地方；但狼酒人人喜欢、味道美妙、柔里有刚、力量大得很，这暗示他与应丰虽是身处科层制的上下级关系，但他人缘亨通，关系众多，目前暂居地方，实则能量很大。海保深的劝酒形式上毕恭毕敬，但劝酒词柔中带刚，消弭了现实权力秩序中二人的差等，将自己扭转为主动的一方。他期待饭局的结果是双方喝到"醉倒了"的地步，共同沉醉在这一火热的气氛中。在深谙官场规则的人听来，海保深的意思再显豁不过。但对应丰来讲，他思量着海保深的话，充满了不可遏制的怒气，极度讨厌这套利益交换规则。海保深主动劝酒，却没有得到想要的回应，场面非常尴尬。应丰不仅滴酒未沾，还用单根筷子叉了一个馒头吃完便走。应丰吃馒头的生活习惯"自然"地暴露在酒桌上，但正因为他的本色出演，他从未有意设计过自己的动作，导致在请客方看来这一举动简直是侮辱和挑衅。他们本来计划用吃饭的方式拉近彼此的关系，建立相互之间的信任，酒酣耳热之际顺理成章地完成利益交换，形成“各尽所能、各取所需”的共同体关系。未曾想这套规则在应丰这里失灵了，双方关系跌至冰点。应丰离开饭店时，他们不仅没有起身送他，还相互敬酒“示威”。应丰不给他们面子，他们也不会让应丰轻易下台（这也反映出地方权力的扩大）。对应丰来说，真正的工作还没有开始，就已经结束了。一场失败的饭局，导致他得罪了上上下下所有人。

应丰离开饭店后，做出了与其领导干部身份极不相称的举动——在街上闲逛。他完全迷惘了，在城市最热闹的中心地段，他产生了巨大的孤独感：“从前他搞过敌工，也打过游击，在白色恐怖中，在只身一个人闯入敌占区的时候，没有这种孤独感。甚至前些年在牛棚的时候，他有恨，有怒，有悔，也没有这种可怕的孤独感。现在他占据着很高的职位，握有重大的权力，许多人请他吃饭还请不到，想巴结他还巴结不上，他哪来的这种孤独感呢？”[52] 老干部应丰的思想观念、道德操守与工作方法显得那么不合时宜。他理解不了时代，时代也没有给他留出做事的空间。不过，孤独感的最主要的来源还是他的女儿。女儿本应是革命事业的接班人，但女儿恰恰就是他最激烈的反对者。女儿替他总结了现代关系学的秘诀“善于求人，善于使人”，给他传达“权力不使，过期作废，不捞白不捞”的箴言，并宣称新时代绝不是学雷锋的年代了。这些都令应丰产生了彻底的幻灭感——“难道现在当一个正派人比封建时代当个清官还难！”不过，小说最后还是留下了光明的尾巴，应丰认为自己只要回到工厂和工人中间，就能重新振作起来。应丰从饭局上自我放逐，逃离到城市的人群中，将人民群众视为最后的救赎力量。这样的结尾带有一丝乐观，实则却彻底宣告了应丰一代的终结。他没有能力挑战饭局上的官场运转逻辑，只能暂时搁置思考与批判，陷入成为“正派人”/“清官”的幻想中。

颇有意味的是，在七八十年代之交以工厂变革为主题的小说中，“清官”的文化想象频繁出现，最有代表性的作品包括《乔厂长上任记》、柯云路的《新星》(《当代》1984年增刊第3期)，以及张锲、陈桂棣的《主人》(《当代》1984年第3期)等。《乔厂长上任记》便是以包公戏结尾：

> 霍大道突然对乔光朴说：“听说你学黑头学得不错，来两口叫咱们听听。”
>
> “行。”乔光朴毫不客气，喝了一口水，把脸稍微一侧，用很有点裘派的味道唱起来：
>
> 包龙图，打坐在开封府！
>
> …………[53]

小说将乔光朴塑造为“社会主义企业家”的形象，但遭遇挫折时，他自然而然想到的是“清官”包拯。不过，蒋子龙认为“乔光朴决不是包公，他喜欢京剧，学唱那句‘包龙图打坐在开封府’，正是意味着他要为实现自己生活中的目标而杀出一条血路是何等艰巨，大量的困难还在后面”[54]。小说以包公戏作结，意味着闯出一条新路将要面对大量的困难与挑战。乔光朴、霍大道、车篷宽、应丰这些老干部在故事结尾非但没有取得成功，反倒陷于更深的危机之中，将小说引向高度模糊和生成中的未来。蒋子龙自陈：“我觉得生活没有结尾，经过多少个弯路之后，我们国家的新体制刚刚开始建设，我很难给小说加上结尾，这就是我当时的想法。”[55]建设未来的艰巨性与不确定性，召唤出危机时刻的清官情结。乔光朴面对干部系统的组织混乱和作风腐败，只能用“清官”作为暂时的解决方案，即便蒋子龙撇清了乔厂长和包公的直接等同关系。《主人》里更是直接插入包公家训：“后世子孙仕宦，有犯赃滥者，不得放归本家；亡殁之后，不得葬于大茔之中。不从吾志，非吾子孙。仰工刊石，鉴于堂屋东壁，以诏后世。”[56]古代“清官”为民做主的精神，激励主人公周先彬推行民主管理的改革措施。

官场整体生态的恶化，导致了“清官”理想频繁出现。这些小说里的“清官意识”在80年代中期以后就遭到了评论者的批判，他们认为“在这些理想化的改革者形象背后，所显示的却是清官主义——一个陈旧的理想模式”[57]，“清官意识”被指认为“封建心态”[58]。蒋子龙等人的工业题材小说对应的是七八十年代之交“破”与“闯”的阶段，当改革全面铺开后，他们在小说中传达的变革意识就显得保守起来。因此，这批小说后来的命运非常尴尬，它们一度配合了现代化建设的主流意识形态，但80年代中期以来，它们从内容到形式都显得落伍了，出现从“改革文学”到“文学改革”的呼声也就在情理之中。

有意思的是，《新观察》1987年第18期上的一篇杂文反击了关于“封建心态”的批评之声：“我疑心提出这些责难的同志是不是真的不了解实情。包青天式地解决群众的疾苦诚然不可取，却又是不得已。”[59]作者司马真认为，与其把批评火力集中在“包青天”上，不如多曝光和批判作风腐败的干部。柯云路回应质疑也循此道：“李向南也是个历史人物，而那些评论家又过于书生气，在20世纪80年代初的中国农村，这位县委书记难道还有其他的选择吗？”[60]柯云路强调要从具体历史语境中来理解“清官叙事”的产生。彼时的中国处于从破到立的过渡阶段，想要突破重围，很自然地就会依赖清官铁腕式的干部。所以有论者得出这样的结论：“如果稍微顾及转型期的社会现实，那么自然会得出肯定清官叙事的结论……”[61]

“清官叙事”的评价分歧背后，实则反映出理念与现实的落差。毛泽东时代的反官僚主义在“文革”时期达到高潮，希望发动人民群众彻底改造官僚科层制特权化的痼疾。但遗憾的是，伴随着“文革”被彻底否定，对于官僚科层制的反抗、制约、监督几乎停止了。伴随着老干部的大规模复权，官僚特权集团在遭到重创之后更加团结、亲密。现实催生乔光朴这样的“典型人物”：他表面倡导科学技术和现代管理，但实质是依靠铁腕开辟新路，而“铁腕”是指“在官僚制内部以‘集权’的方式导致官僚制一定程度的失灵，以推进‘改革’”[62]。当对抗官僚主义受挫后，便会落入“清官”想象的暂时性解决方案中。令人唏嘘的是，“文革”的发动，便是以批判海瑞这样的“清官”形象入手，但“新时期”一开始，“清官”叙事便“不得不”发荣滋长，在小说人物的失败时刻提供乐观的未来想象。官僚主义的痼疾在“新时期”更深地巩固下来，可见仅仅依靠科学技术、现代管理等“术”或“用”的层面，难以真正走出一条新路。

## 三、难以同行的“赛先生”与“德先生”：过渡时期的干群关系

与“清官”想象紧密相关的，是领导权的转移与劳动者能动性的降低，这意味着一整套劳动管理制度的变化。老干部的强势复出，一定程度上复苏了“文革”前的管理模式。“文革”前中国企业的管理模式主要效仿苏联的“马钢宪法”。“马钢宪法”是指苏联最大的钢铁联合企业马格尼托哥尔斯克钢铁公司（Magnitogorsk Iron & Steel Works）的工业管理模式，主要特征

包括：一长制、专家治厂、科层管理、利润挂帅、物质刺激、生产第一、技术至上。以此看来，乔厂长的人物设置便顺理成章。乔厂长早年留苏，1957年曾任列宁格勒电力工厂助理厂长，1958年回国任重型电机厂厂长。他在1979年的重新出山，意味着苏联某些管理经验的复活。而且，“文革”的失败更映衬出“十七年”建设经验的正确性与正当性，老干部由于继承了“十七年”的正确经验，在复出之初被寄予厚望。“十七年”的管理经验，连接的是苏联的“马钢宪法”，而“马钢宪法”又借鉴了美国管理模式泰勒（泰罗）制的很多成分。列宁曾明确指出“（泰罗制）同资本主义其他一切进步的东西一样，既是资产阶级剥削的最巧妙的残酷手段，又包含一系列的最丰富的科学成就”[63]，进而倡导“暂时后退”，学习泰罗制的合理之处。可见，以“管理”为支点，社会主义中国开始审视、反思与借鉴资本主义管理经验。

1980年出版的国内首本MBA教材《美国怎样培养企业管理人才》里写道：“管理作为一门科学，则是随着资本主义生产的发展而形成和发展起来的。”[64]管理科学在西方的发展，经历了三个阶段：19世纪末20世纪初美国管理学家泰勒（泰罗）通过多次工厂试验，形成了“科学管理”理论；20世纪40—60年代，在“科学管理”的基础上，一方面运用电子计算机等技术手段，发展出“组织管理学”，另一方面通过社会心理学的研究，调动人的积极性来提高生产效率，形成管理上的

“行为科学”；20世纪70年代，系统理论被运用于企业经营管理，“组织管理学”和“行为科学”结合起来，发展出“新管理学”。[65] 20世纪七八十年代之交确立“管理科学”合法性的过程，同时也是重新理解“现代”、理解“资本主义”的过程。列宁曾详细论述社会主义过渡时期的管理方式，故而他的相关论述在这一历史阶段被反复引述。比如，1918年4月的《苏维埃政权的当前任务》一文中的这段话：

> 任何机器大工业——即社会主义的物质的、生产的泉源和基础——都要求无条件的和最严格的**统一意志**，以指导几百人、几千人以至几万人共同工作。这一必要性无论从技术上、经济上或历史上看来，都是很明显的，凡是思考过社会主义的人，始终认为这是社会主义的一个条件。可是，怎样才能保证有最严格的统一意志呢？这就只有使千百人的意志服从于一个人的意志。[66]

这段话在80年代的出镜率相当之高，参与了重塑“何为现代”“何为现代企业”“何为企业管理”等一系列知识—观念—感觉的重构。不过，对这段话千篇一律的引用都忽略了列宁写作这段话的现实处境，取消了他对一长制以及整个资本主义管理体制的辩证态度。因此，同样是在《苏维埃政权的当前任务》一文中，另一段话被许多论者有意无意地忽略了：

> 显然，这种办法不只是在一定的部门和一定的程度上暂停向资本的进攻（因为资本不是一笔货币，而是一定的社会关系），而且还是我们社会主义苏维埃国家政权**后退了一步**，因为这个政权一开始就曾宣布并实行了把高额薪金降低到中等工人工资水平的政策。[67]

列宁认为恢复对领导和专家的依赖、恢复物质刺激乃是从资本主义社会向社会主义社会过渡时必要的退却。而且，“列宁写下这些话时，俄国正处于混乱之中且党还不能培养真正的无产阶级队伍。对于列宁而言，这又是一个临时的措施。但这临时的措施却变成了苏联永久的特征”[68]，“苏维埃政权的当前任务”被戏剧性地删节为“苏维埃政权的任务”。选择性盲视与脱离语境的摘抄实际上取消了社会主义性质与现代大工业“科学”管理之间的紧张关系，也就在实际上取消了对于科学技术可能带来的社会影响与文化影响的追问。

对当时历史语境中的蒋子龙来说，他也没有条件辩证考量资本主义管理经验与社会主义文化之间的关联，更多是以行内人的视角，非常真诚而又紧迫地思考如何做好企业领导的问题：“怎样当厂长？现在工厂的厂长是一种什么精神状态？这些问题在我心里憋了足有两年多。我感到非写出来不可，拿起笔来后边好象有人催着。写完以后，手里又象捏着一把火，存不住，撂不下，恨不得马上拿出去，有一种莫名其妙的紧迫感。我是带着和厂长们聊天、发议论的冲动感情写这篇东西的。我很想听听厂长们的意见。如果这篇东西能引起领导工厂的企业家的共鸣，我就满足了。”[69]他认为“怎么当厂长”是恢复生产、提高效率的核心问题，因而相当自觉地站在管理者的角度剖析与表达现实。蒋子龙与厂长、企业家对话的心态很能反映这一时期文学的特征：文学以一种“新型知识”与“思想实践”的形态出现，深度参与社会转型过程。而创作本身是以工作生活中积累的经验与困惑为出发点的，而非职业作家的创作方式，因而具备更高的公共性与“社会档案”性质。

如果说老干部回归，意味着苏联经验、“十七年”经验某种程度的复活，那么这重复活很大程度上遮蔽了社会主义中国的曲折探索。在工业管理方面，“鞍钢宪法”便是与“马钢宪法”相对立的新型的社会主义企业管理模式，试图在高度集中和高度民主之间寻求平衡。“鞍钢宪法”的确立，源于1960年3月毛泽东对“鞍山钢铁公司”一份调查报告的批示。“鞍钢宪法”总结了社会主义企业管理的五项基本原则：坚持政治挂帅、加强党的领导、大搞群众运动、实行两参一改三结合（干部参加劳动，工人参加管理，改革不合理的规章制度，干部、工人、技术人员三结合）、开展技术革新和技术革命。每一项原则都与“马钢宪法”形成对比，旨在打破苏联经验的教条。但必须强调的是，“鞍钢宪法”之所以能成为有效的社会主义管理模式，有赖于五项原则的整体配合：政治挂帅和党的领导遏制了经济的自发主义倾向，确保企业发展的社会主义方向；大搞群众运动和两参一改三结合创造了现代企业内部人与人之间的新型生产关系，致力于实现社会主义经济民主；技术革新和技术革命则是社会主义企业提高劳动生产效率的重要途径。整体大于部分之和，五项原则不可偏废，否则就会带来各种各样的弊端。

在此基础上，1963年11月6日，时任石油部部长康世恩在“全国工业交通工作会议”的报告中又归纳了九条“大庆经验”，包括：革命精神、科学态度、群众运动、三基工作［基础工作（质量、设备）、基本功、基本岗位责任制］、集中优势兵力打歼灭战、严细作风、思想政治工作、机关革命化、全面关心职工工作。“‘大庆经验’简直就是‘鞍钢宪法’的亲生嫡传与具体化”[70]，“大庆经验”与“鞍钢宪法”在“文革”中成为企业管理的重要样板和指导方针。“工业学大庆”也成为社会主义与现代化两相兼顾的发展道路。1977年1月，以华国锋为首的党中央便决定召开全国学大庆会议。同年4月，华国锋亲自主持了工业学大庆会议，标志着坚持社会主义现代化道路的决心。

不过，“鞍钢宪法”与“大庆经验”被抽象化为工作原则与发展道路后，很容易丧失其整体内容的有机性和丰富性。也就是说，上文所提到的社会主义方向、经济民主和生产效率之间的平衡关系很容易被打破。《机电局长的一天》便形象具体地呈现出“鞍钢宪法”与“大庆经验”逐渐贫瘠化、抽象化乃至被完全否定的过程。《机电局长的一天》凡六节，第四、五两节集中描写了工人通过张贴大字报来参与工厂管理的情节。这张大字报主要针对矿机厂管理中的问题与弊端。在《人民文学》1976年第1期的初刊版本里，大字报的内容如下：

> 一、我是老大。六月二十八日的报上登了矿机厂的消息，厂部发给每人一份；登载学大庆先进单位经验的报纸，却不每人一份。
>
> 二、老虎屁股碰不得。对六月份的错误不认账，对局党委的批评不服气。
>
> 三、只抓生产不抓管理，对“**鞍钢宪法**”吃得不透，学大庆没有学根本。[71]

颇有意味的是，“鞍钢宪法”“学大庆”等字样在后来的修改版本中逐渐消失了。以1981年《人民文学》编辑部的短篇小说选本为例，原文中特意加粗的“鞍钢宪法”消失了，第三条变为：“只抓生产，不抓管理。没有章法，学大庆没有学根本。”[72]“章法”成为“管理”的核心内容，这体现了“文革”结束后急于恢复生产秩序的社会意识。在2013年版的《蒋子龙文集》中，第三条的内容再次发生变化，“学大庆”也被抹除：“只抓生产不抓管理，骗来骗去，害了自己！”[73]改动后的第三句变得莫名其妙，除了表达抽象的怨气，没有实质的含义。

通过并置不同时期、不同版本的修改痕迹，可以清晰地反映出时代意识形态的变迁，加粗的“鞍钢宪法”与反复出现的“大庆经验”在新的现代性规划中已经没有了容身之地。“大字报”曾经是毛泽东时代发扬社会主义民主的主要形式之一。在理论上，“大字报”提供了领导者和群众之间进行沟通和交流的平台，既可以调动群众的主动性和责任感，也可以克服领导者的主观主义、官僚主义和命令主义，促进干部与群众齐心合力，实现民主与集中的统一。《机电局长的一天》里的霍大道看了工人的大字报后，表达了自己的看法：

> 群众是最亮的镜子，领导只有到群众中去，才能认清自己。我看这个厂党委应该开门整风，用学习无产阶级专政理论这个动力，端正办企业路线。同时，也只有让群众能向领导说真心话，而领导又听得到、听得进，积极性才能调动起来……[74]

这段话肯定了大字报具有沟通干群关系的重要意义，而且大字报具有“真”的属性，反映的是真问题。领导如果可以深入及时地认识到真问题，势必会大大促进生产发展。关于生产建设中的干群关系，梁漱溟曾总结说群众是直接生产者，干部是直接领导者，群众容易从当时当地、短期利益和自身利益考虑问题，而干部更加关注长远利益和整体利益，容易忽略群众的具体要求和切身要求。破除集中与民主、干部与群众之间的矛盾的唯一途径是“时时要发动群众整风，坚决贯彻社会主义民主”[75]。小说里，霍大道将厂党委会搬到了大字报跟前，要求矿机厂的干部将大字报抄写下来，就地研究解决方案。抄完大字报，党委立即研究出了三条决议：

> 一、把工业学大庆先进单位的经验立即打印，发给职工每人一份。二、今天下班后召开全厂职工大会，宣读这张大字报，然后党委做检查。三、党委开门整风，发动群众提意见，揭矛盾，加强企业管理。[76]（1976年《人民文学》版）
>
> 一、把工业学大庆先进单位的经验立即打印，发给职工每人一份。二、今天下班后召开全厂职工大会，党委做检查，主要先检查六月份不抓企业管理以及七月份私改局计划的错误。三、党委开门整风，发动群众提意见，揭矛盾，加强企业管理，建立健全规章制度。[77]（1981年《人民文学》编辑部选本版）
>
> 一、把局党委对矿机厂的批评立即打印，发给职工每人一份。二、今天下班后召开全厂职工大会，宣布这份布告，然后党委做检查。主要检查六月份片面追求产值，不抓企业管理以及七月份私改局计划的错误。三、党委开门

整风，发动群众提意见，揭矛盾，加强企业管理，建立健全规章制度。[78]（2013年《蒋子龙文集》版）

至于这些决议如何落实、落实的结果如何、工人对结果是否满意等诸多现实展开的环节在小说中则丝毫没有涉及。道理很简单，这一情节的设置是为了论证霍大道的英明领导，而不是为了展现群众的实质性参与。不同时期的版本对比，呈现出参与通道的压缩以及规章制度重要性的提升。这导致小说呈现出一个悖论：霍大道使用自己的权力要求全体干部抄写大字报，而非干部自动自觉地走群众路线。民主的实现具有很大的偶然性，仰赖于领导者的意志。霍大道自认为是在依靠群众办厂，遵循了“鞍钢宪法”的精神。但徐进亭对他的批评却点破天机：“你决定了就干呗！”[79]

不过，霍大道并未完全脱离群众路线的理论设想，还在以自己的方式支持着意见的流通、交互与辩论。小说花了很大的篇幅描写霍大道主持会议的情景。他在开会时首先倾听各方意见，让各方把闷气透出来，然后再分别把人心理顺，最终促成了各个单位之间的协调合作。但到了后续铁腕领导乔光朴那里，工作上的“独断”作风就更加严重，以致被人批评乔光朴和童贞在搞“夫妻店”。《开拓者》里的老干部车篷宽在给年轻的团委书记凤兆丽的回信中写道：“为了了解在实现四个现代化的进程中，各种人的思想、愿望、情绪、观点，我们应当有一套能够迅速准确地收集群众反应的方法。这样，领导机关在制定一些政策或采取这些措施时，就更有针对性。”[80]在他看来，思想政治的科学化表现在可以迅速收集群众的意见，以便更有针对性地制定政策。思想政治工作的主体被腾换了，更重要的是，思想政治工作变为“专业”，政治也难逃专业分工的现代命运。由是，人民群众处于被分析和研究的客体状态，与群众路线培育的主体参与状态相比，可谓云泥之别。以科学之名，群众路线逐步异化和变形。[81]

《乔厂长后传》(《“维持会长”》) 里铁健家的空间格局更为形象地呈现出“文革”后的干部与群众之间的空间—情感距离。市经济委员会主任铁健因为身兼要职，每天都有许多老乡亲戚和基层干部去他家里找他托关系。霍大道和乔光朴去铁健家中找他，结果看到了惊人的一幕：

> 跨进一拉溜三间大屋子，屋里的情景把这二位惊住了。中间的屋里生着大炉子，铁健的老伴围着大锅煮面条，有几个农村打扮的男人给她当下手，有的拿笊篱，有的端瓷盆，在她的四周团团转。有的称她大姨，有的叫她大娘，有的喊她嫂子。西屋象乡下客店一样搭着通铺，铺上摆个小桌，桌上放着一盆黑糊糊的炸酱。六、七条农村来的汉子，有的蹲在炕上，有的站在地上，一人手里端着一个大海碗，狼吞虎咽地吃着炸酱面。他们都是和铁健多少沾点

亲，带点故的。他们都想通过铁健这个门路，给自己的社办工厂搞点材料和设备，给大队搞点拖拉机、化肥之类的东西。……东屋里坐着几位市里人。他们过去是经委或经委下属单位的干部，要求铁健给落实政策、解决工作和房子问题，也是苦于见不到铁健，不得不在他家里硬等。[82]

中间的屋子是亲戚，西屋是农村社队企业的联络员，东屋是城市干部。这些人虽属社会不同阶层，但都同样见不到铁健。只有局长霍大道和厂长乔光朴才有资格进入到铁健家的里屋：

这里安静、优雅，屋里的陈设带着一种西方色彩。几个穿著俏丽的姑娘，嗑着瓜子，守着一台菲力普录音机，正欣赏着外国歌曲。她们对生人闯进这间屋子非常反感。[83]

里屋是铁健和家人的私人空间，也是家庭空间中最核心的部分。这里带着鲜明的“西方色彩”，老干部的子女在欣赏外国歌曲，这个小细节的设置可谓四两拨千斤。不过即便进入家庭私密空间，他们也没能见到铁健。铁健的女儿铁华指点他们，可以等到晚上市委小礼堂放映内部电影时去找他，而且要等到礼堂一关灯，电影准备上映时再去休息室堵他。果然，他们照这样的办法才找到了铁健。从外面的三间屋子到里屋再到市委小礼堂，空间的距离隐喻了干部与群众的距离。

在此可以引入同一时期发表的韦君宜的短篇小说《告状》进行参照。《乔厂长后传》中的“寻找铁健”之旅只是在领导阶层内部的上下级之间展开，而《告状》则是青年工人寻找领导告状的故事。《告状》的主人公是青年技术员罗怀新。他对自己所在的化纤二厂以次充好的欺瞒行为非常不满，但由于局里的主管处长是方厂长的熟人，一时间告状无门。情急之下，他想起动用父亲老罗的关系。老罗是轻纺专家，与现任市委工业书记李叔叔在“文革”后期交情甚笃。因此，他决定向李叔叔告状。老罗支持儿子告状，但媳妇于萍却十分担忧：“人家又没有整你，你去告这个与自己无干的状，告完了，结果打击一定落在你头上。”[84] 面对家人的分歧，罗怀新也在心里打鼓，他最终想到一个折中的方案——状还是要告，不过要注意方式，说明自己只是提供基层的麻雀供领导解剖，而且是匿名的。隔天晚上，罗怀新借着吃饭的机会，开门见山地向李叔叔说明了化纤二厂的造假行为。李叔叔听后十分生气，立即责成纺织局王处长对化纤二厂进行调查，前前后后共花了二十分钟，连文件材料都没有看一眼就投入到别的工作中了。对于化纤二厂开展调查的唯一变化就是——“方厂长见面突然不理他（罗怀新）了。”方厂长打击罗怀新的手段之一，是在全厂“向四化进军动员大会”上曝光罗怀新告状一事。罗怀新告状是为了确保国家利益，但未曾想与集体利益（奖金、荣誉）发生了冲突。厂党委书记指出，他这是破坏集体团结，惹恼了方厂长，所以下次入党名单里没有他了。罗怀新陷入痛苦之中：难道工人不能再向生产提意见了吗?

《告状》提供了“国家—集体—个人”三方角力的具体情境。其中，集体利益与国家利益存在冲突，而集体利益却与个人利益高度一致。相关的社会学研究也说明了同样的情况：“国家的工业化和现代化同直接生产者经验生活的需要的矛盾在于，如果不能达到国家的生产指标，单位便无法获得奖金，职工整年的努力劳动会付诸东流，人们‘生产涨一寸，福利涨一分’的愿望不会实现。企业整体地位若因此下滑，从上级部门获取资源将更为困难。这样，TY厂使用以下弄虚作假、欺上瞒下和投机取巧的策略”，“所以工人也参与其中，宁愿弄虚作假，没做完报做完”。[85] 而集体是个人时时身处其中的环境，因此，挑战集体利益，将会给自己制造很多麻烦。罗怀新秉持“公理”告状的结果，就是被集体疏离且丧失入党资格。

《告状》还提示了这样的信息，即入党资格的获取，与个人对集体/领导的效忠程度有关。华尔德在《共产党社会的新传统主义——中国工业中的工作环境和权力结构》中指出：“早期自愿的追随者所具备的共同追求在后来的情况下却变成了等级体系中的奖励制度的目标。”[86] 入党本是提升政治觉悟、塑造政治认同的重要途径，但在实际工作处境中却成为与个人前途利益密切绑定的砝码。在利益计算的逻辑下，工人积极参与管理，真诚地提出批评意见，将会被视为挑衅单位共同体的利益，为此也将牺牲部分个人利益。如此一来，工人参与管理的动力与渠道将不复存在。而且，即使可以通过“走后门”告状，领导干部的处理方式也是向下追责，而各级官僚之间的相互调和自然会将问题抹平。真正的问题虽然继续存在，但已经走完了解决问题的流程。小说里化纤二厂接受了调查并承诺进行整改，就意味着弄虚作假的问题在形式上被解决了。

通过考察具体的权力关系场域，就会发现民主管理的实现需要“制度—文化—经济基础”的全方位支撑，否则就将沦为形式。有许多论者发现，蒋子龙工业题材小说中的青年工人形象几乎都是负面的（比如《乔厂长上任记》里的杜兵），但并没有追问这一现象发生的原因。为何青年工人一代会发生如此大的变化？《告状》从一个侧面回答了这个问题。上下自由沟通的民主管理通道庶几关闭，既然已经完全成为被管理的对象，那么就应当适应新的游戏规则，多为自己打算，即使采取不正确的手段。蒋子龙担任车间主任后，就陷入“人心大变”的管理难题之中：

> 我攒足了力气真想好好干点事，而且车间的生产订单积压很多，正可大展手脚。可待我塌下腰真想干事了，发现哪儿都不对劲儿，有图纸没材料，好不容易把材料找齐，拉开架式要大干了，机器设备年久失修，到处是毛

病。等把设备又修好了，人又不给使唤，经历了“文化大革命”之后人心真像改朝换代一般，人还是那些人但心气不一样了，说话的味道变了，对待工作的态度变了。待你磨破了嘴皮子、连哄带劝地把人调度顺了，规章制度又不给你坐劲，上边不给你坐劲……我感到自己像是天天在“救火”，常常要昼夜连轴转回不了家，熬得最长的一次是七天七夜，身心俱疲，甚至还不如蹲牛棚。[87]

那么，解决问题的办法是继续学习管理科学，加强科学管理呢，还是应当进入具体情境剖析人事的情理呢？在当时的情势中，人们乐观地相信一定是因为之前的企业管理政治色彩太浓，太强调人的意志，因而不够尊重客观规律，才会导致离心离德的状态。因此，加大管理的强度，加大学习西方管理经验的力度，成为不二之选。在这样的背景下，毛泽东时代对高度集中与高度民主两相兼顾的曲折探索就变得难以理解了。

在毛泽东时代，管理的问题，主要就是人的问题。如果可以有效地安顿群众的身心，调动群众的积极性，工作效果就会截然不同。不过理解和安顿身心，不是原理和观念层面的事情，必须在动态发展的现实中加以落实，而这才是真正的困难所在。后来的历史确实证明，在正确的理念下，不得法的领导大量存在。这些失败的记忆与后果，促使七八十年代的企业管理一味追捧管理科学，却停止了对民主管理的继续探索。当时的论者已经注意到：“可以这样说，要办好我们的社会主义企业，搞好社会主义现代化建设，也仍然需要‘赛先生’（科学）和‘德先生’（民主）。对这两位‘先生’，我们绝不能厚此薄彼。只有把二者的作用都充分发挥起来，我们的新长征才能走得快。”[88]但民主探索与现代化建设高速度、高效率的追求之间的内在矛盾，决定了“赛先生”和“德先生”并没能在转型中国和谐同行。社会主义企业管理的方案，还有待后来人继续探索。

## 小　结

## “老干部”叙事的背面：“老工人”退场

本章开篇论及，蒋子龙对于“改革文学之父”的美誉颇多推辞。那么，他的自我定位到底是什么呢？时年69岁的蒋子龙曾在文中写道：“我现在常常集‘三老’于一身：‘老工人’、‘老兵’、‘老作家’。唯‘老作家’担不起，我以为作家能称‘老’，不是光靠熬岁数，成就最主要。‘老兵’则可以认领——1960年的兵，还不算老吗？至于‘老工人’一衔，领之泰然，且欣欣然。”[89]根据这则自述，他最根本的自我认同是“老工人”。不过悖谬的是，蒋子龙最为人熟知且成就最大的作品却是上文所论述的以“老干部”（管理层）为视角的小说。难道蒋子龙一旦切换到作家身份，就会忘掉现实中的自我认同吗？

为了解开这一谜团，有必要更全面地把握蒋子龙的工业题材作品，而这也是本章之所以要“综论”的原因。由是，一篇颇具意味的作品浮出水面。蒋子龙的短篇小说《晚年》(《新港》1979年第8期）与《乔厂长上任记》几乎同一时间发表，但在影响力和知名度上却远远不及后者。如果说《乔厂长上任记》呈现的是“老厂长的上任”，那么《晚年》展示的则是“老工人的退休”。一进一退，乃是社会阶层结构的重组变迁。《晚年》讲述了老工人张玉田晚年不被青年工人和车间领导理解，直至被迫退休的故事。张玉田对于手艺的精益求精，对于工作不差毫厘的认真负责，对于工厂唇齿相依的深厚感情，在新的时代语境中显得那么不合时宜。儿子为了继承父亲的工作，甚至不惜以“堕落”相要挟。张玉田的离厂，终是宿命。老工人“退休”，寓意着一代人的退场。张玉田被迫退休后，生了一个月的病：“张玉田得的是什么病呢？医生说是气血亏，要静养，多吃补药。老人自己心里可明白，他不是气血亏，而是精神亏，思想空了。希望是人的精神支柱，没有希望了还怎么活下去？对于他既没有现在，也没有未来，只有属于老年的回忆，那就是过去。”[90] 老厂长变身“闯将”的时刻，也是老工人步入迟暮的起点。

工厂不仅是张玉田的工作场所，也是他付出过青春与热血的地方。三十年兢兢业业地工作，让他收获了尊严与价值。当他得知曾经的徒弟、如今的车间书记田福喜以为他迟迟不肯退休，是担心退休工资比上班工资低时，他感到受了侮辱。而他退休后唯一的遗憾就是没能入党。他根本不明白自己没能入党是因为田福喜忌惮他的资历，担心自己仕途升迁中遇到对手，而是发自内心地认为自己距离党员的标准还远。张玉田后来因为偶然撞见工厂党委张书记，并受到张书记的褒扬，田福喜才忙不迭地批准他入党。当田福喜盘算着如何切断张书记和党员张玉田的关系时，张玉田却在入党的当晚彻夜难眠：

> 这一晚上，张玉田失眠了，但这不是由于愁苦和憋闷；而是一幕一幕地回顾过去，他严肃认真地检查了自己的一生。
>
> 第二天早晨起来，老伴发现他的枕头湿了一片。[91]

时代运转逻辑的转化悄然发生。田福喜作为工厂的基层领导，所有工作只对上级负责，并且只知苦心经营个人前途；张玉田作为他的师父却自始至终地爱党、爱厂，不断地自我批评与反思以期达到符合工厂发展的个人状态。但后者却被如此轻易地否定、贬低与抛弃了。可以说，张玉田式工作状态、精神状态与生命状态的消逝，为所谓的“管理科学”与“规章制度”留出了空间。《晚年》被遗忘的命运，也为《乔厂长上任记》的经典化留出了“干净”的历史起点。而近几年兴起的“东北文艺复兴”中，子一代对父一代历史创伤的追忆，也未尝不能从这些文学书写中找到萌芽或呼应。

综上所述，本章尝试历史化、总体性地剖析蒋子龙1975—1982年间的工业题材小说，意在实现三重推进：其一，突破关于“改革文学”的定型化叙述，更准确地理解这些作品的实际意涵，并以此为入口探索七八十年代文学的基本特征，包括“典型人物”的重塑、创作者的身份认同与创作诉求、作为思想实践与知识形态的文学书写、社会主义现代大工业的文学表现方式等，以期为其时文学与现实的互动作出更具体的说明。其二，本章的细读使得这批工业题材小说的价值不限于提供了“开拓者”家族的群像，而是深度呈现了社会主义文化传统、经验与现代西方科学话语之间的复杂张力。这些文本构成了一个完整的角力场，体现出苏联与“十七年”经验、社会主义激进经验、现代管理学、关系学、清官想象、投机主义的彼此交织，彰显出过渡时期重新确立管理方式的难度。其中的弊端也反过来深刻影响了包括文学在内的整个社会人文精神的发展。其三，通过强调“综论”，尽量占有全部的文本经验，以期在大量重复的名篇名作研究之外，恢复更具整全性的文学世界。在“老厂长”复出的另一面，打捞与补足“老工人”退场的脉络，不仅体现出当时文学的“社会档案”性质，更体现出作品的温度与情感深度。而这正是文学不同于一般历史材料的可贵之处。也许，只有在如上这些向度的探索中，曾经跃动的生命才可能得到应有的尊重，曾经走过的道路才可能真正被反思，而曾经的书写也才能焕发出属于当下的价值。

# 第二章 “科学家英雄”的诞生及其后果

## ——论徐迟的报告文学《哥德巴赫猜想》

上章论及管理科学、行为科学在工厂等经济生产部门中的实践情况，本章将进一步探讨科学精神如何深入地与更广阔的社会层面发生互动，特别是借助文学作品的感染力来实现“人的再生产”。这也是社会主义文艺的重要特征之一：需要借助文学作品实现革命的教化目的，塑造“新人”。在从“文革”到“改革”的过渡时期，便涌现出一批正面描写以科学家为代表的知识分子的文学作品，在全社会起到号召作用，其中影响最大的莫过于徐迟的报告文学作品《哥德巴赫猜想》。

1978年4月4日，刚刚完成《哥德巴赫猜想》的徐迟与时任《人民文学》编辑部评论组组长的刘锡诚谈道：“各个历史时代有各个时代的文艺形式。唐诗、宋词、元曲不用说了，社会主义时代的文学形式，恐怕主要是特写、报告文学，是写真人真事、写列传。……这样一个壮丽时代，这样众多的英雄人物，最好的体裁是二万字左右的特写、报告文学、列传。”[1]“文革”甫一结束，时代主潮是揭批“四人帮”与控诉“文革”，但徐迟却另起宏图，自觉选择特定的文学形式去再现“壮丽时代”与“英雄人物”。这一积极昂扬的写作方案对当时的读者来说，无疑颇具吸引力。徐迟对新时期文学的突出贡献之一，也正在于成功塑造了数学家陈景润这样的“知识分子英雄”[2]，凝聚了读者的共识，推动了社会的转型。陈景润的出现，不知改变了多少青年的人生选择。这里仅列举北京大学历史系教授欧阳哲生的一段回忆：

> 当哥哥拿到新出刊的《人民文学》时，就推荐我阅读这一篇作品。我立即被徐迟魔力般的文字所吸引，被陈景润的求学事迹所深深感动，陈景润立即成了我心中的英雄偶像。他对专业研究的认真勤奋，他对“时事政治”的冷漠态度，他对日常生活的毫不讲究，他那痴迷一般的科学钻研精神，都与一个落寞的“文革”时代形成强烈反差，我们狂热地崇敬他。陈景润不仅成为鼓励我学习的一个偶像式人物，而且他的生活观念或者说生活方式，长久地影响着我，影响着我们这一代的许多人。[3]

上述回忆总结了“知识分子英雄”陈景润的关键特质，这些特质同时也是陈景润式生活方式的构成要素：对专业研究的认真勤奋、对时事政治的冷漠态度、对日常生活的毫不讲究以及如痴如醉的钻研精神。这就从工作、政治、生活与主体状态等多个维度，全面区别于毛泽东时代的英雄形象。而需要追问的是，新英雄的特质为何恰好是这些呢？

再者，以《哥德巴赫猜想》为先导，涌现出一大批表现知识分子正面形象的报告文学作品，比如理由的《高山与平原——记数学家华罗庚》（1978）、柯岩的《奇异的书简》（1978）、徐天德的《星云灿烂满蓬莱——记著名数学家苏步青教授》（1978）、陈祖芬的《她有多少孩子》（1978）与《祖国高于一切》（1980）、黄宗英的《大雁情》（1978）、邓加荣的《记人口学家马寅初》（1980），等等。其中，《高山与平原》与《星云灿烂满蓬莱》两篇分别描写了华罗庚[4]和苏步青两位德高望重的数学家，他们都属于陈景润的老师辈。那么，为何是被坊间演绎为“科学怪人”、乍看起来距离英雄形象最远、曾经的“白专”典型陈景润获得了徐迟的关注，激发了最普遍的认同呢？

最常见的一种解释是，《哥德巴赫猜想》的爆红，缘于它是1978年3月召开的全国科学大会的献礼之作，在当时舆论媒介相对单一的条件下，依靠政治力量的强势推动红遍全国。1977年9月18日，中共中央发出了召开全国科学大会的通知，要求“各宣传单位要运用各种形式，为迎接全国科学大会和向科学技术现代化进军大造革命舆论”[5]。当月，《人民文学》编辑部就决定写作反映数学家陈景润先进事迹的报告文学，并专门致电徐迟，邀他进行采写。作品完成后，发表于《人民文学》1978年第1期，并马上在2月17日被《人民日报》转载，各地报刊、广播电台跟进讨论。[6]很明显，国家意志与文学权威机构的组织与策划，保证了这部作品的受关注程度与历史地位。《哥德巴赫猜想》也因此成为新时期历史叙述的重要组成部分。它在特定的时间点配合了国家现代化动员的需要，因而收获了巨大成功。这一解释确实很有说服力，不过，徐迟为全国科学大会专门赶写的献礼作品，除去这篇，还有1978年3—4月在《人民日报》《光明日报》发表的《在湍流的涡漩中》和《生命之树常绿》两篇报告文学作品。[7]这两篇作品也在特定时刻配合了国家需要，但为何影响较弱？换言之，为何偏偏是《哥德巴赫猜想》引发了众多读者内心持久的狂热？

要回答这些问题，就必须进入《哥德巴赫猜想》的文本形式中寻找答案，在“为什么这样写”的持续追问中，触摸时代的精神结构与核心关切。实际上，陈景润式的新人叙写，关涉新时期以来关于“人应当如何存在”的感觉方式与评价方式的巨大转变。它所触及的专业、政治与生活的张力关系，学习能力与个人价值的内在关联，专业主义与社会团结等议题，不仅在彼时引发共鸣，同时也是我们今日所要继续面对的问题。在此意义上，这一文本具有起源性的意义，有必要在今日的“社会后果”中加以重新检视。

## 一、“爱”与“美”的主体抒情机制

由知名作家撰写的关于陈景润的文学作品，并非仅有《哥德巴赫猜想》一篇。[8] 可以与之形成鲜明对照的，是同一时期秦牧的散文《探访“数学奇人”陈景润》。《哥德巴赫猜想》被《人民日报》转载后，陈景润在中科院数学所李尚杰书记的陪同下，曾到《人民文学》编辑部道谢和座谈，“会上有一个插曲。陈景润提出，秦牧在《南方日报》4月4日发表的《探访“科学怪人”陈景润》（注：文章名应为《探访“数学奇人”陈景润》，原文笔误），不知是何意思。这篇文章，事先我们编辑们已经看到了，大家对秦牧这样的著名作家写出这样的宣扬低级趣味的东西，有点儿像西方记者一样，感到不可理解”[9]。这不禁令人好奇，秦牧和徐迟两位经验丰富、年龄相仿的老作家的写作方式到底有何不同，竟会产生如此两极的评价。

在1978年全国科学大会期间，秦牧曾随徐迟一同拜访过陈景润，之后写出了《探访“数学奇人”陈景润》。秦牧在该文中如是描写二人初次碰面与分别的情景：

> 这人剪着平头，戴一副近视眼镜，样子天真，甚至带

> 点憨态。他面色有点红，那是结核病菌仍在他身体里活动的征象，而不是健康的颜色。他的中山装上衣很短，大概比一般短了两至三寸，鞋子上没有结鞋带，衣服上个别纽扣也不曾扣好。[10]
>
> 他说："好，好，我不送。"说着，就伸手去抓桌上那顶皱成一团的帽子，随随便便放在头上，倒像是一个盘子放在西瓜上一样。《人民文学》一位编辑看了，不禁笑着帮他戴好。他走在前面，开门的时候，突然在走廊里跑了起来，然后以一个顽皮儿童的神情在远处叫道："我要送！"这样，就一直把一行人送到楼下大门口。[11]

以上描写，确实不乏"猎奇"意味。秦牧通篇都将陈景润作为某类奇怪的、异己的存在进行观察和审视，颇有"硬写"的感觉。他的全部笔力，都集中在一个"怪"字上。最终他如此断定："这是一个很特别的人，他的脑子一部分非常发达，是个大数学家；一部分，在处理日常生活的时候，却保持着童稚的天真。"[12]他接着解释说："我用白描的手法叙写我见到这个人物时的印象，目的无它，只是想让人们更好地理解这一类人物。实际上，他的一切表现都是完全可以索解的。"[13]可见，秦牧并未将陈景润视为"我们"中的一员，反而将之划入需要借助理性"索解"才能勉强接近的那一类人。这类人被分裂为"极发达的理性/极薄弱的情感"与"极成熟的工作/极幼稚的生活”等二元对立项。而且，秦牧在文中描写陈景润对“政治”的态度时也比较随意。在他笔下，陈景润政治警惕性很高，但同时也没有多少政治判断力。这么写，对于性格敏感又小心谨慎的陈景润来说，当然犯了忌讳。

相比之下，秦牧在文中提及的徐迟的写作态度，就非常不同。秦牧回忆说，他们拜访陈景润的几天后，徐迟在中央人民广播电台召集的座谈会上谈道：“老实说，我初见到他的时候，我对他生活上的一些表现是有不良印象的。但是接触久了，就觉得这个人十分可爱。或者可以说，我见到这样的人，就像贾宝玉见到林黛玉，或者林黛玉见到贾宝玉一样。”[14]徐迟态度的转变非常有趣，由“怪”到“爱”，意味着他不仅尝试去理解陈景润，而且最终认同了陈景润所代表的价值观。

“爱”是徐迟总结报告文学创作经验时的关键词。报告文学作家黄宗英也曾是全国科学大会特邀记者，她认为《哥德巴赫猜想》掀起了“五四”以来“赛先生”的又一次热潮。她向徐迟道出自己的苦恼：“你们都是大学毕业的，可我的知识实在太差了。”徐迟告诉她：“你写的是人哪！你必须爱上你的主人公！”徐迟还张开双臂大声说：“我想说，想说—陈—景—润—我—爱—你—”[15]当年陪同徐迟采访陈景润的编辑周明也回忆说：“去招待所的途中，他（指徐迟——笔者注）还不断地说：‘这个人（指陈景润）我们好象见过面。我爱上他了，一定要写他！’”[16]按理说，报告文学的首要目标是“真实”。

文学家在书写科学家时，也许都会像黄宗英那样感觉到专业知识的屏障以及还原真实的难度。但徐迟却巧妙地转换了这一难题，他知道自己的目的不是要写科普文章，而是要写出科学家的崇高精神，召唤普通大众对于科学知识的敬畏感与崇敬感。《哥德巴赫猜想》全文凡十二节，其中第一节、第八节前半部分直接抄录了陈景润的论文，第五节的前半部分则介绍了“哥德巴赫猜想”的研究史。在徐迟的安排下，数学语言未经改装，便直接进入文学文本，但这却并未让读者感到太过隔膜，或是失去阅读耐心。原因就在于数学语言并不承担认知功能，而在不经意间发挥着抒情功能。第八节中，那些数学公式被比作世上最优美的物象：

> 何等动人的篇页！这些是人类思维的花朵。这些是空谷幽兰、高寒杜鹃、老林中的人参、雪岭上的雪莲、绝顶上的灵芝、抽象思维的牡丹。这些数学的公式也是一种世界语言。学会这种语言就懂得它了。这里面贯穿着最严密的逻辑和自然辩证法。它可以解释太阳系、银河系、河外系和宇宙的秘密，原子、电子、粒子、层子的奥妙。但是能升登到这样高深的数学领域去的人不多。[17]

在华丽的意象和堆叠的比喻中，数学语言被塑造出别样的“美感”，释放出动人心魄的力量。它超凡脱俗，高、精、尖，乃是世界秘密的来源、知识确定性的基础。这种“浓得化不开”的抒情腔并非《哥德巴赫猜想》所独有，可以说，“夸饰性的抒情”[18]是新时期初期知识分子叙事的重要文体特征。如今看来，已有些“不合时宜”的抒情乃至煽情，实则裹挟着重塑知识分子合法性的历史势能与强烈愿景，借由情感表达拓宽知识分子的价值空间，故而是一种带有政治诉求的抒情表达。借由这样的抒情美学，《哥德巴赫猜想》成功召唤出读者对于科学家的崇敬，对于知识的向往，对于人类理性的尊崇。

进而言之，科学与文学之所以水乳交融，缘于二者都服务于建设现代化的目标。徐迟深信：“文学家是能够懂得科学家其人及其科学的，我们和他们同样在创造一个更美好，更光明的世界，任务相同，为什么不能携手共行？方向不同，只好互相启迪和鼓舞。文学家应当更多地服务于科学，反过来也是一样的。”[19]可以说，正是对于现代化世界的“爱”，统合了文学与科学、个人与国家。在这个意义上，《哥德巴赫猜想》与徐迟1978年写作的《走向二十一世纪》、1982年发表的《现代派与现代化》具有高度的互文关系，从中可以读解出以文学为助力，以科学为工具，迈向现代化未来的思想方案。带着对现代化的最高爱意，在徐迟的视域中，陈景润由“科学怪人”转变为“美”的化身。由“怪”到“美”的转变，表面上似乎是主观感觉的变化，实则表征着新时期对于“人”的理解方式正悄然转变：

我第一次和他见面，就发现他有一种内在的美。他那心不在焉、恍恍惚惚的神情，给了我一种感觉：他似乎没有生活在我们中间，他生活在数学的王国里；仿佛他并不是我们这个感性活动世界的人，他正飞翔在理性世界的思维空间里；此刻，他只是迫不得已才降落到我们中间来，接受我对他的访问，但却仍然心不在焉，仍在低飞着，盘旋着，露出一种晨光曦微似的理性的美，智慧的美，闪耀着他那为我国科学技术现代化的理想而献身的、内在的美。[20]

为理念而生的人，即知识分子是美的。他的美与物质无关（按照世俗的观点，陈景润本人极不重视个人卫生与穿着打扮，而且常年抱病），毋宁说他的美源于精神世界，并造成了某种笼罩性的氛围。“他并不是我们这个感性活动世界的人”，却深深震撼着世俗中人。在徐迟笔下，陈景润的“美”完全是内生的、自足的、超越的，是主体持续存在的状态，不受外在事物的规定与制约。虽然他的理想是科学技术现代化，但他参与的方式不是“生产实践”，研究的数论也是理论性的、非功利的基础学科。

第二、三节里写道，陈景润曾是“丑小鸭”和“畸零人”，但只要他在“数学王国”里驰骋，就即刻变成美的化身。由丑到美，并不是陈景润的客观存在发生了变化，而是观看与评价人的机制发生了变化。美不再被外部标准决定，而完全被回收进思维空间，成为对人的理性能力的发扬与肯定。陈景润之美，体现在他不被世俗欲望羁绊，将人类的纯粹理性发挥到极致。李泽厚曾说："数学所以能作为人类认识世界改造世界的强大工具（现代科学广泛运用数学所获得的巨大成就不断证实着这一点），体现了人的认识能动性的显著特征……莱布尼茨说，数学是上帝的语言，其实，数学是人类的骄傲。"[21] 正是"人性能力"的"美感"，造成了欧阳哲生们的狂热。以美感为中介，科学具有了宗教般的号召力，为一代年轻人提供了人生信仰与生活方向。

徐迟用优美形象的抒情语言来引领读者感悟陈景润的存在，追慕最完满的生命状态。相形之下，秦牧凸显的"怪"则是区隔性的。前者展现出人类能力的巅峰状态，高扬知识分子的主体地位，并塑造了与读者的同情共感机制，而后者则将发达的理性能力视作是异己的、个别的、难以理解的。进而言之，与50—70年代的"阶级美"相比，徐景润式的"美"是"共同美"，从而提供了关于人性的共同想象。"激烈的阶级斗争使他无所适从。惟一的心灵安慰就是数学。他只好到数论的大高原上去隐居起来。"而现在隐居的人们被召唤出来，奋斗目标从阶级斗争转移到经济建设上来。现代化的发展规划与个人的自我实现具备了一致性，现代化也就具有了某种"人性论"的基础。

在由“爱”而“美”的抒情机制下，陈景润具备了开口说话的资格。第九节突然从第三人称的叙述跳出，进入陈景润的“自白”。主体性的确立，必然伴随着第一人称的出现。陈景润从“我”的立场，发表了五段自述（当然，这是由徐迟代言，不过也在相当程度上代表了当时对知识分子问题的认知状态）。这五段各有侧重，篇幅虽短却大有深意——

第一段，陈景润解释了“一个劲儿钻研”“耗尽了我的心血”背后的动力是为了对得起党、严师和名家的培养。第二段则表达了对数学研究精益求精的态度。合而观之，虽仍可读出“红”为“专”提供根本动力这一原则，但实际上已经将语义重点向数学家的“职业伦理”偏移。

第三段则申辩了自己学习外语的原因。“文革”期间，陈景润因为学习和研究“古、洋、死”的东西受到批判，此处解释了原因：“我必须检阅外国资料的尽可能的全部总和，消化前人智慧的尽可能不缺的全部的果实。而后我才能在这样的基础上解答（1+2）这样的命题。”这就为学习和引进外国科学文化知识提供了合法性，外国的思想资源被“去政治化”，而外语则完全变为研究工作必需的客观中立的工具，成为学术研究的前提程序。

第四段，陈景润表示他的研究成果必须通过学术论文的方式承载，因此不得不多次修改，绝对严密——“科学的态度应当是最严格的，必须是最严格的。”第五段陈述自己的“病”：

“我知道我的病早已严重起来。我是病入膏肓了。细菌在吞噬我的肺腑内脏。我的心力已到衰竭的地步。我的身体确实是支持不了啦！惟独我的脑细胞是异常的活跃，所以我的工作停不下来。我不能停止。……”在短短的七句话中，竟涌出九个“我”字。陈景润的病体残躯充满了整个画面，“病体”的存在感达到顶点，而且与当时混乱停滞的国家状态形成某种同构关系。异常活跃的脑细胞与心力衰竭的身体的惊人反差，带来巨大的悲壮感。在此前提下，陈景润永远工作的精神不断冲破身体状况的限制，感动了无数人。这就不只是工作伦理的问题了，更成为当时标举的崇高道德——自律自强、忘我工作、无私奉献。

这五段自白不知说出了多少知识分子的心声，不仅确立了自身工作的价值，维护了学术研究的相对独立性，展现了学术研究高度严密科学的品格，更将知识分子高度道德化了。不过，也许正如柄谷行人提示的那样，“问题不在于自白什么怎么自白，而在于自白这一制度本身。不是有了应隐蔽的事情而自白，而是自白之义务造出了应隐蔽的事物或‘内面’”[22]。曾经“落后”的、需要被改造的知识分子建立起了“自白”的制度（将这一“自白”与思想改造中的“检讨”对读将饶有意味[23]）。正是所谓的“自白”，建构出“陈景润们”的“内面”，而这一“内面”被理所当然地理解为政治所压抑掉的部分。

与公开讲话相比，“自白”是在幽暗处发声。徐迟借陈景润之口，表达出很多知识分子的情感诉求。正是在不断的自白中，精神革命一点点地发生。“……自白是另一种扭曲了的权力意志。自白诀非悔过，自白是以柔弱的姿态试图获得‘主体’即支配力量。”[24]文本中“陈景润们”的自白悄然将知识分子的历史正当化。通过不断自白，知识分子构建了自身在道德上的优越感，以柔弱的姿态获取他们的“主体”位置，即使这一尝试充满了乌托邦色彩。

## 二、改写“又红又专”：“政治感”的变迁与“知识人”的诞生

建立知识分子的主体地位，关键环节在于重构与“政治”的关系。政治感、政治观与政治表达的变迁，也是剖析“知识分子英雄”形象的重要入口。《哥德巴赫猜想》便是反映转折时期政治感变迁的典型文本，它正面描写了“文革”，并改写了“又红又专”的意涵，从而更加确立了知识/专业/科学的正面价值与独立性。

“文革”结束之初，如何评价“文革”自然是当时中国人最关心的问题之一。1977年夏天，徐迟曾接受《人民文学》的约稿，以地质学家李四光为对象创作了报告文学作品《地质之光》。《地质之光》跳过了“文革”时期，引起了读者的不满。待到《哥德巴赫猜想》，时局更加明朗，徐迟也敢于鼓起勇气

直接描写“文革”。徐迟的写法很有意思，他延续了“文革”时期常见的写作思路，即援引马恩列斯毛等革命导师的观点来确定自己的立场。“解决这个困难，还是靠经典著作，《马恩选集》的第一卷，里边有篇重要的著作，叫《路易·波拿巴的雾月十八日》。对‘文化大革命’的理解，我是从马克思的这部著作里领会来的。《路易·波拿巴的雾月十八日》帮助了我怎样来写‘文化大革命’。”[25]徐迟认为他在“文革”期间阅读的马恩列毛经典著作，帮他解决了写作的思想路线问题。

《路易·波拿巴的雾月十八日》是马克思运用历史唯物主义分析1848—1851年法国路易·波拿巴雾月政变的经典之作。马克思在文章开头便对这场政变做了辛辣的讽刺：“黑格尔在某个地方说过，一切伟大的世界历史事变和人物，可以说都出现两次。他忘记补充一点：第一次是作为悲剧出现，第二次是作为笑剧出现。”[26]徐迟之所以特别选中这篇，也是因为“笑剧”（“闹剧”）的判断特别符合当时的政治感觉与情感状态。这里有必要对徐迟的“文革”叙事加以专门分析。第六节中写道：

> 这是进步与倒退，真理与谬论，光明和黑暗的搏斗，无产阶级巨人与资产阶级怪兽的搏斗！中国发生了内战。到处是有组织的激动，有领导的对战，有秩序的混乱。无产阶级的革命就是经常自己批判自己。一次一次的胜利；

一次一次的反复。把仿佛已经完成的事情，一次一次的重新来过，把这些事情再做一遍，每一次都有了新的提高。它搜索自己的弱点、缺点和错误，毫不留情。象马克思说过的要让敌人更加强壮起来，自己则再三往后退却，直到无路可退了，才在罗陀斯岛上跳跃；粉碎了敌人，再在玫瑰园里庆功。只见一个一个的场景，闪来闪去，风驰电掣，惊天动地。一台一台的戏剧，排演出来，喜怒哀乐，淋漓尽致；悲欢离合，动人心肺。一个一个的人物，登上场了。有的折戟沉沙，死有余辜；四大家族，红楼一梦；有的昙花一现，萎谢得好快呵。乃有青松翠柏，虽死犹生，重于泰山，浩气长存！有的是英雄豪杰，人杰地灵，干将莫邪，千锤百炼，拂钟无声，削铁如泥。一页一页的历史写出来了，大是大非，终于有了无私的公论。肯定——否定——否定之否定。化妆不经久要剥落；被诬的终究要昭雪。种籽播下去，就有收割的一天。播什么，收什么。

前半段，徐迟模仿马克思的语句和笔调，“照样学样”地站在“总体视野”中把握“肯定——否定——否定之否定”的历史趋势。照此逻辑，徐迟认为“文革”是无产阶级对自己的否定，等到自己的敌人强大到不能再强大的地步时，无产阶级才扬眉剑出鞘，终结了这场“闹剧”。历史唯物主义的阶级分析方法，在这里被化作各种对举：“有的折戟沉沙，死有余辜；四大家族，红楼一梦；有的昙花一现，萎谢得好快呵。”有趣的是，传统文化被悄然带入，形成政论文风与古典美学风格的奇妙融合。后半段主要征调的就是传统文化物象及其特定的道德意涵。“干将莫邪，千锤百炼，拂钟无声，削铁如泥”是徐迟最为得意的，十六个字就将1976年抓捕“四人帮”事件写了出来。“我描写党中央领导同志在十月六日一举粉碎‘四人帮’的时候，那样锋利的宝剑，往钟上一拂，没有声音，这个钟就被劈成两段了……这是从《汉书》里看来的，从《汉书》里面抄来的。”[27] 徐迟在对历史大势进行总结的基础上，将这一抓捕行动成功地处理为正义对抗邪恶的胜利。而且，对传统美学的调用，既有助于读者参照历史经验类比，又降低了言辞的敏感性。这段“文革”的定性文字，分别调用马克思主义和传统文化的语言资源，道出了当时人们的政治感觉。徐迟选择用“拂钟无声”封存“文革”经验，在今天看来难免简单，但在当时引起了巨大轰动。《人民文学》编辑周明回忆说：“还有人格外喜欢第六节对‘文化大革命’尖锐批判的精彩描写，有的人甚至能够背诵出来。当时，中央关于彻底否定‘文化大革命’的决议尚未作出，而人们积压已久的愤懑被徐迟痛快地说了出来，这正是徐迟作为一个报告文学作家的政治敏锐性。”[28]

除此之外，徐迟还将“文革”暴力审美化了。“血痕印上他惨白的面颊。一块青一块黑，一种猝发的疾病临到他的身上。他休克，他眩晕，一个倒栽葱，从上空摔倒地上。”与其时的“伤痕文学”相比，徐迟的笔法非常克制，陈景润在“文革”期间的“自杀”行为竟被一句话轻轻带过。徐迟对此非常自觉，“我不写它们（指文革的暴力——笔者注），免得污染了我的笔”[29]。用极度纯净、诗意而又务虚的笔调书写“暴力”，其实是对“暴力”的高度蔑视，站在与“暴力”不同的逻辑上去审判它，进而实现与“暴力”最大程度的疏离。“暴力”成为污浊之物，其背后的“文革”政治自然也完全是负面的。可以说，徐迟的“文革”叙事巧妙配合了主流政治对于“文革”的定性，同时也在个人情感层面高度疏离于“文革”政治。那种特定的“政治”形态及其携带的血污，被一同抛了出去。而个人和文学，则是超拔其上的美好存在。

《哥德巴赫猜想》第十二节，也是全文的最后一节，这样总结历经“文革”劫难之后的陈景润的转变：“病人恢复了健康。畸零人成了正常人。正直的人已成为政治的人。”这又是一个类似于“鬼变成人”的叙事。有趣的是，按照上文分析，明明应当是“政治的人已成为正直的人”，陈景润这样的知识分子又恢复了自己的名誉和地位。那徐迟为何偏偏要强调是“正直的人”变成“政治的人”呢？此处的“政治”，当然不是指“文革”政治，而是指华国锋和邓小平领导下的社会主义现代化事业。以“政治”为名，实际指涉却完全不同，新时期以来最大的“政治”就是“建设社会主义现代化强国”，而这在新人塑造的过程中，具体表现为“又红又专”的变形：“红”不再是超越一切的信仰与准则，而是逐渐被“专”定义和制约。

关于“红”“白”“专”的文字呈现，徐迟做了精心安排。他在文中两次把陈景润比作“仙鹤”。与中国传统文化中的“白面书生”相比，他的处理更多了几分时政意味：

> 陈景润又被视为是这种所谓资产阶级科研路线的“安钻迷”典型。确实他成天钻研学问。不太问政治，是的，但也参加了历次的政治运动。共产党好，国民党坏，这个朴素的道理他非常之分明。数学家的逻辑象钢铁一样坚硬：他的立场站得稳。他没有犯过什么错误。在政治历史上，陈景润一身清白。他白得象一只仙鹤。鹤羽上，污点沾不上去。而鹤顶鲜红；两眼也是鲜红的，这大约是他熬夜熬出来的。他曾下厂劳动，也曾用数学来为生产服务，尽管他是从事于数论这一基础理论学科的。但不关心政治，最后政治要来问他。并且，要狠狠的批评他了。批评得轻了，不足以触动他。只有触动了他，才能使他今后注意路线关心政治。批评不怕过分，矫枉必须过正。但是，能不能一推就把他推过敌我界线？能不能将他推进“专政队”里去？尽量摆脱外界的干扰，以专心搞科研又有何

罪？（第六节）

且让我们这样稍稍窥视一下彼岸彼土。那里似有美丽多姿的白鹤在飞翔舞蹈。你看那玉羽雪白，雪白得不沾一点尘土；而鹤顶鲜红，而且鹤眼也是鲜红的。它踯躅徘徊，一飞千里。还有乐园鸟飞翔，还有鸾凤和鸣，姣妙、娟丽、变态无穷。在深邃的数学领域里，既散魂又荡目，迷不知其所之。（第八节）

可以看出，徐迟确实很用力地要将陈景润写成“政治的人”。陈景润的“政治”是“共产党好，国民党坏”，而且这一立场像钢铁一样坚硬。“政治”被化约为立场和站队，陈景润的“讲政治”，就是指在历次政治运动中站在了共产党一边。如此说来，陈景润应该是“红”的。可徐迟恰恰笔锋一转，大胆地将陈景润说成是“白”的，即“政治清白”，毫无政治污点的意思。这显然是对毛泽东时代“红”与“白”对立的政治意涵的解构。“红”的转义则更有意味：“鹤顶鲜红；两眼也是鲜红的，这大约是他熬夜熬出来的。”“红”由无产阶级立场的象征，转变为熬夜搞科研的见证。这给人带来的直观感受是：专心科研的人，就是“红”的。所以才有了第八节中的这一句：“你看那玉羽雪白，雪白得不沾一点尘土；而鹤顶鲜红，而且鹤眼也是鲜红的。”曾经的“又红又专”话语就这样被翻转和消解了。

上述引文中还写道，从事基础学科研究的陈景润，脱尘于现实政治，在彼岸彼土飞翔舞蹈。“飞翔舞蹈”意味着自由地实现自我，而“彼岸彼土”更虚构出了纯学术的边界。这彼岸彼土“姣妙、娟丽、变态无穷”，具备了内在深度与丰富性。数学被神秘化为“散魂荡目”的“内在世界”。而这样的“彼岸彼土”，遵循客观规律而存在，是现实政治所不能理解、不应干涉的存在，因而也就标识了政治的“边界”。

如果将《哥德巴赫猜想》中关于“又红又专”的改写与三个月后全国科学大会上邓小平的报告对读，将会发现二者惊人地一致。1978年3月18日，邓小平做了《在全国科学大会开幕式上的讲话》。这篇讲话石破天惊地定位了知识分子的阶级属性，即知识分子是劳动人民的一部分。这一讲话的另一要点，便是重新定义了“又红又专”：“我们的科学事业是社会主义事业的一个重要方面，致力于社会主义的科学事业，作出贡献，这固然是专的表现，在一定意义上也可以说是红的表现。”[30]在不反党、反社会主义的前提下，“红”的判断标准变为了“专”，即越钻研工作，就越为现代化做贡献，因而也就越“红”。邓小平讲话的第三个要点是规定了党委工作的主要内容：外行不能管内行，在保证政治方向的前提下，党委主要是做好后勤工作，不要过多地干涉科研业务工作。

其实，《哥德巴赫猜想》能在“又红又专”的改写上如此切中主流政治，直接得益于1978年“两报一刊”的元旦社论《光明的中国》。徐迟在《哥德巴赫猜想》的正文开始前便引用了《光明的中国》：“……为革命钻研技术，分明是又红又专，被他们攻击为‘白专道路’。”他本计划援引马克思的《数学手稿》，而元旦社论的适时出现，大大坚定了他的写作方向。《哥德巴赫猜想》成功造出了“革命舆论”，而且用优美精致的语言和具象化的描写，重构人们的感觉经验。

改写“又红又专”，属于时代情境中的历史大势，也是对于前一时代的强烈反弹。不过，从今天来看，这一“急拐弯”也带来了深远的历史后果。首先，“红”的意涵被掏空，个人只需专精本职工作即可。出于对“文革”政治的惧怕、厌恶与否定，“政治”越来越被理所应当地认为是专属“政党”的事情，进而逐渐从个人的生活世界中退出。照此逻辑发展下去，人民参与现实政治的意愿、能力与渠道只会逐渐缩减，难以成为国家事务的能动参与者。

再者，在高度肯定“专”的同时，脑力劳动和体力劳动之间的差别被抹平了，营造出一种平等的假象。脑力劳动者与体力劳动者虽然都专于本职工作，但其社会地位却并不相同，形成新的差等在所难免。著名数学家吴文俊在1977年8月11日《人民日报》上就明确宣称：“一个国家工业化的程度，大体上与它的数学发展水平相当。”[31] 按照对于现代化的贡献大小来评价个人价值，似乎正是历史的发展逻辑，此后又很快调转为以最直接的经济效益衡量个人价值。从另一方面来说，50—70年代对于脑体分化的自觉克服，其最大价值在于要正视脑体分化背后不平等的社会生产与再生产。即使在社会主义所有制改造完成以后，依然还有一部分人较多地占有生产资料（包括经济资本、社会资本、文化资本），因而对另一部分人造成压迫。“文革”期间教育革命所要突破的就是广大劳动者没有文化知识，进而在文化上无法翻身的问题。因此当时才会特别强调和凸显脑体对立。当然，“教育革命”后来推向极端，已然背离了这一初衷，但其中的合理诉求依旧值得重审。“文革”结束后，邓小平主张“科学成为生产力”，生产力的提高主要依靠科学的力量。这就在文化平等与高速现代化之间构成了悖论性的难题。对于人的想象与评价也就发生了变化：“什么是人？能够把世界改造为‘工艺—科技结构’的高级脑力劳动者，从事这样一种‘实践’的人，特别是科技人员、知识分子，就是我们那个时代所要树立的楷模。”[32]

## 三、从“珠峰”到“人间”：“成功学”叙述的现实危机

在利用“仙鹤”意象巧妙地改写了“又红又专”的同时，徐迟面对的一大挑战是，怎么才能将陈景润日复一日、毫无戏剧性的“专”具象化地呈现出来？徐迟最终决定用“登山”过程来比拟研究过程。“因为他的过程，就是一个攀登的过程，

所以来龙去脉，集中点还是在攀登上。为写攀登高峰，想写得象样点，我就找了一本国家登山队攀登珠穆朗玛峰的报告文学集，人民文学出版社出版的。我就从这里头找了很多的描写登山队员攀登的语言。解决1加2的问题，整个是一个攀登的过程。”[33]于是就有了第五节的长篇大论：

他跋涉在数学的崎岖山路，吃力地迈动步伐。在抽象思维的高原，他向陡峭的巉岩升登，降下又升登！善意的误会飞入了他的眼帘。无知的嘲讽钻进了他的耳道。他不屑一顾；他未予理睬。……但他还是攀登。用四肢；用指爪。……不知多少次发生了可怕的滑坠！几乎粉身碎骨。他无法统计他失败了多少次。他毫不气馁。他总结失败的教训，把失败接起来，焊上去，做登山用的尼龙绳子和金属梯子。吃一堑；长一智。失败一次；前进一步。失败是成功之母；成功（注：原文漏掉“成”字）由失败堆垒而成。……他向着目标，不屈不挠；继续前进，继续攀登。战胜了第一级台阶的难以登上的峻峭；出现在难上加难的第二台阶绝壁之前。他只知攀登，在千仞深渊之上；他只管攀登，在无限风光之间。一张又一张运算的稿纸，象漫天大雪似的飞舞，铺满了大地。数字、符号、引理、公式、逻辑、推理，积在楼板上，有三尺深。忽然化为膝下群山，雪莲万千。他终于登上了攀登顶峰的必由之路，登上了（1+2）的台阶。

陈景润在六平方米的斗室内日夜攻关，如同登山一般，朝着既定目标不断向上攀登。在攀登过程中，无数的磨难和嘲讽都无法动摇他“只管攀登”的决心。“千仞深渊”“膝下群山”和“雪莲万千”的字句之间，充满了革命浪漫主义色彩。他俨然是孤岛上的鲁滨逊，摆脱了一切社会关系，只为数学而生。最终，陈景润成功登顶，摘取了数学皇冠上的明珠。

不过，我们的注意力虽被攀登过程之曲折与艰辛吸引，但不要忘了攀登是为了成功登顶。如果陈景润不幸没有证明（1+2），他恐怕也不会成为时代英雄，得到全社会的爱戴了。虽然陈景润本人并非为了成功而工作，但当他作为榜样在社会上流传开时，他的故事无疑蕴藏了“成功学”的因子。“成功学”最重要的特征，便是将成功人物抽离出具体的社会历史环境，将之置于真空中加以观察并提取出若干成功要素。似乎后来者只要集齐成功人物所具有的要素，便可自动复制成功。成功学叙事的魅力与魅惑也正在于此。无功利、真空中的陈景润精神被推广到社会中，当然会产生各种正面或负面的学习形态。比如，同样写作报告文学的黄钢在对周扬的第四次文代会报告提修改意见时指出，应当将“如《哥德巴赫猜想》等”改为“描写当代科学家的报告文学”，理由有二：“(一）因为不但在青年中学习陈景润的社会效果极坏，在医学界、地质部门、外交战线上，对于学习陈景润与《哥德巴赫猜想》一文，都有极坏的反映，（可以向首都医院党委或驻英使馆文化处了解）北京十七岁的女学生为了学习陈景润（一心想发明‘陈氏定律’），数学考试落选而自杀。如果我们继续发扬此类著作，其社会效果是可想而知。（二）如果这一表扬是指、或包括《哥德巴赫猜想》这一本书，则问题更大——新闻界、如《光明日报内部通讯》月刊，讨论由《哥德巴赫猜想》引起的报告文学不真实问题已经进行了半年之久；新华书店的读者曾在座谈中对这一本书提出抗议……”[34]从“珠峰”下沉到“人间”，纯粹的登顶精神必然会面对各种现实条件的挑战，它既带来了自我实现的解放感，同时也造成了许多新的困惑。

《中国青年》复刊后的第1—4期（即1978年第1—4期）发起了“新时期”的第一场问题讨论：“在青年中可不可以提倡学习陈景润？——关于红专问题的讨论”[35]。讨论由名叫“刘佳”的团干部给《中国青年》编辑部的来信发端。他在信中表达了自己的疑惑，现择录如下：

> 但陈景润同志算不算又红又专？在青年中可不可以提倡学习陈景润？学习陈景润会不会降低了红的标准？
>
> …………
>
> 可是，随之而来的，却是一部分学生对社会活动不那

么热心了，一些原来在班上担任干部的同学也提出来不想干了。特别是陈景润同志的事迹公开宣传以后，更为一些不热心政治活动的人找到了借口。这样下去，会不会又回到只专不红的老路上去呢？

…………

可我总觉得他俩红的不一样，提倡学习雷锋心里感到踏实，提倡学习陈景润就觉得有点理不直气不壮。

…………

但按照这样的标准来选拔人才、培养人才，宣传陈景润式的典型，是不是又鼓励了另一种形式的“学而优则仕”呢？[36]

之所以不厌其烦地引用刘佳的来信，是为了更全面地展现历史中人在时代转轨过程中所产生的各种困惑。不过，虽名为“问题讨论”，但接下来几期刊登出的读者来信，观点却一边倒地倒向对“专”的肯定，将陈景润树立为“革命实干家”的典型。即使是同为团干部的李庆堃，虽能对“新时期”团工作开展的困难有所体会，但却并不真正理解刘佳的核心困扰，而是很乐观地认为，团的工作只要不干扰学习，为学习服务即可顺应时代，成功转型。[37]更有意思的是，雷锋作为1963年树立起来的学习榜样，与1978年的先进典型陈景润“无缝对接”：“从本质上说，雷锋和陈景润的精神是完全一致的：在对待党的事业上，他们都是把有限的生命投入到无限的为人民服务之中；在对待个人与集体的关系上，他们又都是求于人的甚少，给予人的甚多！”[38]但是，如果二人这么明显地“完全一致”，那刘佳为何会产生这样的困惑：“学习雷锋心里感到踏实，提倡学习陈景润就觉得有点理不直气不壮呢？”

细究起来，雷锋和陈景润最大的不同在于，雷锋无私地帮助他人，“外向”地吸纳他人融入对工作和生活的共同创造中，而陈景润则是六平方米内的独居者，“内向”地在科学世界里跋涉。贺照田在《如果从儒学传统和现代革命传统同时看雷锋》一文中，对雷锋走群众路线的方法与意义做了分析。他认为雷锋是“集体的英雄主义”，“每一个想成为‘英雄’的人，都必须着力于集体的团结、集体中他人觉悟和能力的改善”，“以此为确定新时代英雄的核心标准，能不能带动不如已者、后来者有效向上，当然便成为鉴定一个革命者革命成色的核心标准”。[39]如果说雷锋的“红”主要体现在团结和帮助集体中的其他人，带动集体的成长和进步，那陈景润显然不是这样。陈景润是在以相当个人的方式（所谓的“高、精、尖”）在为国家服务。不过，应当肯定的是，陈景润作为共和国第一代大学生，确有着真挚的家国情怀，因而可以将自我与国家有效地连接起来，为枯燥的工作提供意义感。所以这并不是陈景润的问题，而是“陈景润”一旦成为新的“样板”以后在新时期的历史语境中导致的问题。

对于陈景润之后的一代代人来说，“学习”更多地变成“私人”的事情，而且“专”的标准越来越要求自己比别人做得好。随着高考制度和正规教育体系的恢复，陈景润精神往往被转化为实用的“学习方法”和“励志精神”。“学习”越来越成为兑换社会地位与经济资本的必要手段，学习能力和学习成果成为判断个人价值的新标准。其时的《中国青年》一直强调，文凭不是一切，杜绝个人奋斗思想，反而恰好说明这样的思潮正在蔓延。

更为关键的问题是，一个又一个拼命学习的“个人”将如何连接呢？人与人之间除了“知识”的交换与专业分工，还能形成有机共同体吗？如果没有超拔于个人之上的意义感的指引，学习的根本动力又在哪里呢？持久的精神动力又从哪里来呢？个人与工作、他人、集体、国家的关系又该怎样维系呢？这些都是“科学家英雄”诞生后，延宕至今，却仍然有待追索的重要问题。

## 小　结
## “赛先生”升格与“知识”降格

作为曾经在转折关头发挥过重要影响的文学文本，徐迟的《哥德巴赫猜想》历来被文学史家所瞩目，不仅在问世伊始便引发强烈关注与争议，而且日后也被不断重审与反思。近年来学界更是涌现出一批回忆与研究文章。尤其是在“改革开放四十年”与“新时期文学四十年”的时间节点上，《哥德巴赫猜想》的历史意义再度绽放光芒，成为更年轻的一代学人的关注对象。近年来的相关成果，或是当事人对于采访与刊出过程的追述，或是在报告文学发展史的视野中钩沉其重要意义，又或是将其界定为新时期起点时刻的标志性文本，分析其中的意识形态内涵，思路不一而足。概而观之，其中值得重视的成果主要有杨晓帆的《历史重释与“新时期”起点的文学想象——重读〈哥德巴赫猜想〉》(《文艺争鸣》2013年第4期)、黄平的《〈哥德巴赫猜想〉与新时期的“科学”问题——再论新时期文学的起源》(《南方文坛》2016年第3期)，以及贺照田2017年在北京师范大学开设的系列课程《新时期文学兴起的历史、观念背景——通过历史文献的细腻解读重新审视新时期文学》——其中“科学的春天”一节曾对《哥德巴赫猜想》做出专题解读。

与此前已有的分析不同，杨晓帆的讨论独辟蹊径，从“病”的叙述策略和被规划的“伤痕”书写入手，分析其中“拨乱反正”的解放意涵以及“解放”的限度所在，进而认为《哥德巴赫猜想》提供了一种建立“新时期”与此前历史时期的连续性的方式。相比之下，黄平则更强调《哥德巴赫猜想》的“起源”意义，认为这一文本及其塑造的陈景润的形象确立了新时期“新人”的生产机制，对于后世具有重要影响。而贺照田的讨论则跳出了文学史研究的范畴，通过考察“科学”在不同时期的官方文献中的微妙变动，尽可能准确地营构《哥德巴赫猜想》诞生时的具体历史境况与思想脉络。

《哥德巴赫猜想》本身贮藏的丰富的文学—社会意涵，及其与大的历史结构之间的有效关联，为研究者在文本与时代的往复摆荡中不断地深入认识与理解提供了基础。本章的讨论，在吸收此前研究的诸多创见的前提下，力图再次回到对于《哥德巴赫猜想》的具体书写方式与形式特征的分析上，在“为什么这样写”的持续追问下，考掘文本的美学与意识形态意涵，并希望借此理解、体贴与提炼时代的紧张感和规定性。因此，在本章的讨论中，不仅有对于《哥德巴赫猜想》文本的细读，也建立了若干作为参照的文本序列，包括同一时期的报告文学作品序列、当代史中的陈景润书写序列，以及徐迟作品与同一时期官方报告的对读序列，等等。引入参照视野，目的是借此更加清晰地勾勒“科学家英雄”的诞生过程，连通文学史与当代史的若干关节，为深入考察20世纪七八十年代之交的中国社会提供有效的思考界面。

本章标题中的“后果”，旨在标识某种“价值中立”的意味，力图避免对于“科学家英雄”的诞生这一“事件”做出简单的价值评判，而是希望在包纳“前因后果”的相对完整的视域中分析它所带来的正面与负面影响。之所以调用“后果”一词，目的是对其后果加以审慎反思，将这一文本视为仍与今日息息相关的话语实践。根据第三节的讨论，陈景润成为人生榜样与成功典范，与教育考学制度的正规化是同步的。在新的价值观与社会制度相互匹配下，学习与考试能力成为个人竞争力的重要组成部分，成为对“成功”的标准定义，并在一定时段内成为改变个人命运、实现阶级跃升的重要途径。但也不容回避的是，伴随市场经济时代以来的阶层分化，寒门难出贵子，当“小镇做题家”“985废物”“脱不掉的长衫”等网络热词出现时，我们已经置身于难以逆转的后果之中了，知识与学历不再是阶层上升的有效渠道，这之间的落差到底何以发生？刻苦学习的“好学生心态”，何以延续并转化为“绩效社会”“优绩社会”中的“自我压榨技术”，以致带来社会生活中的诸多苦恼？在此意义上，对于《哥德巴赫猜想》的阅读，依旧是现在进行时。

# 第三章　“救救孩子”变奏曲

## ——新时期初期教育题材书写的构造与限度

上一章论及“科学家英雄”成为年轻一代的偶像，也从另一侧面说明文学在其时的公共影响力。新时期初期，文学的特质显然区别于20世纪80年代中期以降寄身于学科学院体制的纯文学实践，它是与历史转型同步发生与构造的。关于这一时期文学的特殊性，张颐武在与刘心武的对谈中曾总结：“‘文学’当时顶替了社会上所缺少的一切文化。它变成了文化资源获取的唯一的渠道。你（指刘心武）的小说当时几乎就是‘文革’话语的一个全能的替代物。”[1] 其时的文学成为“文革”话语的替代物，承担起总结历史与想象未来的使命，构成历史转轨的重要动力。刘心武在《关于〈班主任〉的回忆》中，开篇即大幅援引《剑桥中华人民共和国史（1966—1982）》中对于《班主任》的评价，[2] 并大表赞同，原因之一是该文特别强调他创作的出发点是社会关怀，而非文学兴趣。《班主任》自发表以来，研究文章不可胜数，作者本人偏偏倾心于当代史叙述中对作品的定位，这揭示出超越狭义文学史脉络的解读途径。可以说，研究新时期初期文学时，这种文史互证的读法是较为贴切的，符合这一时期文学的特性。

在新时期文学与历史互动共生的过程中，不同领域的社会问题被富有责任感与敏锐度的作家含摄笔端。文学史叙述中一般将《班主任》视为伤痕文学的经典，但若转换视角，从思潮流派的视角转入创作题材本身，也就不妨将这则发生于光明中学的故事视为新时期教育题材书写的重要创获，从中照见科学/知识教育过程中的复杂面相，并与叶圣陶、巴金、王安忆等作家对教育领域的书写构成对读关系。进而言之，若在整个20世纪历史中加以观照，“救救孩子”这一发端于“五四”的经典命题在新时期初期持续变奏，显示出文学书写与思想探索的动力、构造、审美特性以及不可避免的历史局限。作家在现实变化的刺激下借助文学书写表达自身的理解与想象性的疗救方案，激发出新时期文学最为核心的魅力与原创力。而在四十余年之后的今天，结合历史后果回顾这一时期的创作，也可映照出特定意识形态之于创作的影响与限制。

## 一、“治病救人”的“阅读疗法”

1962年，刘心武从北京师范学院毕业后，就职于北京第十三中学（原辅仁中学）。“文革”期间他尚属资历较浅的年轻教师，因而受到的冲击较小，可以相对冷静地展开自己的观察与思考。在写出《班主任》之前的十五年教学生涯中，他有十年都担任了班主任，积累了大量实际经验。《班主任》的主人公张俊石老师从外形到年龄都遵照刘心武本人设计，故事也完全以张老师（亦即刘心武）的视点展开。

《班主任》中至关重要的戏剧冲突无疑是两名品性相差极大的学生——团干部谢惠敏和小流氓宋宝琦——竟然都本能地将《牛虻》视为“黄书”，这给张老师带来极大的刺激：“谢惠敏那样品行端方的好孩子，同宋宝琦这样品质低劣的坏孩子，他们之间的差别该有多么大啊，但在认定《牛虻》是‘黄书’这一点上，却又不谋而合——而且，他们又都是在并未阅读这本书的情况下，‘自然而然’地作出这个结论的。这是多么令人震惊的一种社会现象！”[3]“自然而然”是理解张老师的愤怒的关键。谢惠敏看到《牛虻》里“外国男女恋爱的插图”，而宋宝琦则是给《牛虻》“插图上的妇女都画上胡子”，仅凭这些图像信息，二人就不约而同地将《牛虻》定性为“黄书”。有研究者特别强调了“读图”的深层意涵：“谢、宋二人将《牛虻》定性为‘黄书’并不是因小说的情节使然，乃是由小说的插图反推。他们读的不是‘文’，而是‘图’，这也就意味着触动他们敏感神经的，更多的可能是在美学的层面而非知识的层面——恰恰是《牛虻》一书涉及美学和美感经验的部分导致了两人对这本小说最终的‘定性’。”[4] 也就是说，谢、宋二人都未经理性的阅读与思考，就“自然而然”地将《牛虻》判定为“黄书”。刘心武如此设计情节，意在展示教育恶果已渗透到感性经验与无意识层面。为了凸显谢、宋二人的无知，小说特别设置了参照系——“理想型”的好学生石红。石红在面对《牛虻》时的反应与谢、宋二人构成鲜明对照，发出一连串疑问，体现了很好的理性思考能力。在此意义上，石红是刘心武的另一重倒影。她完美无瑕，拥有强烈的求知欲、好学刻苦的精神以及提问思考的能力，因而是一个真正有精神生活的健康孩子。谢、宋二人则是没有内在精神生活的“不幸患上传染病”的孩子。张老师将罪魁祸首定为“四人帮”后，不禁在内心深处呼喊：“救救被‘四人帮’坑害了的孩子！”

在审阅《班主任》的过程中，《人民文学》编辑部内部存在两种不同意见，分歧集中在暴露社会阴暗面的尺度上，因而无法确定能否刊发，只好交由时任《人民文学》主编的张光年定夺。张光年在综合大家意见的基础上，“肯定了《班主任》的揭露或‘暴露’是准确的；如果说还需修改，也就是小说人物描写的分寸要掌握更准确”[5]。刘心武按照“准确”的标准对小说进行了修改，“本来我有意地重复鲁迅先生的话：‘救救孩子'，当时我觉得还是写成'救救被“四人帮”坑害的孩子'合适，于是加上了那个定语”[6]。《班主任》的现有研究经常直接关联“新时期文学”与“五四文学”，比如“救救孩子”便让研究者很自然地勾连起鲁迅深恶痛绝的封建文化，进而将“文革”与“封建”画上等号。而新增的“定语”却往往不被研究者重视，导致“定语”所携带的历史感随之流失。

具体来说，刘心武的“救救孩子”是要在坚持基本道路的前提下，祛除此前遗留的“毒素”，以便实现社会主义内部的调整与改革。《班主任》本质上讲述的是“治病”的故事。谢、宋完全是在“文革”期间接受的教育，因而他们的“无知愚昧”完全是由“四人帮”造成的，二人是“文革”恶果的具象化呈现。二人的“无知愚昧”代表了新时期的历史起点，即整个社会的待启蒙状态。以班主任（“灵魂的工程师”、割除杂草的“园丁”）为代表的知识分子群体掌握了时代真理，担负起修复伤痕、启蒙社会的历史使命。由此便可以理解张光年对《班主任》的评价：“这篇小说很有修改基础，题材抓得好，不仅是教育问题，而且是社会问题，抓住了有普遍意义的东西。”[7]光明中学不仅是教育战线的缩影，而且是全社会的隐喻。

如此看来，《班主任》有着漫长的“前史”，依然在讲述一个“老故事”，即“教员”通过“教育”治病的故事。只不过，关于“病症”的界定和关于“健康”的理解正在发生巨变。在前一历史阶段，私人领域的政治化程度标志着政治“先进性”

的高低，但在刘心武的笔下，私人领域的政治化成为最内在的“传染病”，“政治”对于“个人”的塑造，无异于传染病病毒对健康肌体的侵入。谢惠敏对于“黄书”的下意识反应，不再被视为“革命觉悟”的体现，反倒暴露了精神生活的贫瘠。相应地，在要不要穿裙子与如何落实团组织生活的问题上，张老师与谢惠敏出现了意见分歧，刘心武借此差别论证了谢惠敏的“无知”。宋宝琦的“无知”则表现在社会主义理想的空洞化，他过着完全没有目的和意义的生活。刘心武在短篇小说《醒来吧，弟弟》(《中国青年》1979年第2期）中进一步塑造了看破红尘、虚无度日的青年形象。总之，这一翻转清晰地呈现出新时期的认识装置：社会主义教育意在“救人”，却悖论性地在“救人”过程中制造了“病人”。刘心武当然不满足于只是暴露伤痕，作为“班主任”的他必须给出行动方案。他自述道：“就我自己来说，提笔写《班主任》时，并没有把自己的写作任务仅仅规定为提出‘救救被“四人帮”坑害了的孩子’的问题，我是力图来回答问题并展示前景的，因而我所刻画的主要人物既不是宋宝琦和谢惠敏，也不是石红，而是张俊石老师。”[8]小说的真正主角无疑是张老师，他不仅要提出问题，还要回答问题并展示前景。为了疗救“精神内伤”，恢复孩子们的“精神生活”，张老师给出的解决方案是“阅读”。在有限的篇幅里，《班主任》竟然不厌其详地描写了三处有些相似的“集体阅读”场景。第一处是张老师回忆自己中学时代阅读

《牛虻》的经历：

那时候，团支部曾向班上同学推荐过这本小说……围坐在篝火旁，大伙用青春的热情轮流朗读过它；倚扶着万里长城的城堞，大伙热烈地讨论过“牛虻”这个人物的优缺点……这本英国小说家伏尼契写成的作品，曾激动过当年的张老师和他的同辈人，他们曾从小说主人公的形象中，汲取过向上的力量……

在张老师的回忆中，“篝火”的意象，与作为启蒙精神象征的“光”联系在一起。大伙通过集体阅读、朗诵与讨论，“点亮”了自己的精神生活。“近代哲学把‘光’和‘理性’更加紧密地联系在了一起，从而有了理性之光照耀大地驱散黑暗的思想境界，赐予人们更大的自信和自豪，便干脆把这种被称作‘启蒙’（enlightenment）的思想解放运动直接叫做‘光照’（enlighten）运动。”[9] 小说中的“光明中学”，也可以同义置换为“启蒙中学”，昭示着对改革中国的浪漫想象。进而言之，张老师关于《牛虻》的回忆，出现得颇有意味。只有具有重要意义的过去才会被回忆，而只有被回忆起来的过去才具有重要意义。张老师的中学时代，亦即“十七年”时期，并未将《牛虻》贬为“黄书”，反倒是由共青团中央直属的中国青年出版社出版，再由团支部推荐给同学。将彼时阅读《牛虻》的经历浪漫化与正当化，实际上契合了“拨乱反正”的历史意识。而石红这一形象，正是连通“十七年”文化教育的桥梁。小说第九节给出说明，即石红的健康成长源于家庭教育。石红的爸爸是区干部，妈妈是小学教师，二人都在“四清”后入党，并养成研读马列、毛主席原著的好习惯。

> 石红是幸运的。“晚饭以后”成了她家的一个专用语，那意味着围坐在大方桌旁，互相督促着学习马列、毛主席著作，以及在相互关怀的气氛中各自作自己的事——爸爸有时是读他爱读的历史书，妈妈批改学生的作文，石红抿着嘴唇、全神贯注地思考着一道物理习题或是解着一个不等式……有时一家人又在一起分析时事或者谈论文艺作品，父亲和母亲，父母和女儿之间，展开愉快的、激烈的争论。即便在“四人帮”推行法西斯文化专制主义最凶狠的情况下，这家人的书架上仍然屹立着《暴风骤雨》、《红岩》、《茅盾文集》、《盖达尔选集》、《欧也妮·葛朗台》、《唐诗三百首》……这样一些书籍。

刘心武在设计情节时特意表明，“文革”期间仍存在着阅读的“火种”——“十七年”时期的集体阅读回收到了家庭内部。谢惠敏的父母只是嘱咐她和弟妹“听毛主席的话，要认真听广播、看报纸；要求他们遵守纪律、尊重老师；要求他们好好学习功课……”，而宋宝琦出生于工人阶级家庭，父亲下了班就去小树林打扑克消遣。二人的父母都没有能力为孩子提供丰富的精神生活。相比之下，石红式知识分子家庭被塑写为守护“精神火种”的“世外桃源”，显现出相对于工农阶级的优越性。其时阶级地位的翻转，通过三个孩子成长环境的比对，悄然发生。在石红的家庭里，读书既可以“群”（相互督促），又可以“在相互关怀的气氛中各自作自己的事”，还可以“展开愉快的、激烈的争论”。阅读不仅使个体的意愿得到满足，能力得到提升，而且家庭成员之间是“互相关怀”的，气氛是“愉快”的，一个理想的阅读/学习共同体的模型诞生了。值得注意的是“这家人书架上屹立不倒的书”，分别代表了四条脉络的文化资源：十七年文学（《暴风骤雨》《红岩》）、现代文学（《茅盾文集》）、西方翻译小说（《盖达尔选集》《欧也妮·葛朗台》）与中国古典文学（《唐诗三百首》）。以此为通道，“新时期”得以与“人类一切文明成果”恢复联系。

为此，刘心武在小说中将石红塑造为“年轻一代”的理想型，让她在新的历史条件下走出自己的家庭，重新用阅读将同代人组织起来。小说最后一节详细描写了石红在家中给同学们朗读鲁迅翻译的苏联小说《表》的场景。这一场景似乎是张老师中学集体阅读场景的复现。小女孩们的不同神态和不同姿势预示了不同思想个性、不同个体生命的养成。她们都沉迷在书本的世界中，听完之后形成了自己的“专属”问题。最让人惊讶的是，这几个原本打算第二天罢课的小姑娘，通过倾听和理解《表》中小流氓的故事，居然改变了对宋宝琦的厌恶，决定不罢课了。通过阅读，棘手的难题迎刃而解，这无疑给张老师带来极大鼓舞。小说最后，张老师决定将《牛虻》送给谢惠敏，用阅读来疗救她。而且，他还要“开展有指导的阅读活动，来教育包括宋宝琦在内的全班同学”。至此，小说完成了从暴露问题到解决问题的全部叙事。

张老师很清楚疗救孩子的艰巨性，但始终对前景抱有高度乐观的态度，小说采用了许多心理描写勾勒张老师的这一心态。不过，直到小说画上句号，张老师依然沉溺于构想他的宏图壮志，最终也没能将《牛虻》送出去，更不必说检验“阅读疗法”的实际成果了。细加考察，就会发现他的“阅读疗法”内部存在着难以圆融的矛盾。阅读本是极为个人的事，读者必须独自进入文本。即使通过围坐读书的组织形式或是用朗读声来连接彼此，阅读依然是个人意志、情感与理性的操练活动。事实上，“文革”时期的地下阅读沙龙、灰皮书与黄皮书的流行、手抄本小说的口头与书面传播，都形成了对于社会主义集体文化的不容忽视的偏移力量。被保尔·柯察金奉为“圣经”的《牛虻》，同时也是赵一凡读书沙龙的“圣经”。共同的阅读，或是阅读共同的文本，往往并不会生产出共同的文化，反倒会不断地制造出“歧见”，滋养出多样的个体意识。

在若干对于《牛虻》阅读经验的追忆中，刘小枫的说法很有代表性，他基本上否定了《牛虻》是一部革命小说："很清楚，丽莲讲叙的不是革命故事，而是伦理故事。没有那些革命事件，牛虻的故事照样惊心动魄，若没有了那些伦理纠葛，牛虻的革命故事就变得索然无味，还不如我自己亲历的革命事件。"[10] 对更年轻的读者来说，似乎更是如此，《牛虻》的伦理纠葛比革命事件，更能引发切身的共鸣。问题在于，张老师的"阅读疗法"显然不是要创造持有"异见"的读者，他在结尾处将疗救的终极目标规划为既要"学工、学农"，又要成为"学习全世界一切文明成果"的"社会主义革命和社会主义的更强有力的接班人"。那么，如果充分展开张老师倡导的自由阅读和自由讨论，会不会最终偏离于这个终极目标？反过来，如果从这样的终极理念出发，通过集体阅读形构"共同体"，是否会再次形成脱离个人生命体验的"铁律"？对此难解之局，德国共产主义者、著名法学家古斯塔夫·拉德布鲁赫在《社会主义文化论》（1922）一书中预先给出了颇具启示的答案：

> 一个共同体只有在它拥有许多个性的丰富和生命的活力时，才可能丰富并具有生命力。然而，共同体又消耗着许多个性；一个有共同体生命的人，其生命很快会令人吃惊地耗尽消失，其思想和灵魂很快会可怕地枯竭空洞。我们越是在共同体中生活，就越是需要孤独静寂的时间；在此孤独静寂的时间里，我们的灵魂泉涌获得充盈。我们尤

其不要忘记，认知的工作不是共同体生活，而是个人的奉献。在所有共同体生活中，我们必须要始终认识到，是什么使我们作为一个政党变得强大和坚强：年轻的劳动者在每天工余之后的傍晚，不妨将发热的头脑去屈从于社会主义的经典大家。我们青年社会主义者要向往的正是他们这些榜样。这样，我们就不再会认为青年社会主义者是党担心的孩子，相反，会认识到他们是我们党工作的多种机体结构中的一个必不可少的组成部分。[11]

拉德布鲁赫的洞见在于“我们越是在共同体中生活，就越是需要孤独静寂的时间”。在阅读社会主义经典的过程中，将自己的生命与榜样的经验水乳交融，个人在集体文化中得到滋养，而不是不断被磨损。唯有如此，青年人才能真正成长为社会主义文化的建设者。这也就要求我们不能为社会主义文化制定出形而上的概念和标准，而是要不断地包容、吸纳和引导，形成基于多样性的共同体。尤其是对于不以说教为目的的艺术作品来说，每一次认真阅读都会生产“歧义”，制造出一个个“我”。如何通过“阅读”造就真正的有社会主义信仰的个体，如何将“生动”“活泼”的“个体”组织为“团结”“紧张”的“共同体”——这都是《班主任》的“阅读疗法”所无法触及的根本难题。

## 二、叶圣陶的“救救孩子”与《中国青年》的思想讨论

1981年第22期的《中国青年》上，叶圣陶的《我呼吁》位列首篇。在这篇作于1981年11月1日的文章结尾，他急切地呼吁道：“中学生在高考的重压下已经喘不过气来了，解救他们已经是当前急不容缓的事，恳请大家切勿等闲视之。”[12]言辞恳切，令人动容。仅仅距离《班主任》发表四年之后，“救救孩子”的呼吁便再次响起。刘心武对于下一代教育问题的乐观估计，显然已经化为泡影。而在此前一年，于1980年《中学生》杂志复刊之际，叶圣陶尚且非常乐观。自1930年上海开明书店创办《中学生》杂志起，叶圣陶便担任主编。《中学生》杂志在1980年的复刊，对他来说当然是莫大的鼓舞。可仅仅一年之后，叶圣陶就发现事态在错误的方向上愈走愈远：“片面追求高考升学率造成的不良影响我不是不知道，但是没想到影响竟这样严重。”[13]叶圣陶的话并非耸人听闻，实际上，与叶圣陶的《祝〈中学生〉复刊》同期刊登的读者来信《她为什么自杀？》，便是讨论高考失利后的学生自杀现象。

无独有偶，同为“五四”一代著名作家的巴金，也在1982年的《小端端》一文中书写了外孙女端端的沉重负担：“端端现在七岁半，念小学二年级。她生活在成人中间，又缺少小朋友，因此讲话常带‘大人腔’。她说她是我们家最忙、最辛苦的人，‘比外公更辛苦’。她的话可能有道理。在我们家连她算

在内大小八口中，她每天上学离家最早。下午放学回家，她马上摆好小书桌做功课，常常做到吃晚饭的时候。有时为了应付第二天的考试，她吃过晚饭还要温课，而考试的成绩也不一定很好。”[14] 端端的学习成绩不好，因此常被妈妈训斥，这刺激耄耋之年的巴金开始认真思考儿童教育的问题。

巴金的观察直接源于朝夕相处的外孙女，而刺激叶圣陶动笔写下《我呼吁》的，是《中国青年》上的一篇“调查摘要”。“我要家里人念给我听。念的人声音越来越哽咽，我越听越气闷难受”[15]，于是才有了这篇语重心长的《我呼吁》。当时，《中国青年》编辑部通过在北京的九家中学开展座谈会、发放调查问卷、访谈教育工作者和学生家长等多种方式，整理出调查报告《“羊肠小道上的竞争叫人透不过气来”——来自中学生的呼声》(刊于1981年第20期，以下简称《来自中学生的呼声》)。鉴于高考制度恢复后出现片面追求升学率的不良倾向，《中国青年》以这篇调查报告为引子，展开了“我们应当怎样成长”的专栏讨论，从第20期持续至同年第24期。

调查报告《来自中学生的呼声》分为八个部分：“你的一天是怎样度过的？”“你一天中什么时候最愉快？”“你觉得生活中最缺乏的是什么？”“你感到精神上最大的负担是什么？”“学校对你们有什么要求？”“家长对你们有什么希望？”“你对自己的前途有什么考虑？”“你愿意怎样度过自己的中学时代？”这八个部分较为全面地记录了北京市中学生的

学习生活与日常生活，同时也是更晚世代的“缩影”。据该报告显示，中学生的日常生活完全被上课、作业和考试填满，因而必须严格地管理自我的时间与身体，以便服从和适应学校生活的纪律。这里不妨摘取报告中收录的一位普通中学生的日程表：

> 我的一天。除了吃饭睡觉，就是四个字：紧张学习。早上5:30起床，6点—7点读外语，7点吃早饭；7:15赶到学校，7:20—7:50早自习，8点上课，11:45放学，吃完午饭就做作业；下午2点—4:35上课，4:35—5:30按规定是课外活动，但常被老师用来补课；6点回家，晚上7点又开始做作业、复习功课，一直到11点。一年到头除了大年初一、初二和初三可以由我自己支配外，就没有别的时间。[16]

也正是在此前后，有关智力开发、时间管理与学习方法的书籍流行起来。这样紧张的日常生活非常普遍，《中学生》1980年第1期上就刊登了《要学会做自己的主人》一文作为正面典型，由学习尖子示范如何才能“管得住自己”。高涨的学习热情和严格的自我纪律是转型中国的一大特点，文化资本开始胜过政治资本，最有能力参与时代转轨的人，一定是能够很快适应、学习与探索的人。对于现代化建设“高速度”的热烈追求，再加之发现与发达国家差距后的巨大震惊感，都使得“学习”成为新的现代性规划中的关键词。随着“文革”结束，弥补逝去的十年光阴成为普遍情绪，广大青年迸发出对学习的惊人热情。特别是高考制度恢复以后，“分数面前人人平等”取代政审制度和出身论，重新打开了通过学习考试实现阶层飞跃的现实通道，在短期内释放了学习和考试的正面力量。

不过，对于70年代末出生的新一代来说，他们并没有这样的隐曲心路。他们自出生起，就被规划进新的社会发展轨道上，学习和考试构成没有选择余地的“全部生活”。也正是在此过程中，教育制度的问题越来越明显地暴露出来：

> 从小学到中学到大学，我们整天挤在这条竞争的小道上，同学之间在竞争，学校之间在竞争，家长、老师也在竞争。上上下下都让高考这根“指挥棒”指挥得团团转，叫人透不过气来。为了过好高考这一关，学校把有经验的教师集中到少数几个快班，一摞一摞的复习资料，纯粹是“填鸭”“催肥”。死记硬背的东西太多，缺乏独立思考和丰富的想象。同学之间成了竞争对手，互相嫉妒，互相保密。[17]

在如此紧凑的学习生活中，《班主任》里张老师设想的集体阅读完全没有时间实行。中学生们想去阅览室看点文艺书刊，去了又不敢多待，担心挤占学习时间。学习占据了几乎全部时间，体育锻炼、课外书籍乃至音乐和歌声都在离他们远去，因而在学生群体中逐渐滋生出厌学情绪也就不难理解了——“我们简直像个机器人，整天就在这繁忙的、枯燥无味的、劳累不堪的、十分厌烦而又不得不为之奋斗的学习中度过。”短短几年之间，之前被激烈反对的“智育第一”重新牢固确立下来，产生了全面深远的影响。

> 成绩好的学生被看成是学校的“资本”。有的学校不得不千方百计留住本校的高材生，有的学校想方设法到处去挖“尖子生”。我们一进入高中，老师就说“高一要当高二上”，“为高考，时刻准备着”。学校虽然也开设了数学、物理等课外活动小组，但还是尖子里拔尖子，课外小组还是为追求升学率服务。[18]

由此可见，为了更有针对性地提高升学率，快慢班的划分开始出现。学校为了提高升学率，不再谋求为全体学生服务，而是将培养重点放在少数学习好的学生身上。这一办学思路既是高考竞争的直接产物，也与国家对教育战线的功能、定位、发展方案息息相关。这种急切追求效率与绩效的心情可以理解，但不得不说，教育的功利化与实用化，给孩子的成长带来了极大困扰。最突出的一点就是人际关系的转变——家长眼中的孩子成为升学“重点保护对象”，老师将眼前的孩子区分为优等生和差等生，同学之间则以竞争取代了友谊。1982年第6期的《中国青年》上刊登的两篇中学生作文——陈泽的《我》与刘伟薇的《我们渴望打破这无形的厚障壁》——便形象具体地呈现了成长过程中的困扰。

以这两篇中学生作文发端，《中国青年》展开了“在竞争中能发展友谊吗？”的思想讨论。在接下来的来稿来信中，有两个主流的论述方向：其一是强调不能惧怕竞争，其二是论证竞争与友谊可以并行不悖。以此为基础，“社会主义竞争”作为能够恰切处理竞争与友谊关系的“新事物”被发明出来。这一论述认为在社会主义公有制下，资本主义式的个人竞争会自动消失，而社会主义的生产资料公有制与互助合作的道德状态是互相匹配且完全同步的。“同志”的意涵被再度调用——关于“竞争中的友谊”的美好想象最终被落实为“互助合作的同志关系”。在试图解决竞争带来的负面影响，寻找可能的“团结”方式时，集体主义的无产阶级道德观被再次征用。

同志关系虽然往往会过渡为友情关系，但同志关系和友情关系存在根本不同：“同志关系是‘相互对待的帮助’；友情关系是一种爱的共同体，一种相互的属于；同志关系是一种工作共同体，一种相互提示存在的状态”[19]。换言之，友谊是以自己为出发点，与自己身边的人产生“共感”，产生对于朋友的认同；而同志则是从共同职责出发组织起来的人群，他们团结的动力不是来自“人”，而是来自共同的事业。以上论述希望用社会共同利益来组织竞争着的个体达致团结，因而近乎下意识地去调用“同志”这一意涵。这一论说方式，放弃了对于“友谊”的真正讨论，忽略了中学生在学习竞赛场中组织个人情感生活的实际需要与真实困惑。

值得注意的是，在这场讨论的终结处，中学教师王伟成的经验总结《竞争中架起友谊的桥梁——南菁中学高三（6）班讨论侧记》示范了一线教师是如何在学生中开展“在竞争中能发展友谊吗？”的思想讨论的。这些经验中最令人印象深刻的，[20]莫过于不少学生开始认真思考竞争与友谊的关系——源自王老师提出的“假如我是一个最差的学生”的体验活动。这样的“情景代入”，让不少学生真正感觉到身边差生的存在。小朱同学就发言说，自己也曾品尝过差生的滋味，所以“假如我是一个最差的学生”唤起了他的“痛苦”回忆，进而产生了对于互相帮助、共同进步的认同。[21]“共情”/“同情”机制的建立，是这一成功经验的核心所在。通过唤起自我的情感和同理心，竞争才能超越功利目的。当小朱“感觉”到了差生的“感觉”，他就在别人那里“回忆”起了另一个自己，另一个可能的自己，“自我”变得广大起来。于是“互相帮助”“互帮互学”才得以发生。遗憾的是，小朱的经历与王伟成的教学经验并未得到充分重视与理解，最终化作历史进程中一段偶然的闪光。

## 三、“分母”的命运：知识与道德的分离

王安忆以其惯有的敏锐，捕捉到“升学率”“快慢班”与“竞争”带来的“新现实”[22]。她的短篇小说《分母》(《上海文学》1982年第4期）与刘心武的《班主任》类似，讲述了卢时扬老师眼中优等生和差等生有着云泥之别的学校生活与人生际遇。一开始，卢老师的心理活动与绝大多数老师是相通的：“他教的学生再有一年就要毕业了，考学了。当然，其中有一些人是确定无疑考不上的。他没少在他们身上下功夫。家访，补课，谈心，爱人在生孩子，他还给他们辅导。他们感动得热泪盈眶，然而成绩却依然如旧。学习也是一门科学，凭情感恐怕不行。基础差，脱节多，对学习没兴趣，天资上也有一些原因。而且不知怎么搞的，这些人的性格也十分令人不喜爱，会使他的心情突然阴暗下来。卢时扬对他们失望了，他把对他们的希望转移到另一些孩子身上，于是那希望则更浓烈了。”[23]

卢时扬偏爱优等生不难理解，不过他在与学生相处的过程中逐渐发现一个相当分裂的现象——差等生虽被视作校园里的“劣等公民”，却比优等生更懂感情、更有人情味，优等生反而非常自私。这促使他的情感天平开始向差等生倾斜。比如，梁伟伟是班上的差生，在学校里已经习惯了义务劳动、被随意剥夺春游秋游资格、替优等生打杂、被人骂作“小丑”的境遇。有一次，卢时扬偶遇梁伟伟冒雨在街头替优等生买电影票，他

一边埋怨自己的学生没有骨气，一边又非常痛心。卢时扬“拍了拍学生的肩膀，他的衣服已经被细雨湿透了，冰凉冰凉。他轻轻搂住学生的肩膀，把他从队伍里拉出来：‘回去吃饭吧！大家各走各的路，何必低三下四？’”。而促使他发生更大转变的，是差生周小慧的离家出走。卢时扬遍寻无果，只好到报社刊登寻人启事。他返校时，看到如下场景：

> 一群同学站在校门口，远远看见他便迎了上去，默默地用询问的眼光看着他。卢时扬没有说话，他打量了一下学生们，发现在场的都是功课较差的同学，吕沛沛、张勇等一些优等生均不在，是因为他们忙于高考，抽不出时间和精力来关心一下，还是在场的这些与小慧同命运，特别能够引起同情？今天，他们的神色都很严肃，甚至是庄严的。梁伟伟、郑大军……他们并不是坏孩子，无奈功课这样差。当然，这是个极大的缺点，可除了这缺点，他们还有许多优点。他们也许连高中毕业文凭都拿不到，可没有文凭，终究还是要生活下去的。哪怕将来真的是摆摊头修拉链，他们也有可能是个好人，好师傅，有权利要求人们的尊重和爱戴呀……差异是永恒的，而人，终究应该是平等的，平等的！

小说揭示出在以分数为中心的教育体制下，“好学生”往往是最自私的，只关心自己的学业，而“差学生”反而更多地保留了对于人情世故的敏感和热情。这一悖论性的结果是对教育本质的最大否定。在品德与成绩分裂的问题上，巴金与王安忆的观察不谋而合。巴金认为外孙女端端的学习成绩虽属中游，但非常孝顺外公，愉快地“承包”起照顾外公的任务。巴金动情地写道：“她不会想到每天早晨那一声‘再见’让我的心感到多么暖和。”[24]《分母》中，卢老师只能本着教育工作者的良心，作出人道主义式的呼吁：“人，终究应该是平等的，平等的！”不过，他的呼吁在现实教育制度面前还是太无力了。学校最终决定按照学习成绩分班，区别对待优等生和差等生，以集中优势师资培养更多的尖子生。对此，卢老师据理力争：

> 每个适龄儿童送到学校里来，究竟不仅仅为了供挑选，供比较，给升学率百分比充当个分母！

分班制不会因为卢老师的抵制而停止推行，相反，卢老师因为自己的言辞被安排到了差班，与这些作为“分母”的差生站在一起。他的心情是矛盾的，他一方面担忧自己从此碌碌无为，毕竟评工资、评优秀、评特级都得看学生的高考成绩，而另一方面，他又被差生们的“知好歹，懂感情”深深感动着。懂感情的人才是真正的人，而“立人”不正是教育的题中之义吗？

上述这些文本揭示出的问题是严肃而深刻的，但却并未得到应有的重视。比如，《中国青年》上围绕升学率展开的讨论并没有很好地珍视与解读中学生的心声，更没有从他们的生命体验出发去寻找问题的症结，反倒是习惯性地把问题置换为两种教育路线孰是孰非的问题。其中，读者来信《也要注意一种倾向》很能代表当时教育战线的基本底线："正当'红杏枝头春意闹'的高潮还未兴起之时，又提出了反对'片面追求升学率'的问题，仿佛这一段时期的智育问题又抓错了，是不是在教育战线又要批右了？为什么直到今天还有这样一些'左'的东西来干扰我们的教育事业呢？这只能说明我们教育战线上拨乱反正的任务还很重。应该说，只要有高考，就会有升学率，对于一个学校，一个地区来说，升学率高说明它教育工作有成绩，追求升学率是无可非议的。"[25] 这封来信将反对"片面追求升学率"的倡议视为教育战线"左"的回潮，由此得出"我们教育战线上拨乱反正的任务还很重"的结论。如果说一线教师比较能够理解学生的苦楚，那么教育路线的决策者和研究者则往往从"顶层"设计出发，在实际上终止了对"片面追求升学率"的反思。比如，山西省教育科学研究所研究员肖according就特别忧惧"纠正片面升学率"演化为批判"智育第一"，反复强调"纠正片面追求升学率不是要削弱智育"。不过，批判"智育第一"在很大程度上是"假想敌"，恢复和发展正规教育已经成为最大共识。在基本的路线和方向上，并不存在多少更改的空间。不过，与这一“假想敌”的心理对抗极大地推动了整个教育体制向另一极端转变，却也是不争的事实。这场讨论的总体结论是，目前的教育方式和考试制度本质上是正确的，只需在执行的分寸上有所调整。

值得注意的是，当这场讨论中所有人都将新的教育考试制度视作对“文革”的否定，进而是新时期开始的标志时，巴金却从中得出了完全不同的结论。巴金比端端的父母更能够理解端端，是因为他在端端的经历里，经常看到自己的影子。“七十年过去了，我们今天要求于端端的似乎仍然是死记和硬背，用的方法也还是灌输和责骂。”[26] 他从端端身上，回想起自己求学时代对于死记硬背的厌恶和对于考试的恐惧，又联想起“文革”期间考核学习毛泽东思想的“过关”场景。在他笔下，整个20世纪的教育方法都具有连贯性：

> 我三年前就曾指出，现在的教学方法好像和我做孩子的时候的差不太多，我称它为“填鸭式”，一样是灌输，只是填塞进去的东西不同罢了。过去把教育看得很简单，认为教师人人可做，今天也一样，无非是照课本宣讲，“我替你思考，只要你听话，照我说的办”。崇高理想，豪言壮语，遍地皆是；人们相信，拿起课本反复解释，逐句背诵，就可以终生为四化献身，向共产主义理想迈进了。[27]

巴金的书写暴露出教育制度里最难以革除的成分：填鸭、灌输和死记硬背。他推崇意大利作家亚米契斯的《爱的教育》，认为其中虽有不少美化成分，但里面的师生关系和同学关系令人向往。虽然巴金的观察带有较强的个人色彩，但他的提醒却非常重要，在“救救孩子”的吁求背后，有着根深蒂固的教育制度，也有着更为根本的、顽固的价值观与历史观。只有在更整全的历史视野与更根本的文化观念中，才有可能打捞回被遮蔽的视野与问题。

## 小　结

## “爱的教育”如何可能：反思启蒙进化史观

在编辑《中学生》的过程中，叶圣陶秉持着高度自觉的方法论意识。在他看来，编辑的本职是劝说、启发、倾听和陪伴，必须更多地站在读者的立场上，理解其所思所想、所喜所忧。编者与读者是平等的朋友关系，双方守望相助、同舟共济。因而在若干年后，当读者回想起这份于人生颇有助益的杂志时，最核心的感受是难以忘怀的“亲切”。1981年的《我呼吁》中，叶圣陶继续贯彻了他的体贴与真挚。他在文中并非笼统地呼吁“救救孩子”，而是能站在社会各方的立场上，理解其苦衷与难处，在此基础上探寻问题的解决之道。他对“教育部的领导同志们”“各省、市、自治县的教育局的领导同志们”“中学的教职员同志”“各种报刊的编辑同志们”都发出具体耐心的吁求，最终将落脚点落在“爱”上：“爱护后代就是爱护祖国的未来。”[28]可以说，叶圣陶示范了一种出于“爱”的写作方法、工作方法与教育方法。

表面上，《班主任》的“救救孩子”也是出于“爱”。但若稍加考察，便会意识到小说中的“爱”显得有些可疑。就谢惠敏而言，小说有两处描写到她的“痛苦”。一处是第五节中，谢惠敏想不通张老师为何会喜欢《牛虻》这样一本黄书，“痛苦而惶惑地望着映在课桌上的那些斑驳的树影”。另一处是第九节里，谢惠敏拒绝石红的读书会邀约后，“激动地走出屋子，晚风吹拂着她火烫的面颊，她很痛苦，上牙把下唇咬出了很深的印子……”谢惠敏的“痛苦”让张老师的“爱”暴露了“马脚”。按照小说的设计，谢惠敏是没有内在精神生活的病孩子，但如若没有精神生活，她又为何会如此痛苦、激动和惶惑？张老师自称疼爱谢惠敏，又为何对她的痛苦视而不见，不加追究呢？既然要“救救孩子”，为何在目睹了孩子的“痛苦”后，可以不加笔墨地一滑而过呢？如果对谢惠敏的“痛苦”不加理会，又会有什么后果呢？

刘心武曾回忆说，《班主任》发表之后他收到许多读者来信，其中有封信出自一位广西女工。这位女工在信中称，她的妹妹是一个“活的谢惠敏”。这位“活的谢惠敏”，在面对时代转轨时极不适应，最终选择了自杀。这位女工在信中沉痛地写道："我妹妹死了四十三天，我才看到《班主任》。如果你的班主任能早点让我看到的话，我读给她听，也许还能对她有点启蒙作用，让她醒悟过来。可是现在已经晚了，她已经是骨灰了。"[29]曾经挺立潮头的革命青年边缘化为新时代的落伍分子，其心路历程之坎坷沉痛也在求新求变的时代情绪面前显得微不足道。小说中，张老师的心理过程被大段大段地呈现，而谢惠敏终究没有丝毫机会向读者敞开她自己。进一步说，在新的"起点"，革命青年无法敞开自己，标志了历史的某种断裂。

至于宋宝琦，更是在出场之前就被嫌弃。小说的第一句话便是："你愿意结识一个小流氓，并且每天同他相处吗？我想，你肯定不愿意，甚至会嗔怪我何以提出这么一个荒唐的问题。"但直至整个小说篇幅过半，在第六节中，宋宝琦才正面登场："现在我们可以仔细看看宋宝琦是个什么模样了。他上身只穿着尼龙弹力背心，一疙瘩一疙瘩的横肉，和那白里透红的肤色，充分说明他有幸生活在我们这个不愁吃不愁穿的社会里，营养是多么充分，躯体里蕴藏着多么充沛的精力。唉，他那张脸啊，即便是以经常直视受教育者为习惯的张老师，乍一看也不免浑身起栗。并非五官不端正，令人寒心的是从面部肌肉里，从殴斗中打裂过又缝上的上唇中，从鼻翅的神经质搧动中，特别是从那双一目了然地充斥着空虚与愚蠢的眼神中，你立即会感到，仿佛有一个被污水泼得变了形的灵魂，赤裸裸地立在了聚光灯下。"小说没有说明宋宝琦究竟做了什么具体的坏事，而是从第一句话就将其定性为流氓。刘心武似乎早已预料到读者的怀疑，故而斩钉截铁地写道：“请不要在张老师对宋宝琦的这种剖析面前闭上你的眼睛，塞上你的耳朵，这是事实！”在文本中，张老师是真理的掌握者和社会的裁决者，他将自己的认知等同为“事实”。在与张老师的对话中，宋宝琦“面无表情”“两眼直愣愣”，不多的几句话除了表现出自己的无知，别无他物。

必须强调的是，刘心武回忆自己的写作过程时，特别提到小流氓的形象源于生活，是有“模特儿”的。他的班上，曾有过一个小流氓被派出所拘留，然后被他领了出来。在一篇访谈中，刘心武讲述了这个小流氓的故事。故事的得来，颇费了一番周折：

> 我教书这么多年了，我要了解一下我面前这个人，这个学生究竟是怎么回事。他很饿，我就带他到饭馆吃了顿饭，然后把他带到什刹海湖边，坐下来长谈。我后来给工宣队批判，说我是搞人性论。那是后话啦。那时我觉得跟他讲大道理一点用都没有，他都听烦了那一套。我们俩都是人，不存在什么他一定就是另外一个阶级什么的。他是我的学生，将心比心，我要跟他谈，了解他。很有成效，他终于断断续续跟我说了实话，很难得的，我们之间建立了信任。[30]

刘心武在具体的班主任工作中，体现出类似于上述叶圣陶式的工作方法——了解、长谈、将心比心，最终建立起师生之间的信任关系。刘心武在访谈中详细转述了小流氓的故事：小流氓过着漫无目的的生活，当他听说西藏有种“藏刀”后，便向人夸耀自己也有，无奈却拿不出实物证明。于是临时决定跑到西藏拿刀。小流氓不通地理，到了北京火车站才被告知西藏没有火车。他看到列车时刻表上的呼和浩特，就一厢情愿地认为这种名字肯定是少数民族，既然是少数民族那就必然是西藏了。于是，他摸了许多钱包凑够路费，抵达呼和浩特，并幸运地买到了藏刀。买到刀之后，他又失去了生活的目标。回到北京后很偶然地去了动物园，碰到熊就喂熊，碰到旅客就偷东西，而且根本没有逃跑的意识。最终被警察拘留，也是情理之中了。作为班主任的刘心武，耐心倾听了他的故事，试图去理解他的生活，但当他作为启蒙者去书写的时候，小流氓却失掉了他的故事。小说中，宋宝琦没有讲述自己故事的空间，读者因而无法得知他的生活经历。他不再作为一个人被理解，仅仅被删节为聚光灯下的赤裸裸的丑恶灵魂。换言之，小说放弃了小流氓的叙事维度，切断了读者理解宋宝琦的通道，进而完全地将他抽象为一个待审判的客体、一个绝对的错误。

通过解析谢惠敏和宋宝琦的书写方式，张老师声称的“爱”破产了。更准确地说，张老师情绪的重点不在于“爱”，而在于对历史错误的“恨”。以强烈的“恨”为前提，确立了启蒙者张老师的绝对正确。因为启蒙者是绝对正确的，“如何做启蒙者”“如何做班主任”自然就不再构成一个问题，甚至连刘心武十余年教学生涯中真正宝贵的实践经验（比如与小流氓将心比心的交流过程）也被想当然地抹除了。为了告别历史与疗救病症，刘心武将丰富而曲折的实践经验狭隘化为表达时代认知的工具。在此，有必要回溯到“救救孩子”的起点。在鲁迅那里，“救救孩子”并非故事的全部，故事的另一面是“我们现在怎样做父亲”[31]。

鲁迅力倡“无我的爱”，相较之下，《班主任》更接近张老师的“自恋絮语”，所有的叙事都指向张老师作为启蒙者的权威与正确。所谓“无我”，既指自我牺牲的意识，也指时时刻刻的自省精神。当“救救孩子”的呼声在20世纪频繁响起时，很少有人去真正关注孩子的精神世界。时势变易，谁都无法掌握一定之“公理”。因而无须像张老师那般斩钉截铁：“这是事实！”教养孩子的旨归，最终落在“解放”，教育的最终目的是教给孩子自立的能力，培育独立的人格，而不是将他们视为等待同情与拯救的客体。遗憾的是，当《班主任》自然而然地“拿来”“救救孩子”这个“五四”命题时，却丧失了鲁迅的自省精神与深刻的思想层次。“我们现在如何做老师”“我们现在如何做知识分子”等命题并未被明确提出与认真思考，“知识分子”及其“文学书写”更多地被时代情绪裹挟，放弃了最应当坚守的社会职能，即自省与反思。

《班主任》认为结束时代的错误，“救救孩子”的目标就不难达成的乐观心态，具有一定的合理性，且与20世纪的进化论思潮密切相关。在进化论的理解中，孩子是不完整、有待完成的人。孩子如何成长，往哪个方向成长，背后关涉着不同的未来图景。如果孩子偏离了迈向美好未来的轨道，“救救孩子”的呼声就会响起。尤其是现代民族国家成立以来，“孩子”/“青年”越来越成为核心议题之一。而且每到时代变革关头，“孩子”的问题总是最佳切入点，因为它与新的未来规划密切相关。反过来说，孩子也总是按照既定的现代性规划被“生产”着，从“新人”到“新民”到“社会主义新人”再到“四有新人”“现代化建设生力军”，“孩子”的教育总是服务于最新阶段的历史使命。

这就蕴藏着一个危险，如果“孩子”只是待启蒙的对象，唯一的价值是服务于“进步”的目标，那么“孩子”就丧失了存在的独异性、言说的可能性与参与的权力。若循此道，许多真实的问题将会被遮蔽：比如，曾经作为好孩子的谢惠敏，转眼间就成为病孩子，这一巨大的转折与跳跃背后是否存在可以检讨的成分；比如，以作为升学率分母的“差生”来看，学习生活到底意味着什么，人际关系将会如何异化；再比如，那些看似有效的疗救手段，是否真的是从孩子的成长需求出发。

综上所述，论及“救救孩子”时，存在着两种大异其趣的讨论方式：其一是借“救救孩子”来批判历史或想象未来，以“孩子”为媒介言说何为“正确”，何为“应然”，何为“规范”。“孩子”的视角并不造成对于既定观念与意识的偏离与冲击，毋宁说，“孩子”是无声的。其二是深入“孩子”的生活乃至意识深处，站在孩子的视角去反观时代的种种逻辑，将“孩子”生发为一个具有原生性的问题空间。本章所尝试的，正是将1977年刘心武的《班主任》、1981年叶圣陶的《我呼吁》、1982年巴金的《小端端》、1982年王安忆的《分母》以及1981—1982年《中国青年》关于升学率和友谊的思想讨论编织为一个互相关联的文本场域，从中考察对于孩子真正构成困扰的议题，诸如学习、友谊、竞争、道德、人生价值等，并以此反观新时期初期文学叙述与历史叙述的构造方式及其内在局限——其间蕴藏的经验与教训值得倍加省思与珍视。

# 第四章　制造“未来”

## ——论历史转折中的科幻畅销书《小灵通漫游未来》

本章将视点转入直接描写科学技术的文学作品，其中，叶永烈创作的《小灵通漫游未来》是“文革”结束后正式出版的第一部科幻小说，值得细加考察。1978年8月由少年儿童出版社出版以后，该书在中国大陆风行一时。据叶永烈统计，“不光是上海的少年儿童出版社大量印制，许多省的少年儿童出版社也纷纷租型印刷，使这本书一下子印了150万册，成了当时的畅销书。这本书还被改编为三种版本的《小灵通漫游未来》连环画，连环画的总印数也达到150万册。所以，《小灵通漫游未来》的总印数，达到了300万册”[1]。日后在追问这部仅有7万字的小书何以如此畅销时，普遍得出的结论是：“这都是因为这本科幻小说‘全景式地展示了21世纪的科技场景’（叶永烈语）。之所以称‘全景式’，是因为《小灵通漫游未来》涉及了航天、航海、医疗、气象、农艺、建筑、交通、通讯、电子、微生物甚至机器人等诸多领域。”[2]这种全景式的呈现也被后来的研究者形象地称为未来世界的“清明上河图”[3]。而对当时的读者来说，这幅“清明上河图”越是全面细致，它所叙述的“未来”世界便越是可感、可知、触手可及，越是与每个中国人在“百废待兴”之际的生活诉求息息相关。在逐渐走出“伤痕”时代，准备建设“新时期”的历史情境中，如此美好真切的“未来”叙述也就自然令人神往。《科幻世界》副总编姚海军曾回忆过自己对此书“不能自拔”的感情：

> 那个年代，可能每个人都对未来充满了幻想。这本书里五光十色的未来让我们很憧憬，从我的角度来讲，我就希望快点长大创造和见证这样的世界。[4]

这段回忆很有代表性。“文革”结束初期，“过去”被叙述为“蹉跎岁月”，“未来”自然成为“解药”、出口和希望。姚海军所说的“五光十色的未来”，指的便是书中的记者小灵通在未来市体验到的高科技生活。小灵通在梦境中登上了去往未来市的气垫船，并在未来市市民——同时也是他的同龄人小虎子和小燕——的带领下畅游该市，全面体验了吃、穿、住、行、用等各个方面的高科技成果，最后乘坐火箭离开了未来市，写下了这篇“游记”。《小灵通漫游未来》的畅销，反映出时人对于科技必将创造美好生活的坚定信仰。美好的未来，也召唤出他们面对现实的勇气和动力。

关于《小灵通漫游未来》一书畅销的惯常解释，的确不无道理。可以说，正是对于“未来”的细致勾画构成了本书最强劲的吸引力。在此基础上，叶永烈又相继创作了《小灵通再游未来》（写作于1984年，少年儿童出版社1986年版）和《小灵通三游未来》（少年儿童出版社2000年版）两部续作。前者创作于新技术革命浪潮兴起之时，后者则诞生于世纪之交，而这两个时段里的人们对于“未来”同样充满好奇，各式各样的“未来”想象乃至未来学研究在全球范围内煊赫不已，这两本续作也都及时地提供了具体化的“未来”图景。可是，它们的影响力却远不及《小灵通漫游未来》，再无轰动效应可言。这便不由引人省思：究竟是读者见异思迁，还是在两部续作中延续的与《小灵通漫游未来》相仿的想象模式出了问题？而《小灵通漫游未来》之所以能够畅销，并且成为一代人的记忆，其“未来”叙述与时代语境之间到底发生了怎样的契合关系？书中那些令人痴迷的“未来”图景是如何被构造出来的，它们又具有哪些特质？

## 一、“未来”从何来？

1978年出版的《小灵通漫游未来》的创作时间其实要早得多。1977年10月，上海的少年儿童出版社曾经邀请叶永烈给小学生上过一堂名为“展望2000年”的科学知识课。此后，他便不断收到以2000年为主题的讲座邀约，因为当时的中国人都对2000年表现出了强烈的兴趣。叶永烈曾专门记录了当时一位普通教师的看法：

> 这是因为大家都知道祖国的未来是美好的，但很想具体地知道未来是怎样美好。孩子们是未来的建设者，他们就更加强烈地向往未来，关心未来。[5]

在此背景下，叶永烈又收到了少年儿童出版社关于《在庆祝国庆五十周年的时候》的约稿。这促使他回忆起1961年写下的科幻作品《小灵通的奇遇》，而这本旧作正是《小灵通漫游未来》的雏形：

> 在粉碎“四人帮”之后，感谢科学春天的到来，这颗被遗弃多年的种子终于萌发了。我把那发黄的书稿送到少年儿童出版社，立即得到领导和责任编辑沙孝惠的热情肯定。他们建议把书名改为《小灵通漫游未来》，压缩头、

> 尾，并提出许多宝贵的修改意见。于是，我重新写了一稿。责任编辑沙孝惠认真编辑，画家杜建国画出了生动活泼的插图，画家简毅设计了精美的封面。在少年儿童出版社的大力帮助下，这本书只花了三个月的时间就印好，与广大小读者见面了，算是部分回答了他们关于“未来什么样”的问题。[6]

从“奇遇”到“未来”的标题改动，使得此书摆脱了“儿童文学”的限定，其读者群也从少年儿童扩展到各个年龄段的人群，而且以显豁的方式突出“未来”这一关键词的做法还更加契合了“未来什么样”的时代核心议题。少年儿童出版社的高度重视与快速行动，也显示出当时回答这一议题的迫切感。《小灵通漫游未来》的出现，可谓正当其时。

但如若继续追溯，便会发现1961年版《小灵通的奇遇》的底本乃是叶永烈1959年写作的科普书摘《科学珍闻三百条》。《科学珍闻三百条》在1959年虽遭退稿，却为叶永烈写作《小灵通的奇遇》打下了坚实的基础。叶永烈正是在1959年收集的科技新成就与新动态的基础上，将科技成果的“清单”改造成为一个前后连贯的故事的：

> 我通过一位眼明耳灵、消息灵通的小记者——小灵通，到未来市进行一番漫游，报道种种未来的新科学、新

> 技术。这样一来，抓住了一根贯串线，把那些一条条孤立的科学珍闻，像一粒粒珍珠用一根线串了起来。另外，在讲每条科学珍闻时，不是直接讲如何如何，而是通过形象化的幻想故事来写。1961年秋，我写出了《小灵通的奇遇》一书。[7]

从中可见，《小灵通的奇遇》赋予了1959年撰写的科技“清单”以内在的有机性和形象性，将抽象的高科技成果的介绍转化成为一种可感的、贴近普通人日常经验的未来生活方式的展示。《小灵通漫游未来》中的未来想象很大程度上便建立在1959年总结的科技成果上，只不过时变势易，“旧事”被灌入了新的能量。

值得一提的是，就在《科学珍闻三百条》被退稿的同年，少年儿童出版社出版了《科学家谈21世纪》一书。如果将《小灵通漫游未来》(1978)、《小灵通的奇遇》(1961)与《科学家谈21世纪》(1959)进行对比，便会发现它们对未来的具体想象极为相似，都偏重于展现无线电、原子能与电子科学等新兴领域的高科技成果，都是从衣、食、住、行、用等日常生活的方方面面来展开叙述的。“未来”的世界，几乎就等同于高科技的世界。但不应忽略的是，当运用这些科技成果来“制造”未来想象时，在不同的时代氛围中，是存在着或明或暗的差别的。具体来说，在1959年的历史语境中，作为“专”的科学技术是第二位的，而政治上的“红”才是第一位的。也就是说，只有社会主义的政治规划和共产主义的远景，才能够提供一种不同于资本主义的总体性的未来想象，而具体门类的科学技术不过是达致这个“未来”的工具。前者是“大道”，后者是“小技”。因此不足为奇的便是，翻开《科学家谈21世纪》，首先看到的是统领全书的“大纲大法”——时任中国科学院院长郭沫若的题词：

> 无论做任何事业，都必须有科学的精神和革命的热情相结合。
>
> 科学的精神就是实事求是，要根据事实，根据实践，求得客观事物的发展规律；掌握了这些规律之后，从而改变客观事物，促进自然和社会的发展。
>
> 少年时分养成这种精神是十分必要的，你们要学会作周密的观察、仔细的分析，但也要学会大胆的推想、扼要的综合，从而发挥我们的积极性和创造性。
>
> 你们既要刻苦学习，也要敢想、敢说、敢做。我们要做实事求是的左派，也就是革命的科学家或科学的革命家。又红又专，红透专深。
>
> 少年时分的可塑性很大，学习任何东西都比较容易而且可以终生不忘。
>
> 生在毛泽东时代的少年们是幸福的，廿一世纪属于你

们。你们是未来世界的主人翁，祝你们进一步征服自然，在向地球开战和向宇宙开战中，获得辉煌的胜利！[8]

郭沫若的题辞呈现出一种危险的“平衡”，强调既要遵循客观规律，又要发挥人的积极性和创造性。他将这种状态指称为“革命的科学家或科学的革命家。又红又专，红透专深”。不过，在当时的“跃进”氛围中，题辞的最终落脚点是突出人的主观能动性，结尾处的“向地球开战”和“向宇宙开战”便表现出了面对自然规律时的高昂自信。相较之下，写作《小灵通的奇遇》的1961年，历史情势已经悄然发生变化。经过三年困难时期，国民经济进入了调整阶段，此时对于科学技术与客观经济规律的重视程度有所加强。[9]换句话说，在“红”与“专”的动态关系中，“专”的重要性得到增强。与《科学家谈21世纪》相比，《小灵通漫游未来》里不再有题辞这类“大纲大法”，也不再有方向性的“表态”，而是将全部笔力用来呈现美好的高科技世界。而这恰好与“文革”后“专”逐渐压倒“红”的意识形态诉求相契合，该书的畅销也就在情理之中了。

不过，虽然《科学家谈21世纪》有着“又红又专”的“大纲大法”，但在具体地展望21世纪时，也依然是从科学技术与生产力的维度上展开的，所以当该书1979年由少年儿童出版社重印后，同样也切合了“未来怎么样”的时代议题，成为一代人的科学启蒙读物。《小灵通漫游未来》与《科学家谈21世纪》

在“文革”后大放异彩，彰显出科学技术在未来想象中扮演的核心角色。

从1959年的《科学珍闻三百条》到1961年的《小灵通的奇遇》，再到1978年的《小灵通漫游未来》，这一文本序列清晰地表明了《小灵通漫游未来》与“十七年”时期科幻作品的连续性，在具体的创作手法上也对“十七年”时期的同类作品多有借鉴。[10]因此，《小灵通漫游未来》中的未来叙述不是“文革”后“从天而降”的新鲜事物，反倒更像是历史仓库中的“存货”。这一携带着“十七年”科幻基因的“时代宠儿”，既延续了既往的创作模式，又开辟了摆脱历史负担的崭新的想象空间。由此可见，“未来”不只是一个线性的时间概念，同时也是一个历史概念和政治概念。对于《小灵通漫游未来》中的“未来”的理解，便不能离开对于时代语境的体察、对于其间秉持的意识形态话语的分析以及对于“未来”想象背后的整体性的历史—政治视野的考辨。

在20世纪中国，“未来”是最振奋人心的话题之一，无时无刻不在牵引着现实进路的选择。伴随着新中国的成立和社会主义建设的展开，“未来”成为社会主义自我证成的关键环节，而社会主义文艺正肩负着提供未来想象的重要使命。故而，对比社会主义发展历程中不同阶段的“未来”书写也就别具意义。接下来，本章将从《小灵通漫游未来》推展开去，选取共和国三次想象未来的高潮——“大跃进”时期、“文革”结束初期与世纪之交——作为讨论对象，具体结合《共产主义畅想曲》（1958）、《十三陵水库畅想曲》（1958）、《小灵通漫游未来》（1978）、《小灵通再游未来》（1986）与《小灵通三游未来》（2000）等文本进行分析。之所以勾勒这一文本序列，旨在通过不同时期的文本之间的差异性与连续性的辩证，考察《小灵通漫游未来》中的“未来”是被怎样构造出来的，又具有哪些特质。而从《小灵通漫游未来》这一颇具标本意义的症候性文本深挖下去，实则可以勘测出不同时期的发展观、未来观与科技观的承接转捩，进而更好地理解“文革”后的历史转折的展开逻辑，并反思其中的经验与不足。

## 二、物质还是精神：“未来”怎样书写？

《科学文艺》1981年第1期上刊载有萧建亨的《试论我国科学幻想小说的发展——兼谈我国科学幻想小说的一些争论（续）》一文，文中这样评论了“十七年”科幻小说中书写的“未来”：

> 五十年代到六十年代初，我们对科学幻想小说的要求是：要为工农业服务，要落实到生产上去。后来狂热的共产风又把这种实用主义的“谨慎”刮得一干二净。于是有

的科学幻想小说中的未来，就变成了喝牛奶、吃巧克力、按电钮，衣来伸手、饭来张口的庸俗的“乌托邦”，在这种社会里，由于人人都成了安琪儿，一切矛盾都已解决，幻想当然都变成了一种庸俗的呓语，失去了它那怀疑主义的光芒和色彩。社会既不再有冲突，大自然的改造，就象是在刀刃下的豆腐一样。这样的科学幻想小说当然也成了一种无冲突论的样板……这样的幻想，当然是和生活、和科学都是脱离了十万八千里的，也根本谈不上什么启发性。实践终于证明：过分功利主义只能扼杀创造性的思想，产生一些平庸的没有生命力的科幻作品。[11]

萧建亨的总结十分到位，在“共产风”的影响下，共产主义的“未来”在科幻作家的笔下最终变成了“喝牛奶、吃巧克力、按电钮，衣来伸手、饭来张口的庸俗的‘乌托邦’”。在这样的乌托邦里，没有了矛盾和冲突，完全抵达了一个静止的、尽善尽美的终点。于是，幻想的空间随之丧失，“怀疑主义的光芒和色彩”也不复存在。无独有偶，不仅是在科幻小说创作中，甚至在现实政治规划中，也贯彻了类似的未来观。1958年7月25日，在新华社上海分社召开的知识分子座谈会上，时任中共上海局委员陈丕显与新华社国内部主任穆青便对完全实现四个现代化以后的上海做了如下规划：

1 吃的方面

凡是重要的路口，原来设立饭店、点心店、茶水店的地方，早上自动有人把客饭烧好，米饭和几种面食做好，放在保温桶里，谁路过的就可以进来吃，看到吃得差不多了，就从旁边的预留的小仓库里拿出一些原料来烧好，给后面的人吃。原料怎么来呢？因为公社和公社之间的价值交换被打破了，因此城乡差别也没有了，郊外的土地里的菜和猪，都自动有人杀好、切好、摘好，自动就近送来。

2 穿的方面

玲珑五色，男女服饰的差异极大缩小，基本上都是涤纶面料，棉布面料不要有了。

3 用的方面

大致是原来的工厂解散后，留下几个万能机器，你要点什么东西，去看看有没有；没有的当场又造不出来的，写一张大字报贴在门口，请会做的人来做；要是看到机器需要的原料短少了，就近的人自动带一些矿石、再生利用能源放在万能机器的仓库里。会造某样东西的人相帮造出某项大字报上所需的东西后，写上注释，或当场向其他人解说。

4 住的方面

原有的石库门以上等级的房子，凿去一些封建和资本主义内容的装饰后，继续可以用；新造的工人新村到了一定时候有了多余，加上家庭的取消，今天住到这里，明天住到那里，住个几天，用的东西自动消毒好，破掉的被子和日用品可以去万能机器那里自己制造或者领取。

5 行的方面

脚踏车给小孩用，大人一律用三轮机动车，这样油料节省；老人因为吃了长生药，寿命不断延长，开车100岁也没有问题，1958年时候的中年人到那时候照样有力气劳动。火车自动化无人化，好像流水线一样在全国来回走，也不要钱，长距离旅行就靠火车。[12]

在这份对上海市的未来规划中，出现频率最高的词语是“自动”与“万能机器”。共产主义的物质极大丰富和“按需分配”，被理解为由万能机器自动地供给。当主事者在乐观地畅想“未来”时，却似乎忘记了自动化势必导致劳动者失业以及传统劳动形态的改变，而这本应是最能体现共产主义批判性和解放性的议题，在这份规划中却被毫无自觉地略过了。此外，这份规划中的“人们”面目模糊，“四个现代化”的愿景完全没有考虑到未来的“人”的形态以及人群的相互关系与组织形态。社会问题的解决方式依然停留在依赖大字报的阶段，只是大字报不再服务于阶级斗争，而是服务于生产难题的解决。社会秩序如同机器般自动运转，没有任何矛盾和冲突。而所有这些，不但距离当时的实际社会—经济条件较远，而且也很难自圆其说。不得不承认，在当时的生产力水平下，想象共产主义的“未来”并不容易。

1920年代后期以来，马克思主义的历史“五阶段”论开始在中国知识界盛行。共产主义被叙述为经历了原始公社、奴隶制度、资本主义制度与社会主义制度之后的更高的历史阶段。以共产主义作为人类奋斗的最终目标无疑是高度完美的，不过在如何具体地实现共产主义以及实现怎样的共产主义等问题上，共识却往往很难达成。在很多情况下，“共产主义”一词的意涵是人言言殊的。同样是“共产主义”，既可以偏重生产力层面上的物质极大丰富，也可以指向生产关系的“不断革命”，还可以理解为个体的自由、解放与充盈。与前述单纯追求物质丰富的庸俗乌托邦不同，同样是在1958年出现的郑文光的科幻小说《共产主义畅想曲》便有着“不断革命”的紧张感。这篇连载于《中国青年》第22、23期的未完之作试图描绘已经实现了共产主义的新中国在国庆三十周年（1979年）时的场景。在结尾处，小说中的白部长对小吴说：

> 小吴，别看进入共产主义了，任务还很不轻哪。到处都这样。你瞧，生活美妙得像天堂那样，人们每天只上五个钟头班，晌午就回家，学习，打球，看戏，爱怎么过怎么过……可是劳动呢？严肃紧张的劳动一天也不能少，当然劳动条件是非常好了——但也不能幻想跟爱人一面散步

> 一面就能完成任务。劳动的内容甚至可以说更复杂了。白天，都有成万人在劳动，在创造，在思考，在试验，要用最快的速度把咱们国家推进到共产主义的更高的阶段。而且，还得向宇宙进军啦，飞向星星，飞向宇宙……——这就叫作不断革命……[13]

到了共产主义阶段，生活已经“美妙得像天堂那样”，但白部长强调的却是“任务不轻”“劳动内容更复杂”，要用“最快的速度把咱们国家推进到共产主义的更高阶段”。不过郑文光虽然注意到了问题的复杂性，可是在他的笔下这种内在的高强度的紧张感最终也只能落实为不断提高生产力，所谓“不断革命”并未触及生产关系和主体改造的层面。这样的未来书写实际上已经高度形而上学化了，失去了本应具有的感召力和政治能量。那么，共产主义的“未来”只能如此书写吗？作为终极目标的共产主义又应当怎样在文艺作品中具体化呢？如何将共产主义的精神状态与主体状态跃然纸上？如何恰如其分地呈现出一个存在矛盾却依旧美好的可以对当下的人们发挥感召作用的共产主义的“未来”呢？这一系列的难题都有待回答。

多少带有某些悖论色彩的是，“主义”是一种整体性的规划，而非过程性的展现，所以“主义”本身往往无法说明自身的展开过程。至此，就有必要在《共产主义畅想曲》之外再引入另外一部1958年的科幻作品《十三陵水库畅想曲》及其引发的“怎样展望共产主义的明天”的讨论，以期在当年的往复辩论中打开“未来”书写的某些细节与侧面。

《十三陵水库畅想曲》是剧作家田汉参观完十三陵工地后写下的多幕话剧，用来歌颂首都群众义务劳动的大协作精神。[14]该剧共十三幕，前十二幕采用了现实主义的手法歌颂了劳动和人民群众，最后一幕则是幻想二十年后的十三陵水库。《十三陵水库畅想曲》原名《十三陵水库歌功记》，后为了体现革命的现实主义与革命的浪漫主义的“两结合”，改为现名。该剧发表于《剧本》1958年8月号。同年，田汉与导演金山合作创作了同名电影剧本，由北京电影制片厂拍摄。[15]电影版的《十三陵水库畅想曲》上映后引起了广泛的讨论，争议的焦点集中在影片的最后部分对于共产主义未来的表现。在论争中，打响头炮的是朱艺祖的《怎样展望共产主义的明天？——电影〈十三陵水库畅想曲〉观后》一文：

> 关于“二十年后”的描写，舞台剧只是十三场戏的最后一场，是一场尾声性质的戏。影片则以三分之一的篇幅来描写二十年后的十三陵。改编者的原意当然是想用美好幸福生活的远景来激励人们今天的干劲。但看完影片后，我却感到这一部分颇值得研究。
>
> 二十年后，我们已经进入共产主义社会，这是无疑的，至于二十年后的生活究竟是什么样子，却是不容易具

体描绘的。这需要作家发挥革命浪漫主义的精神大胆地加以想象。我们无法争论作家对未来生活的某些细节描写是否准确，但是可以并且也应该判断那些想象里的共产主义思想、共产主义精神是饱满的还是稀薄的。[16]

朱艺祖点出了从话剧到电影的改动：作为尾声的未来想象在话剧中只有一幕的篇幅，而在电影中竟占据了三分之一的时长。导演金山自述如此改动是为了用“未来美好生活的远景来鼓舞今天参加建设的人们”[17]。但朱艺祖认为在“鼓舞”之前，应当首先审视这个“远景”，考察其间蕴含的共产主义思想与共产主义精神的饱满程度。共产主义远景无疑是抽象的，是故谁能具体准确地呈现出共产主义的神髓，谁便能掌握“未来”的阐释权。朱艺祖经过一番考察，得出的结论是，电影中的共产主义远景已经到达了自己的终点，失去了更新“未来”的可能性。此外，他还指出了电影中最为人诟病的一处细节：在实现了共产主义的十三陵水库里，主人公之一张静表示，偶然挑挑扁担是为了锻炼身体。在当时广为宣传的马克思主义经典论述中，劳动是生活的第一需要，劳动和矛盾斗争是社会发展的主要力量，共产主义的终极目标是全人类的彻底解放，而不只是物质的极大丰富。循此标准，电影结尾处呈现的是一种享乐主义的“未来”想象——“幸福已经到顶了”“生活里已经没有什么矛盾、斗争”，这反映了创作者对于共产主义社会庸俗与片面的理解。朱艺祖认为不能仅靠未来的物质生活刺激当下的革命积极性，而应当通过“描写人们永远昂扬的英雄主义和‘我为人人、人人为我’的共产主义精神”来教育今天的人民。

接下来，在1958年第22期和第24期《文艺报》上刊载了以《怎样展望共产主义的明天——讨论电影〈十三陵水库畅想曲〉》为主题的读者讨论。在讨论中，绝大多数的观点与朱艺祖的接近。例如，陈刚在《应该写出人们的共产主义精神品质》中指出，影片对原剧中激动人心的主要内容——群众忘我的劳动和昂扬的共产主义精神表现得不够充分有力，在一定程度上削弱了原剧的光辉。影片的主要缺点包括：1.只介绍物质生活；2.只表现在极乐世界的享受；3.宣扬个人幸福的资产阶级趣味；4.“也是最根本的，在‘远景’里，改编者没有反映出当时人们的共产主义思想和精神面貌，只是在介绍物质生活的舒适，好像开了一张幸福生活的‘清单’似的。这种反映是很片面的，可是文学艺术作品，应当更着重在人物精神面貌的刻划上”，“艺术作品主要是写人、写人的思想、精神品质，而不是主要写苹果、葡萄、电视机、传真对话电报等。另外，思想是可以超越在现实的前面的，我们要写作品中人物的共产主义思想，可以写的比现实中的人物的思想更成熟，更完美”。[18]

再如，丁浪的《畅想与人》指出技术成就是写不胜写、书不胜书的，很容易造成沉溺于物质的危险倾向。他认为物质的极大丰富不等于共产主义。电影《十三陵水库畅想曲》没有写出共产主义的神髓与人的状态："看不见二十年后的人对人类的命运是否关心？对做宇宙的主人有什么样的雄心？也看不见他们如何对待劳动，是否把劳动当作生活的第一需要，看见的都是物质享受。尽管口头上也讲了劳动，但都是抽象的，物质享受却是具体的、形象的。这样不能说表现了人们没有忘记劳动或者对劳动更加需要。"[19] 这一批评切中肯綮，但对精神的极大强调，势必带来书写上的挑战，因为如何写出不可见的"精神"，而物质享受与物质追求在多大的限度内又可以被视为是合理的，都是社会主义理论与实践中的"难题"。[20]

还有，关越在《怎样评价〈十三陵水库畅想曲〉》中认为"以明日之生活，鼓舞今日之人民"并不难以理解，但不能把全体人民所共有的美好前景与资产阶级的物质刺激混淆起来。他指出："影片《十三陵水库畅想曲》后一部分的根本缺陷是在于：改编者的主观世界没有跟上时代的飞跃，没有能抓住时代精神，它在描绘共产主义的时候，掺用了一些资本主义的颜料。"[21] 关越所谓的"资本主义的颜料"包括把劳动当作消遣，为了开宴会而任意停止刚刚开始的人工降雨，以及大夸女人的美色等。"资本主义的颜料"的提法很形象，它揭示出了不同社会性质的"未来"想象的界限：社会主义的未来如何区别于资本主义？当时认为区别于资本主义的内在规定性是共产主义的"精神"，而在"物质"层面上又是很难区别于资本主义的。在关于“物质”的理解、追求、应用和组织等方面，当时的理论界与批评界并没有提出另类的超越性方案。

当然，对于电影《十三陵水库畅想曲》并非只有否定意见，也有部分讨论者认为物质生活的极大丰富本就是共产主义的题中之义，加以描写并无不妥。刘鸿仁的《问题在哪里？》[22]和王绍猷的《不要吹毛求疵》[23]都指出目前的批判过于严苛，对于美好物质生活的追求是正当的。不过，反对意见在这场讨论中显得十分边缘。因为彼时的主要焦虑是如何在未来远景中实现物质与精神的协调发展，通过保持劳动和斗争的核心驱动力，以保证共产主义未来的方向性和纯粹性。至于是否应当实现生产力发展和物质极大丰富，其实并不存在多少分歧。

不过，在物质匮乏和生产力水平低下的年代里，越是强调共产主义的远景，往往就越容易导向对于未来物质的丰裕程度的追求。比如，当时幻想的人造食物体积巨大，取之不尽，用之不竭。叶永烈这样回顾：

> 我写《小灵通漫游未来》是在1961年三年困难时期，我当时在北京大学念书，连饭都吃不饱。而且我记得当时是教育部长到北大来视察的时候，我们多发了一个煮鸡蛋，那算加餐了，所以在那种年代，越是这样的情况，越是充满了对未来的幻想。比如未来城的西瓜是什么样呢？非常大，切开以后有圆台面那么大，三个孩子吃了半天才

只吃了一个小坑；苹果像脸盆那么大，桔子就像那个西瓜那么大；还有原子笔，就是现在很普遍的水笔，是像胡萝卜一样粗的，有很多很多种颜色。[24]

所以在《小灵通漫游未来》里，满篇都是上述讨论中所批判的五光十色的物质“清单”，而原本应当由致力整合物质发展逻辑与共产主义精神状态带来的焦虑感则消失得无影无踪。《小灵通漫游未来》中的未来市便是一个自动化、机械化与无冲突的样板。在这个科技乌托邦里，小虎子和小燕一家人都是“安琪儿”。小说里没有任何精神方面和生产关系的描写，笔力全部集中在生产力的维度上。因此，“未来市”既是长期以来共产主义未来书写的典型形态的极端化，又反映出共产主义未来想象难以为继的困境——如若写不出“精神”，便将沉溺于“物质”；而越是沉溺于“物质”，共产主义区别于资本主义的特殊性就越微弱。只不过到了《小灵通漫游未来》问世的时代语境中，物质发展程度与共产主义的实现程度之间的同一性越来越高，物质与精神之间拉锯的焦虑感和紧张感自然也就大大降低了。

不过，在这个“无冲突”的样板中，还是存在若干裂隙与矛盾。最为典型的便是机器与人的关系问题。在《小灵通漫游未来》里，机器人铁蛋相当于全家的仆人，成为自动化时代阶级压迫的另一种翻版。而在《小灵通再游未来》中，铁蛋虽然升级为高级机器人，却也只能按照主人的命令从事各种杂务。到了《小灵通三游未来》，这样的不平等关系更加赤裸。当小虎子一家要去空间站旅行时，本不想带着机器人铁蛋，但因为空间站缺少打工的机器人，铁蛋才获允与小虎子一家同行，对此铁蛋感恩戴德："愿意，愿意，一百个愿意！"[25]到达空间站后，铁蛋没有自己的座位，只能站在卫生间里。而在空间站中，只有机器人是劳动的，人是可以不劳动的。小虎子一家进入梦乡后，铁蛋还要彻夜站岗。第二天，大家奖励了铁蛋一朵大红花：

> 铁蛋这时倒有点腼腆起来："不好意思，不好意思，我是一个临时的'打工妹'，能够让我免费上太空，我够满足了。"[26]

在与小灵通交谈时，"铁蛋笑道：'在未来市，哪里最艰苦，哪里就有我们"钢领"工人——我的"铁哥们"。'"[27]铁蛋不厌其烦地罗列了自己从事的最累、最苦与最危险的工作。而"打工妹"和"工人"的自况，无不表明了科学技术对"人"（至少是大多数人）的解放潜力并没有真正发挥出来，非但没有像字面承诺的那样带来一个天堂般的未来，反倒促成和巩固了新的不合理的社会秩序，导致了新的阶层分化。而就在《小灵通再游未来》与《小灵通三游未来》出版的1986—2000年间，在从“打工妹”到“(新)工人”等进城务工群体身上折射出的社会—政治问题已经不容回避，愈演愈烈。

如果细究，便会发现小灵通所畅游的未来市，是一座以知识分子为主体、以都市想象为基本模型的城市。这也就意味着共产主义所致力消灭的城乡差别、脑体差别、工农差别与性别差别等都不再是《小灵通漫游未来》所关切的对象。它以某种看似“超越”的方式实际上完成的却只是对于问题的暂时“搁置”。它只负责提供美好绚烂的“未来”拼图，却无力结构出一个具有总体性的全新的未来。

当然，指出《小灵通漫游未来》存在的问题并不等于否定其在历史转折时期放射出的巨大能量。与其文本的单薄相比，更为值得关注的无疑是其间蕴含的症候性意义。这也是本章引入从《共产主义畅想曲》到《小灵通三游未来》的讨论谱系的旨归所在。《共产主义畅想曲》与《十三陵水库畅想曲》都是在“畅想”未来，而小灵通则是在“漫游”未来。“畅想”对应的是抽象的观念性的未来，而“漫游”则意味着具体经验的叠加和汇总。前者可能失之空洞，后者则容易流于琐碎。时至今日，《小灵通漫游未来》里所呈现的科学幻想大多已经变为现实，而且当下的中国人也不再会对科学技术轻易抱有当年那样乐观的信仰，这也就使得此书在今天几乎丧失了吸引力，大概只具有作为历史文献的价值。

小灵通的“未来”在当下不过是已然实现的“过去”，新鲜感丧失后便了无可观。相反倒是《共产主义畅想曲》中对于“继续革命”的主张、关于《十三陵水库畅想曲》的论争中呈现的物质与精神的博弈，具有了某种“剩余物”的性质，并不会伴随着生产力的进步和科技水平的提高而被完全消解掉。这种“剩余物”的意义乃是对于资本主义发展道路和生活方式的叛逆、越界与尝试性的超越，是对于平等、自由和解放等终极难题的直面、回应与本能般追求。不过必须承认的是，这些作品所做的还远远不够，并且大都陷入了形而上学化的“政治正确”当中。待到社会主义自我调整的历史转折时期，这些“剩余物”伴随着现实实践中的巨大挫折，而变得游移模糊，自然也就在以《小灵通漫游未来》为代表的“新时期”初期主流的“未来”想象中没了踪迹。

## 三、用“未来”发明历史与现实

书写共产主义未来的分歧不仅在于如何逐步达致“未来”，以及达致怎样的“未来”，也在于应当将“未来”编织进怎样的历史序列中。换言之，当“未来”成为人们的核心关切，那么在不同的未来想象中，便会发明出不同的历史叙述，并影响到对于现实进路的选择。几乎在任何情况下，历史和现实都是需要通过与“未来”的合理关联来获得自身的位置与合法性的。所以，关注科幻小说中的未来叙事与考察科幻小说中的历史叙事，实则是同一问题的一体两面。

在围绕电影《十三陵水库畅想曲》展开的“怎样展望共产主义的明天”的论争中，有人把影片中未来幻想部分里张静对扁担的喜爱称为“好古癖”，认为这样的怀旧情绪并不是认知历史的正确方式；共产主义者应当看到从扁担到起重机的“跃进”，要继续从机械化、自动化“跃进”到原子化。文章总结道：“一个共产主义者”是“必须这样明确的回顾和珍视过去”的，[28] 即把过去视为斗争与“跃进”的历史，并以此精神迈向更高的理想追求。

除去这一细节，《十三陵水库畅想曲》对于“历史”的展现还有更为直接的例证。在话剧版和电影版的开头，都有一大段完整的历史叙述，通过回顾元世祖忽必烈与明成祖朱棣兴修水利的往事，来衬托新中国十三陵水库的历史进步性。前者反映的是封建统治阶级对人民的压迫奴役，后者则呈现出人民群众义务参加劳动、积极建设新中国的无上热情，由此形成一套历史进步的叙事。田汉的秘书黎之彦详细记述了田汉当年如此创作的意图：

> 田汉同志写的第一场，照他构思的意图，把戏剧总发展线写在指挥部，由政委向文化界慰问团介绍水库工程的建筑蓝图进程和未来设想，介绍工地上的群英战斗事迹，以此让慰问团把戏剧线引向工地四面八方。戏的第一场，

工地建设的概貌如凤头，既明确又秀丽。但田汉同志觉得戏太平了，于是他搁下了笔，思考着什么。过了一会，他让我找出《元史》和《明史》，翻阅忽必烈和明成祖的帝王本纪条目。他仔细地读着，用小纸片作出记号，夹在书里。他写作边看书边写，这是他的习惯。时近中午，他新设想的情节已经想好了。他指着元史说：在元世祖忽必烈时代，北京的通惠河经常发生水灾。忽必烈曾经令著名的水利专家郭守敬开通惠河。据《元史》载，郭守敬"精算术，明水利"，曾受元世祖召见，陈述治理水利六事，授提举诸路河渠。他在昌平治水时，在至元28年，元世祖还亲自拿锄头、土筐参加劳动，宰相以下大臣，也都跟着他去。这就是史载的世祖"亲操畚臿为之倡"。晚上田汉同志果然把这段历史插进第一场，让戏今古衔接，有波澜。他说他写这一笔，加添点历史色彩，一则是兼顾历史真实，二是造成对比度，说明元世祖和我们今天领袖们带头倡导劳动，在本质上不同。他说："我在戏里安排历史家简幼岑，也就是翦老翦伯赞和音乐家李翼、副总工程师的对话中，就让他们争论，说元世祖令大臣们劳动是做假样子的，不能跟毛主席和中央首长参加劳动相比。在精神实质上完全两样，参加的劳动者精神状态更不相同了。元世祖下令开河的是军队、奴隶，全是被动的，没有热情的。比起今天，完全不同，我们的人民，完全是自觉的劳动，迸发的是冲天热情和干劲。还有在建设规模，使用目的上，建设水库更是悬殊，简直是天壤之别。”田老说至此，颇有把握地说：“写足了这场辩论，这个古代场面的穿插，在政治上就站得稳当了。”[29]

“辩论”是追问事物本质的一种方式。通过古今历史的对比，《十三陵水库畅想曲》贯彻了用阶级斗争的观念与方式把握历史的努力。这种“革命史”的历史认知逻辑在后革命的语境中逐渐式微，这在《小灵通漫游未来》及其续作中便有明显表现。有意思的是，小灵通系列文本里也都有着大篇幅的关于未来市的历史介绍。将其与《十三陵水库畅想曲》中的历史叙述加以对照，很能说明问题。

首先，在《小灵通漫游未来》里，小灵通前往未来市图书馆里查阅《未来市的历史》一书，该书由机器人拿给了小灵通：

我小心翼翼地翻开了这本大书，第一页上写着这么一句题词：

“地球上本来没有路。路，都是人走出来的。”

我连忙拿出采访笔记本，一字不漏地抄下了这句话。

在第二页上，画着一张蓝色的地图。旁边写着：

“十几万年前，这里是一片海洋，到处都是水，水，水……”

在第三页上，画着一张黄色的地图。旁边写着：

“一万多年前，由于地壳的变动，海底逐渐升高，这里变成了一片沙漠，到处都是沙，沙，沙……”

在第四页上，仍是一张黄色的地图，上面出现几条蓝道道——河流，和几个绿点点——草地。旁边写着：

“一千多年前，古代劳动人民向这里进军，向大自然宣战，用双手挖出了渠道，引来了河水，沙漠上出现了稀疏的绿洲。人们在这里开始耕作、牧羊……”

在第五页上，地图上绿色逐渐增多，还出现红色的线条——公路，黑白相间的线条——铁路和蓝色的虚线——飞机航线。旁边写着：

“一百多年前，人们用智慧和劳动，不断与大自然进行斗争，使干旱的沙漠变成了良田，人们战胜了大自然，成为大自然的主人，用劳动和智慧创造美好的未来。”

在第六页上，地图已经是一片绿色了，公路、铁路、飞机航线密如蛛网，还出现了宇宙航线。旁边写着：

“这是现在的未来市地图，这张地图是用劳动的双手画出来的，是经过艰苦的斗争才画成的。”

在第七页上，是一张空白的地图——甚至连四周的边框也没有。旁边写着：“一张白纸，好画最新最美的图画。一百年后、一千年后、一万年后、十万年后……未来市将变成怎样？这最新最美的图画，是靠我们用劳动的双手去绘制，也是要经过艰苦奋斗，才能把它建设得更美丽，使我们的生活更幸福。”

从第八页开始，全是白纸，一个字也没有，甚至连书角的页码也没有。[30]

与《十三陵水库畅想曲》有意设计的革命史的“波澜”不同，未来市的历史被叙述为人民不断开发和利用地球的历史，亦即生产力水平和科技水平不断提高的历史。人类改造地球的历史既没有起点（“本来没有路”），也没有终点（未来还是一张“白纸”，迈向无限进步）。在《小灵通再游未来》里，小灵通与小虎子、小燕、机器人铁蛋乘坐着新兴交通工具“五用车”参观历史博物馆，这里也是他此行的最后一站。博物馆里的历史画廊由化石、标本、模型、实物、图片、照片与机器等组成，长达数公里，分为“上游”（过去）、“中游”（现在）和“下游”（未来）三部分。“再游”的历史叙述从地球诞生开始说起，一直讲到当下的人类文明，历史分期的界标多为重大的技术发明（比如铁器、蒸汽、电脑与机器人等）。“共产主义”不再作为最终的远景目标而存在，支配未来远景的，只有生产力水平。而这显然正是一种以“唯科学主义”为载体的对于“现代化”史观的机械理解。

同样地，在《小灵通三游未来》中，小灵通采访之行的最后一站是去未来市美术馆参观“未来市少年儿童未来书法展”。书法展的主题是“未来”，书写的内容都是关于未来的诗词、名人名言或者书写者自己的观点。一如小灵通所言：“我竟然完全沉醉于条幅本身关于‘未来’的哲言，忘了这是书法展览”[31]，整部小说的重点也在于书写其未来观与时间感。在参观展览时，小灵通最先关注到的是李大钊的一段话：

> 无限的“过去”都是以“现在”为归宿，无限的“未来”都以“现在”为渊源。“过去”、“未来”的中间全仗有“现在”以成其连续，以成其永远，以成其无始无终的大实在。一掣现在的铃，无限的过去未来皆遥相呼应。[32]

李大钊强调过去与未来的“无限性”，将历史理解为连续发展的无限进步的序列，这样一种典型的进化论叙事，无疑恰与七八十年代之交大多数中国人的未来观高度契合。当然，此中也预示了此后中国的社会主义实践始终热衷于无限进步的趋向。对此，历史学家王汎森总结道，李大钊将马克思主义与共产主义视为改造中国，进而通向“未来”的整体方案。李大钊持有的是一种“跃进”的进步观念，而不是一点一滴改变的“进化”观念。相形之下，胡适认为不应当对无限的未来过于迷恋，否则容易陷入“目的热”与“方法盲”的境地中去。[33]胡适在《介绍我自己的思想》一文中写道：

> 达尔文的生物演化学说给了我们一个大教训：就是教我们明了生物进化，无论是自然的演变，或是人为的选择，都由于一点一滴的变异，所以是一种很复杂的现象，决没有一个简单的目的地可以一步跳到，更不会有一步跳到之后可以一成不变。辩证法的哲学本来也是生物学发达以前的一种进化理论；依他本身的理论，这个一正一反相毁相成的阶段应该永远不断的呈现。但狭义的共产主义者却似乎忘了这个原则，所以武断的虚悬一个共产共有的理想境界，以为可以用阶级斗争的方法一蹴即到，既到之后又可以用一阶级专政的方法把持不变。这样的化复杂为简单，这样的根本否定演变的继续便是十足的达尔文以前的武断思想，比那顽固的海格尔更顽固了。[34]

胡适的批评揭示了20世纪中国历史观与时间感变迁的某个侧面。在进化论传入中国之前，历史一直是中华文明传承的载体，“三代之治”而非遥远的“未来”，才是应当追求的“黄金时代”。而在进化论传入之后，“未来”成为中国人的核心关切。“过去”通过“现在”朝向“未来”，形成了一套完整的进步主义史观。而随着共产主义思想在中国的扎根，结合了辩证法思想之后的进化论更为强调人对于客观进化规律的超越。这就带来具体实践上的重大分歧：迈向“未来”究竟是经由“一点一滴的变异”，还是“一蹴即到”？是遵循“进化”规律逐步抵达，还是依靠“跃进”加速实现？从1920年代的“问题与主义”之争，再到新中国的社会主义建设，这些核心议题始终贯穿其间，甚至构成了理解与省思20世纪中国的一条主线。小灵通系列文本畅销于“文革”结束之后，却沿袭了此前一个时期对于“未来”的急迫渴求与乐观信念，共享了对于无限进步的历史观与时间感的信仰。在某种程度上，改革中国依旧是以某种“跃进”的方式来谋求自身的“未来”的，只不过“新时期”的“跃进”更加依靠对于客观规律的重视和科学技术的作用，而非人的主观能动性。这一调整深刻影响了“改革开放”的思路与方法，也深刻影响了当代中国的方方面面。

## 小　结
## 重启科技书写的社会性向度

本章重新考察改革开放之初风行一时的科幻作品《小灵通漫游未来》，意在通过对于这一文本的症候性分析，彰显在不同时期的社会主义实践的内部想象与书写“未来”的断裂与连续。经由对于前后两个时段的时间观、未来观与历史观的参照和反思，本章希望借此直面社会主义实践中的若干困境与难题，包括如何看待物质需求与物质享受的合理性及局限性，如何处理生产力的提高、劳动（者）的价值与个体自由之间的关系，如何协调物质丰富与精神上的“不断革命”的张力，如何将科技进步纳入一种整体性的社会规划与解放进程中，以及如何将无限进步的欲求妥善地结构到现实世界的组织秩序中，等等。从今日再度回望小灵通漫游的“未来”，便会发现我们并没有如愿以偿地生活在当初期待的美好世界当中，过度追求科技进步和物质享受，并以生产力水平作为唯一指标来衡量社会发展程度的做法，已经导致诸多新的严峻问题。而讨论历史转折中的《小灵通漫游未来》，重新进入这七万余字“制造”出的“未来”中去，观察其从何而来，又怎样展开，既可以追溯七八十年代之交的历史，更可以映照当下的现实。其间经验与不足，无疑还值得继续追索。

# 第五章　当代中国语境下“科幻”概念的生成

## ——以20世纪七八十年代之交的“科文之争”为个案

在谈及历史转折时期的经典科幻作品《小灵通漫游未来》之后，本章继续探究科幻概念与社会语境之间的互动关系。一部科幻发展史，[1]同时也是科幻概念的变迁史。当代中国科幻的命运跌宕起伏，其中，20世纪50年代中后期、七八十年代之交与90年代以降的三大繁荣期，孕育出充满差异的创作实践，而这些实践又反过来不断刷新科幻概念的实际所指。这也就为界定本土科幻的核心与边界，带来了相当的难度。事实上围绕着科幻概念，始终聚讼纷纭。[2]相关讨论的学术水平参差不齐，但都反映出在科幻发展尚不充分、影响仍属小众前提下的内在焦虑。的确，不管是向内“修炼”，还是对外“推广”，都离不开对于这一文类本身准确而深刻的理解。

不过，本章并非要接踵已有讨论，总结出“静态”的概念内涵，而是旨在强调概念与其所依存的社会历史语境具有密切的互动关系。正如德国概念史学者莱因哈特·科塞雷克（Reinhart Koselleck）的提示，概念本身便是以语言形式贮藏的历史经验。概念的生成体现了特定时刻的集体需求，提炼了彼时的认识与思想，而概念的使用反过来也对社会历史产生影响。[3] 循此思路，本章尝试在当代中国的社会历史语境中审视科幻概念的生成过程，同时也以科幻概念作为探索工具去穿刺社会历史的深层问题。而且，本章认为这并非一项纯粹的“考古”工作，回顾特定历史情境下的反应方式，正是在为探勘未来之路积蓄资源。

在此思路下，20世纪七八十年代之交这个历史节点被凸显了出来。正是在这一时期爆发了“科幻究竟属于科学还是文学”的激烈争鸣，史称“姓‘科’姓‘文’之争”（下文简称“科文之争”）。这场论争具有鲜明的界标意义，标志着科幻创作者对于这一文类有了更加自觉的思考与实践，科幻群体也在压力面前得以更加团结。下文将更为细致地论述，这场论争如何深刻影响了日后中国科幻的自身定位与路径选择，同时也参与形塑了今日读者的文类常识与阅读期待。科文之争实乃当代中国科幻概念生成的重要时刻。

然而，对于这场论争的理解却是不充分的。目前的科幻史叙述与科幻研究，大都基于当下的科幻观来回溯这场论争，裁决其意义与价值。“回溯”之举，往往会漏掉诸多历史的生成环节，科文之争中那些不同于今日“常识”的部分，也就变得有些难以理解——既是不得不提的“事实”，更是可以快速省略的“间奏”，故而形成了把握当代中国科幻时的一个模糊地带。而本章的讨论，便是从剖析当前的认识状况入手。

## 一、三种叙述模式与再考察的必要性

科文之争的前提，乃是科幻长期以来是姓“科”的。1930年代，科学文艺自苏联传入中国，设想利用各种文艺形式向青少年读者传播科学知识，科幻便是其中的子类别。[4]“文革”结束初期，伴随“科学技术也是生产力”与科学技术现代化的明确提出，背负科普使命的科幻再次迎来繁荣。彼时勃兴的科幻仍未脱离最初的模式。从管理体制看，科幻作家隶属于中国科普创作协会下的科学文艺委员会，而中国科普创作协会又是中国科学技术协会而非中国作家协会的分支机构。[5]至于发表平台，主要包括各级科协主管的报刊、各级的科学技术出版社、少年儿童出版社与人民出版社。[6]也就是说，当代中国科幻至此仍是姓“科”的。

而科文之争的直接动力，正是向姓“科”的“血统”发起挑战。一般认为，起点是童恩正发表于《人民文学》1979年第6期的《谈谈我对科学文艺的认识》。此前一年，童恩正在《人民文学》上发表科幻作品《珊瑚岛上的死光》并于年末摘得全国第一届优秀短篇小说奖，这象征着来自文学界最高权力的认可，从而为这一尚不独立的边缘文类赢得殊荣，同时也招致非议。《谈谈我对科学文艺的认识》一文便带有为这篇小说以及科幻的文学性辩护的目的，即便他表面上谈的是对整个科学文艺的看法。该文从创作实践出发，分别从写作目的、写作方法、文章结构三个方面强调科学文艺与一般科普作品的区别，试图将前者定性为"文学"，在科普原则一统天下的局面中为文学构思撑开一角天地。文章虽短小，却明确地宣告了科幻的文学性与相对独立性，将蓄积已久的创作困惑摆上台面，从而引爆了后续争议。后续争议围绕科幻的"科学性"、科幻的商品化与自由化、科幻评论的粗暴性、是否以及如何发展科幻等问题展开。而1983年"清除精神污染"中对科幻的打击和否定，也被视作顺延了这场论争逻辑的激进结果。[7]"清污"后科幻发表平台大幅萎缩，科幻创作队伍流失，这一论争也随之烟消云散。

早在这场论争尚在进行时，就已出现一些具有深度的反思与总结。1980年7月，科幻作家肖建亨便一针见血地指出，"科文之争"貌似由童文发端，实则早已蕴藏在科幻发展过程中：

一个科学幻想小说的作者，当他在进行创作的时候，他必然会碰到如下的一系列问题：在一篇容量有限的科学幻想小说里，他要表达的是什么科学内容？它的社会内容又是什么？如果他是赞成普及一点儿科学知识的话，他将如何引进这些知识？空想的虚构成分和严谨的科学事实，将如何在一个矛盾的统一体中天衣无缝地统一起来？当他大块大块地讲清一些深奥的科学知识的时候，他又如何在有限的容量里施展小说的艺术手法？故事的结构，情节的选择，又如何符合现实的真实和未来的真实？人物形象塑造的问题，又如何在这虚构的时间和空间里使之栩栩如生，并令人信服？可以说，这是每一个科幻作者在进行创作的时候都会碰到的一些难题。[8]

以上罗列的系列难题，是摆在当时科幻作者面前最实际的问题。以“文革”结束为界标，科幻创作进入繁荣期，据相关统计，1976—1981年间发表的科幻小说达到600多篇。[9] 伴随着创作实践的激增，上述“创作者的疑问”被公开化势在必然。童恩正基于这一普遍的创作困境，大胆争取文学构思的空间与权利，并将之诉诸报端，本土科幻理论建设随之进入新的阶段。可是筚路蓝缕何其艰难，用肖建亨的话说，“我们正是在这个姓‘科’姓‘文’的迷魂阵里，碰得头破血流，鼻青眼肿”[10]。

“迷魂阵”自然是指论争的方向模糊、代价不菲。因此对这一论争的评价和定位也就颇有分歧，这“头破血流，鼻青眼肿”的代价又该作何解释呢？概言之，目前研究界对于这场论争建立了三大叙述模式。其一，“中断说”。这类最常见的叙述方式将1978年至1983年视为中国科幻的短暂繁荣期，而肇自1979年的“科文之争”是其中的破坏力量。因为它干扰了科幻文类的独立进程，摧残了刚刚萌发的生命力。而由此升级出的“精神污染”论，更是直接打断了科幻的发展。叶永烈的《是是非非“灰姑娘”》为这一创伤记忆提供了完整详细的历史记录。而这类创伤叙述也构成了今日科幻史的主流书写模式。以2017年底在中文世界出版的两部中国科幻文学通史——董仁威的《中国百年科幻史话》与日本学者武田雅哉、林久之合著的《中国科学幻想文学史》两卷本——为例，二者都对此持有类似态度。董仁威写道：“一些评论家与科幻作家，开始了一场旷日持久的关于科幻小说‘姓文’或‘姓科’之争，直至政治因素的介入，毁灭了中国的一代科幻热潮，使中国的科幻发展进入低潮。”[11] 林久之的笔触则冷静一些，他认为在中国科幻创作尚且贫瘠的情况下，“以‘名实相副’为关键词、‘科学幻想小说’应该重视‘科学’还是重视‘小说’”这类论争不仅“何等奇怪”而且注定“毫无结果”。[12] 同样是2017年出版的《追梦人——四川科幻口述史》中，受访者们大多谈及“科文之争”，均认为这场无谓的论争打断了彼时科幻的上升势头。

其二，“起点说”。与“中断说”相反，一些研究者认为这场论争有着突破禁区的起点意义。吴岩便认为从这些争论开始，科幻小说开始走出科普范畴，“这是一次非常重要的、具有里程碑意义的运动。它为中国科幻文学松绑，并找到了具有本质意义的生长点”[13]。他强调中国科幻至此摆脱“功利时代”，进入新的发展阶段，而且至今仍在这一延长线上——“直到上世纪90年代重新复苏，复苏的过程还是延续这一思路，反映社会、生活和人。包括韩松、陈楸帆等，都是走这样的路径。但是刘慈欣有点特别，他觉得以前的科普之路也不错，认为可以适当回归科普。所以，我觉得今天的科幻文学还是过去方向的延续：一部分延续鲁迅的方向，一部分延续80年代初童恩正的方向。”[14]吴岩的这一论断直接针对宋明炜的“中国科幻新浪潮”相关论述而发。宋明炜认为20世纪90年代以来的中国科幻已形成别具一格的文学想象模式，[15]但吴岩认为当下科幻格局仍延续了“80年代初童恩正的方向”。詹玲也与吴岩持有类似的观点，认为借由科文之争，科幻重启了“文学性”的探索，迈出了文类转型的关键一步。[16]

以上两种看似相反的判断实则分享了共同的前提，即高扬科幻的“文学性”与“独立性”，强调摆脱少儿科普模式及其管理体制的重要性。在“科”与“文”坐标系上朝向“文”的摆动，无疑深刻地塑造了今日的科幻观，被具体落实到科幻创作、研究与阅读等多个领域。在创作上，中国科幻最终卸下了工具论的包袱，与少儿科普分道扬镳，正式步入“成年时代”。

而且“为少儿写作”也往往被科幻界乃至全社会视作清浅的、艺术与思想价值不高的书写类型。科幻研究与批评也朝着文学研究的范式靠拢，其研究和教学长期归属于儿童文学的学科建制之下。仅以2008—2011年陆续出版的“科幻文学理论和学科体系建设丛书”为例，[17]所谓的学科体系建设，主要便从文学的维度入手。最后，这也建构了当下普通读者的科幻“常识”与阅读期待。对科幻迷来说，也许能否阅读艰深的科学叙述是检验其粉丝等级与“成色”的依据，但这里的“科学叙述”早已与普及目标下的知识点讲授截然不同，乃是被文学语言再现、被文学构思所结构的“科学”。

在此意义上，第三种模式“消失说”显得有些特殊。刘慈欣在回顾80年代科幻时，曾把科普型科幻比作“消失的溪流”。他认为，“对20世纪80年代的中国科幻，特别是那时的科幻思想，我们大多持一种否定态度，认为它扭曲了科幻的定义，把它引向了一个不正确的方向。这种说法至少部分是不准确的。建立在科普理念上的作品只能说是科幻小说的一个类型，并不能决定它就是低水平的作品”[18]。相反，他认为这类科普型科幻不仅可以作为一个类型存在，在其内部科普是天经地义的，而且这正是“中国特色科幻”的成功尝试。在2019年底的一次发言上，刘慈欣更明确指出：

在上个世纪80年代的时候，科幻界力争把科幻文学从

> 儿童文学和科普文学中挣脱出来，变成独立的，有自觉意识，真正的文学品种，这个过程还是很成功的。但是，在做完这个过程之后，就产生似乎矫枉过正的趋向。好像现在科幻界还有儿童文学和科普的恐惧症，以至于国内的儿童科幻和科普型科幻处于比较薄弱的状况。儿童科幻还好，还有一批很优秀的作家和很优秀的作品，但是数量上不行。至于科普型科幻，我们现在几乎见不到了。[19]

“消失说”实际上又将暂时被搁置的科学性、科普等问题拉回视线的中心。无论如何强调科幻的文学属性，都无法对科幻的科学维度视而不见。可以说，科学话语与文学话语如何结合，以及结合的具体方式与尺度，至今仍是非常现实与迫切的问题。当初突破一体化的科普话语、行政化的管理体制的种种努力，无疑具有值得表彰的开创之功。但如果将之凝固为一种立场，一边倒地倒向“文”的立场，势必会模糊科幻本身的规定性，弱化其独特的表达力量。当年的提醒依然重要：“问题的实质并不在于二者择其一……在于要善于把二者创造性地结合起来。”[20]不过，“结合”意识的获得并非难事，困难在于“善于结合”。

如果将“中断说”“起点说”和“消失说”合而观之，便会发现它们都是从各自的视角，突出和强化科文之争的某个侧面，从中分化出各自的历史记忆与态度立场。一个有趣的现象是，科幻史叙述大多由科幻迷建立，以上三种模式也不例外，知识、情感与“信仰”熔于一炉。这既使得相关叙述充满活力与温度，同时也带有强烈的“局内人”视角。本章则希望在此基础上，更为整体性、历史化地把握这场论争。通过对一手文献的整理与阅读，本章发现这三种模式几乎都未认真讨论过属科派（即论争中认为科幻属于科学的群体）的具体观点，而是以当前的科幻观为基准，自觉或不自觉地省略掉了彼时的异质声音。那么，属科派到底提出了哪些观点呢？

## 二、记忆的空白：“属科派”的观点及其逻辑

事实上，日后叙述中水火不容的属科派与属文派一直关系密切。比如，吴岩就曾回忆1980年7月的哈尔滨会议上，“科普科幻人之间没有芥蒂，大家共处一室，共同畅谈繁荣大计”。当时《中国青年报》“科普小议”栏目的负责人赵之也在场，该栏目是论争中属科派的主要阵地。即便这样，吴岩仍回忆说，“印象里的赵之很有思想”[21]。一个有趣的对照是，叶永烈在《是是非非“灰姑娘”》中指出“科普小议”栏目只发表批判性文章，给科幻作者施加一言堂的压力，并将这种“周期性的批评”戏称为“赵之规律”。[22]之所以特别论及对赵之的不同看法，并非要纠结于个人评价问题，而是想强调不必过早固化认知，将历史中人简化为某种标签。相反，只有充分了解

属科派的言行逻辑及其标示出的文化症候，才能更准确地还原论争现场，明确各种言说的实际所指，也才能更好地了解日后的科幻概念分别吸收和排斥了什么内容。

相较而言，属文派的观点更为人熟悉，[23]而在“常识性”和“道德感”上带有负面色彩的“属科派”声音庶几缺席。争论双方在传递信息、彼此说服的过程中，总会受到对方问题域、言行方式乃至情绪态度的影响。因此即使从理解的最低限度看，我们也有必要倾听属科派的声音。若从更高的意义看，这些声音经常被抽象为“科普模式”“科普作协管理体制”“功利话语”“工具论”等，如果能借助这些声音“打入”体制内部，近距离考察其运作方式，或将有助于更深刻地把握科幻文类所在的整个文化体制、思想氛围与意识形态系统。

具体而言，属科派的声音，主要来自科协主管的一些报刊（后期扩大化至一些综合类报刊，如《人民日报》《光明日报》等）及其编辑、部分科普作者、科学家、评论家等。本章并非要全面盘点他们的言论，而是试图概括他们身份与言论的多个层次，归纳若干具有代表性的论点。在全面检视的基础上，以下选取鲁兵（儿童文学研究者）、赵之（《中国青年报》“科普小议”栏目编辑）、甄朔南与钱学森（科学家）这三类人物的言说作为典型进行探讨，从他们的具体观点出发，观测不同维度上科普话语/体制的面相、诉求与困境。

## （一）“儿童教育者”鲁兵

鲁兵是这场论争中首先会被提及的“反面”人物，他在1979年至1983年间持续撰文申明科学文艺的“科学性”原则，包括《形式与内容的结合——再谈趣味性》《灵魂出窍的文学》《有感于乙醇和水》《幻想篇》《内容、形式及其结合——就〈灵魂出窍的文学〉一文答友人》《不是科学，也不是文学》《报十二同志书》[24]等。其中，《不是科学，也不是文学》一文的调门有所提高，谈及科幻对科学和文学的双重污染，并用不点名的方式批评了叶永烈的《自食其果》。这引起了科幻群体的不满，由童恩正牵头，四川12位科幻作者联名发表《关于科幻小说评论的一封信》[25]反驳鲁兵的观点，鲁兵随后以《报十二同志书》回应。

鲁兵与童恩正的“交锋”，这并不是第一次。《灵魂出窍的文学》一文便是直接针对童恩正《谈谈我对科学文艺的认识》，强调“科学文艺失去一定的科学内容，这就叫灵魂出窍，其结果是仅存躯壳，也就不成其为科学文艺”[26]。文章题目“灵魂出窍的文学”颇为骇人，因而被迅速泛化为属科派对科幻的定性，成为属文派进行反驳时首先要打倒的“口号”。[27]但若放慢脚步，便会发现童、鲁二人的针锋相对，其实一开始便错位了。[28]虽然两文表面上谈论的都是科学文艺，但如前所述，童文关怀的是科幻，而鲁文则是概述包括科幻在内的整个科学文艺。科学文艺将科学性视作第一追求，在逻辑上无可厚非。但值得注意的是，科幻作者们恰恰对如此错位毫不在意，他们正好“将错就错”地把矛头对准工具化、模式化的科普创作方式。而“灵魂出窍”的生动说法，精准地戳中了痛点，他们的目的正是要名正言顺地“出窍”。[29]

实际上，“灵魂出窍”并非鲁兵的首创。至少在1958年引入中国的苏联著作《论科学普及读物与科学幻想读物》中，在谈及科学幻想读物的科学性时，作者便指出必须以科学材料为依据，必须合乎科学原则，“否则，科学幻想就会失去意义，就会失去灵魂。科学幻想越接近于科学或是技术，越可靠，它就越有价值”[30]。以科学性为灵魂，据此为科学幻想读物估值，在逻辑上并无不通之处。而容易为大多数研究者忽略的是，鲁兵在当时语境下将“科学性”与“灵魂”画上等号，实则是从儿童文学作家兼研究者的身份出发的。他将自己所有关于科幻的言说都收入其儿童文学论集中，而在论争最激烈的时候，他的主业仍是编撰《365夜》这样的儿童读物。[31]当时科幻的主要对象是青少年，在鲁兵眼中，科幻自然属于儿童文学的组成部分。[32]他一贯主张“儿童文学是教育儿童的文学”，并在新时期引发了“儿童文学到底是什么样的文学”的大讨论。儿童被视作是“一张白纸”和低免疫力的，有待将正确的思想灌输进灵魂之中。因此他强调要千百倍地提升创作的责任感，不能离开用社会主义思想教育人民的总方向。[33]总之，科幻不能“灵魂出窍”，源于其“教育的责任”——“科学幻想，不是为了猎奇，不是为了逗乐。它应当给广大群众特别是青少年以有益的知识，并开阔他们的思路，更应为当代的科学技术导航”，而且“实际的社会效用，是检验科学幻想作品之成败优劣的标准”。[34]

教育性和思想性是鲁兵的核心关切，同时也是当时科普文化判定自身成败的关键。为此首先要强调文学以及文学家的社会责任。与“灵魂出窍”相对应的，是标举从苏联引进的“人类灵魂工程师”一说，而之后指认出的“精神污染”，自然被归咎于创作者的渎职。更为重要的是，鲁兵此时对于“灵魂”正确性和纯洁性的强调，延续了20世纪革命话语的一贯思路，即认为从主体思想和文化领域入手，才是解决所有问题的根本途径。林毓生在分析1920年代初的科玄论战时曾指出，中国的一大传统便是将“思想”视为最大动力，而这种强大的惯性促使人们忽视不同个体、不同领域的区别，强调在它们之上有着更高、更具决定性的指导原则。[35]具体到科幻来说，除去科学性与文学性两大维度，还有一个在今天被忽略但在当时却是第一位的指导原则，即“思想性”，虽然它的含义在论争发生时已经汗漫而空洞。当时官方制定的科学文艺评价标准，第一要素便是“思想性”[36]。如此推崇“思想性”，是因为只有正确的思想方向，才能激发“有益”的活力与创造力，因而势必会否定任何出格的举动。因此，在借助文学形式普及科学知识时，一方面对文艺形式极为倚重，将之看作“点燃”兴趣、塑造灵魂的工具，另一方面又视之为危险的火光，时刻提防它的延烧与越界，这不得不说是社会主义文化内部极为纠结的矛盾之一。鲁兵的相关批评言论便可在这一背景下加以认识，而其本身也正是此种矛盾的生动表征。

### （二）以“编辑”作“普及”的赵之

另一个在科文之争中必定会被提及的属科派，是时任《中国青年报》长知识副刊“科普小议”栏目负责人的赵之。该栏目创设于1979年4月，正是属科派的头号阵地，1981年这一栏目的文章便被编辑部汇集为《科普小议》一书出版。该书序言为陶世龙所撰《还是议一议好》（1980年12月）。该文呼唤建立民主、健康的议论氛围，并且认为《科普小议》在这点上做得很好：

> 《小议》之出，让我们看到，具有不同观点的作者，各抒己见，相互批评和反批评，有的批评还很尖锐，但没有哪一位作者因此写了作品不能发表，更未受到政治、人身的攻击。事实告诉我们，那种少说为佳的日子却也过去，民主讨论之风正在兴起。《小议》这个头开得好。[37]

虽然这篇序言今日看来太过绝对，但至少说明当时编辑部想要树立起利用短小文章进行民主讨论的平台形象。可在叶永烈看来，事实断然相反。他认为该栏目粗暴压制了反批评的声音，破坏了民主讨论的氛围，而且是这场论争中少见的极不公正的平台：

> 在“争鸣”之中，我一直是处于被动、挨批、挨整的地位。在我挨批之后，想反批评一下，也很艰难——因为我只是作者，我的反批评文章能否在“科普小议”中登出来，权力掌握在别人手中。[38]

根据叶永烈的统计，从1979年7月9日至1984年4月7日，“科普小议”栏目刊发专门批评他观点与作品的文章共计14篇，而他本人寄给该栏目的反批评文章8篇，得以发表的只有2篇。[39]由此也可体会他的强烈愤懑。颇为戏剧化的一幕是，他曾将批评陶世龙的文章寄给赵之，最终未获发表。至此，两种言说、两类观感相互对峙。

如前反复强调，本章的追求并非“老吏断狱”，而是在与双方都保持一定距离的基础上，观察当代中国思想文化的生产和运作机制。赵之虽在科幻群体中的形象不佳，但他却是编辑出版队伍中的资深从业者，也是1980年代初被评定的第一批高级编辑之一。如果说鲁兵是从儿童教育的角度展开批评，那么赵之的着眼点则是编辑出版。1980年11月，他曾专门撰文解释为何不再继续刊发反批评文章，此文也是《科普小议》一书的后记：

> 每当问题需要进一步深入展开的时候，我们就感到一种矛盾：问题趋于专门化了，专业性太强了，这是会脱离《中国青年报》特定的读者对象的。例如，在叶永烈同志反驳甄朔南同志的第二篇批评意见《科学幻想从何而来》的文章中，他不可避免地涉及了有关恐龙生活的地质年代、恐龙蛋经历七千多万年的沧桑有没有可能不至石化等等，对一般读者是过分专业化的知识；文章太短小了似乎也很难理清眉目。于是我们不得不遗憾地中断了这场反复辩难。……毋庸讳言，由于每一家科普报刊、每一位编辑人员都不可避免地带有自己的理论倾向，对“百家争鸣”的理解深度也存在着差异，因此往往会给稿件的取舍、讨论方向的掌握带来缺陷。而这种缺陷往往可以在不同的编者、不同的报刊上得到补足。是不是可以这样说——理论阵地增多了，各种不同倾向的存在，也许正是一种优点？[40]

当然，“遗憾地中断”有可能只是一种托词或只是当时的想法。在《科普小议》成书大约一年半之后，“科普小议”栏目1982

年4月24日刊发了鲁兵的《不是科学，也不是文学》，继续批评叶永烈的观点。稍后的5月4日，叶永烈撰写反批评文章《又来了》，再次未获刊发。可见“中断”只能是“科普小议”的单方面决定。那么，为什么想要树立民主讨论形象的科普栏目，最终却被科幻作者视为“一边倒”？为何“小议”如此难议？

《中国青年报》是共青团中央机关报，其目标读者是全体团员以及全国各族青年。按照赵之的定位，其知识副刊上的“科普小议”栏目，面向的是具有普通知识水平的青年。正如研究者指出：“专业化成为社会主义文化统筹规划的重要体现”[41]，科普事业中各个刊物也都在总计划下各有分工。赵之在《报纸科普副刊的方针、任务及其它》一文中便指出，科普副刊的读者更多的是“从一般文化素养的意义上需要涉足科学领域的普通读者，而他们是潜在的、未来的科学爱好者，更值得我们去发掘”，因此科普副刊的任务更接近“科学启蒙”。[42]换言之，也就是进行科学普及的工作。在普及与提高的辩证关系中，其选定的站位是“普及”。在《发挥报纸副刊的优势——科普副刊的编辑工作》一文中，赵之进一步指出“我们的职责就是在科学上对读者负责”，并利用报纸副刊周期短、战斗性强且社会影响力大的特点，对有倾向性的问题展开争鸣。[43]因此，“科普小议”栏目在科文之争中的选择，也就不难理解了。

谈及“对读者负责”，可以引入另一位编辑作为参照，那便是中国少年儿童出版社首任社长兼总编叶至善，该社同样直属于共青团中央。他也曾在“科普小议”上刊发讨论文章，但并没有特别尖锐的立场，而是始终强调“读者维度”。叶至善在《别把小读者当成口袋》中强调不能单向灌输，而是要注重启发，“处处为小读者着想，一定能使小读者感到亲切”[44]，以调动小读者求知的积极性。在随后的《趣味的挖掘》一文中，叶至善更是独辟蹊径，指出“趣味应该主要从科学知识中去挖掘”，除了文学形式（故事、情节）的趣味性，科学本身便蕴藏着无尽趣味与美感。[45]与其父叶圣陶一样，叶至善在长期的编辑生涯中形成了一系列与小读者建立信任感和“朋友关系”的经验。可惜这些颇有创见的观点，在当时二元对峙的紧张氛围下并未被重视。

综上，编辑所扮演的，正是一个上下沟通的角色，或言之，乃是自上而下宣教系统的枢纽。一方面，在当代中国的文艺生产机制中，编辑出版是党和国家规划和调控思想文化资源的重要途径，并逐步形成了一套明确的秩序和规范。而另一方面，有责任感的编辑会自我要求向读者负责，帮助读者对接到“正确”的思想文化资源，因而是将宏观思想与微观个体联系起来的中介。

科幻也不例外，它在当代中国的第一次繁荣是在1956年“向科技进军”的号召之后，由国家强力策划、组织和推动的。

根据刘兴诗的回忆，1950年代的科幻高潮更像是“政治任务”，是由几个编辑组织“创造”出来的。他们不仅要组稿，甚至要亲自下场写作。所谓科幻界的鼻祖和伯乐“北叶南王”，“叶”就是叶至善。在20世纪七八十年代之交的科幻高潮中，编辑依然起到不可替代的作用，但与前一次不同，在科幻的“独立化”进程中，部分编辑及其所在的官方出版物与科幻创作群体展开了话语权与合法性的“争夺战”。

至此，科普副刊及其编辑的矛盾性暴露出来。它所要负责的两极，即党—国和读者（当然政党和国家会申明自己的代表性，强调其与人民群众利益的一致性），但实际上二者地位并不对等，而是有着自上而下的“优先性序列”，往往需要精妙的平衡。赵之申明，科普副刊的首要方针是“围绕党的工作重点的转移，对青年进行共产主义教育，成为党和青年之间的纽带”[46]。也就是说，首先要配合党的工作。其实早在1958年，他就曾写作《变死知识为活知识——谈中国青年报的科学副刊》以配合“大跃进”的科学技术革命，[47]这一立场到科文之争时无甚变化。科学普及最初的目的是实现科学知识的全民所有，更好地让人民成为知识的主人。但最终却形成了自上而下的传播霸权和自缚手脚的固定模式，亦即科普学中所谓的中心广播式科普。它的科普理念是从主流意识形态框架衍生出来的，实行一元化的组织架构。舒喜乐（Sigrid Schmalzer）曾指出，中国的科普模式首先将人们的头脑视为空白，再将最高等级的知识类型——科学知识填充进去，而不触碰人们头脑中已经存在的其他知识类型。[48]将接受方简单化的理解模式，在新的历史阶段显得不合时宜了。

### （三）以“科学”审“科幻”：甄朔南与钱学森

对科幻的批评还有一部分来自科学界。当时写作科幻的许多作家同时也从事自然科学研究，而批评科幻的科学家则大都不从事科幻创作，而且也对阅读科幻兴趣有限。科学家与科幻创作的冲突，最典型地发生在古生物学家甄朔南与叶永烈之间。1979—1983年，围绕叶永烈的科幻小说《世界最高峰上的奇迹》[49]，双方曾进行了长达四年的争论——“这篇科幻小说引起的争论，持续如此之久，原因在于这场争论具有一定的典型性。争论的一方为科学家，另一方为科幻小说作者。”[50]小说讲述的是珠穆朗玛峰科学考察队利用恐龙脚印化石孵化出小恐龙的故事。巧合的是，叶永烈动笔写作《世界最高峰上的奇迹》的起因，恰是缘于拜读甄朔南与董枝明合著的《恐龙的故事》（科学出版社1974年版）一书，却未曾料到自己会遭遇原作者关于科学性的质疑。也就是说，叶永烈是在“占有”甄朔南提供的知识之后，进行“科学幻想”，继而遭遇对方关于“科学性”的质疑。

具体到二人的论争过程，首先是甄朔南在《科学性是思想性的本源》里连举三例说明《世界最高峰上的奇迹》中的反科学逻辑，将之视为不科学的故事，并总结说："伪科学只能导致无益的思想混乱。一句话，科学性是思想的本源。"[51]叶永烈随之在《科学·合理·幻想——答甄朔南同志》中加以逐条反驳，申明自己并非不懂科学知识（叶永烈本人是北大化学系毕业的），而是"用幻想之笔加以延伸、推理"，认为不能"把科学幻想小说当作科学论文那样进行审查"，并判定当下的科幻创作"幻想色彩还远不够浓烈，有点太拘泥于现实"[52]。

紧接着，甄朔南又写了《科学幻想从何而来？——兼答叶永烈同志》，继续强调科幻创作"首先要尊重不以人们主观意志为转移的科学事实"，"有益的幻想必然是基于现实，又高于现实的预见"[53]。在叶永烈的叙述中，他将针对此文的回应文章《再谈科学幻想的合理性》投至"科普小议"栏目，但却未获刊发，日后全文收入《是是非非"灰姑娘"》中。叶永烈在文中指出二者的分歧在于："他是从是否符合现实科学的尺度衡量科学幻想，而我认为科学幻想是今天的科学加合理的推理，不局限、不拘泥于现实科学。"[54]在两个回合的论争中，二人分歧的焦点是"科学幻想"的真伪问题。虽然意见不可调和，但双方均保持分寸。

即便如此，分歧依旧延续。1983年3月26日，甄朔南在《中国青年报》发表《还是应当尊重科学——补谈〈世界最高峰上的奇迹〉》，叶永烈同年5月28日在《中国青年报》以《争

论四年　分歧如故》回应。同年6月4日，《中国科学报》发表李凤麟的《科学幻想≠无知》对叶永烈的回应进行批评，并从中发现“精神污染”，“希望青年读者注意”。

在这段缠绵难解的公案中，出现了“伪科学”这样的“帽子”。[55]当时的科幻作者中，自然科学家的比例很高，当然难以接受这样的判定。不过问题不只在于“伪科学”的“帽子”，而在于“伪科学”的说法标示了当时对于科学理解的某种普遍状况。也就是说，如果科学幻想越过这个边界，就会被视为“伪科学”。而这场边界内外的“危险游戏”中，裁判员是科学家群体。真科学乃是确定不移的、客观的、普世的科学知识与规律，或是在可预见的范围内符合科学原则的推想。科幻与其他科普作品一样，根本任务是传播真正的知识。

以此视之，科学幻想的位置十分尴尬。但即使在当时，科学文艺也为科学幻想预留了一定的空间。如苏联科幻理论所提示的：“重要的事情是要掌握假定的分寸和性质。”[56]叶永烈的思路如果延展下去，便是科学假设、科学实验、科学构想如果具备相当的严密性和说服力，而且“像是真的”，是否可以成为科学幻想小说的合法创作方式？科学本身是否可以包含一系列假说、推测与虚构？但这在科学观尚未发生改变的前提下，只能以真伪判定作结，无法再有更深的推演。对于某项科学知识的判定，直接等同于对于科学幻想的判定。

来自科学界最权威的批评，莫过于钱学森的观点。与甄朔南这样的专家不同，钱学森对于科学与文艺的关系有着更为宏阔和系统的看法。而且钱学森在争论发生时担任中国科协副主席，科普本就在他的工作范围内，加之他的资历与威望，其观点自然具有标志意义与重要影响。总的来看，他将科普视为一项国家规模的系统工程，而科协的科普部相当于总体设计部，这延续了他一贯的思路：总体规划与科学管理。总的定位是，科普要与“实现‘四化’紧密结合起来，不能离开这个目标，这个中心”[57]。也就是说，科普应当紧紧绑定在生产力发展和国家现代化的战车上，并随着国家计划与相关政策的变化而变化，具有很强的实用性和目的性。

在他看来，只有借助科普，抽象的观念才能作用于实际的劳动者，转化为直接生产力：“无产阶级搞科普呢，就更需要有眼光了。单纯讲科学技术是生产力是不够的，要讲‘转变’，要讲‘变成’才行。”[58]而这正是冷战格局下社会主义不同于资本主义的科学技术应用方案。他强调无产阶级不单是普通的劳动者，而且需要具备先进觉悟和远大理想，所以科普作品也要注意普及正确的世界观。总之，从完成以上这些目标的角度看，隶属于科普工程的科幻，“绩效”着实不高，而且很容易偏离实用性和正确性的轨道。所以钱学森批评道：

> 我们需要幻想，但一定要有科学这个前提。科学本身比有些人鼓吹的所谓科学幻想高1000倍……我们不是靠胡

扯，而是要靠科学本身的魅力去吸引读者！当然我也不是说不要借助文艺的表现手段。但采用文艺的表现方法，并不是叫我们去瞎编一套。[59]

一方面，他认为科幻是科技发展催生出的新文艺形式，但另一方面又对科幻"估值"较低。比如1980年钱学森应中国出版工作者协会邀请做报告时指出："科学本身就是充满了幻想，充满了神奇。科学的幻想，科学的神奇，比科学幻想小说家脑子里头的幻想和神奇要大得多。……我们为什么不能把它挖掘出来，用文学艺术的形象把它们表现出来呢？这是一件很有意义的工作。"[60]在他看来，科幻相较于科学是次一等的，应当用文艺的形式表达科学的美感与神奇。同年他在科协第二次全国代表大会上做了题为《科学技术现代化一定要带动文学艺术现代化》的报告，[61]认为应当用科技改造文艺，而不是反之。1981年他在提及科教片制作时更是明确提出，科幻如果不讲科学，就成了污染。[62]"污染论"在清污期间被反复征引，成为钱学森反对科幻的"罪证"。

综上所述，钱学森的观点代表了在总体发展战略上，以"社会主义现代化"为追求的后发国家对于科学的倚重（当然，对于基础科学的倚重实际有多大力度，持续了多久，又是另一个问题）。国家希望将科幻锻造为培养和调动"智力资源"的工具，但又不能使其偏离现实轨道。如果离开这些背景，也不能够理解中国科幻文类独立道路上的“八十年代语境”。

## 三、如何认识“自由度”：社会主义文化转轨中的科幻

以上通过梳理属科派的典型观点，从文化观念（文学教育观、科学观）、管理体制（编辑出版）乃至总体战略（现代化）等多个层次勾勒了其时科幻所身处的时代语境。这也就为我们理解科幻概念的生成搭建了一个崭新的视域，促使我们将关注点由文类的内部流变转向更加具体的历史情境及其规定性。在“中断说”“起点说”和“消失说”之外，又增加了另一重突入历史的路径。借由上述分析，一个由国家主导的科学文化管理体制更为可感，而当时的科幻显然只是其中的一个环节。1979—1983年间科幻争取自身独立性的坎坷过程，也需要放在这一体制的转变过程中来理解。

上文已触及这一体制的若干特征，包括严密的组织化、高度的计划性、鲜明的政治导向与实用导向等。中国整个20世纪都被迫处于亟须发展的紧急状态中，而建国以来这套集中、高效、快速的运作机制，确实也更为有效地统筹了全国的科研资源，实现了关键性的科学技术突破，大力普及了科学文化知识，因而成为时代的必然之选。“文革”结束后，重构社会政经秩序、加速实现现代化的现实任务以及国家发展上的落后感、危机感等许多因素，叠加出举国上下尤为强烈的急迫感。

在此情境下，一方面要确保安定团结和社会主义的发展方向，另一方面要赋予社会与个体更大的自主权，激发个体的活力与创造性，以更好地推进建设事业。而科幻写作正是一种激发个体求知欲与创造性的写作实践。

不过，在科文之争发生的时段内，不同社会群体、职业群体以及个人的自由度尚未明确而且处于不断调整之中。1979年3月30日，邓小平在中宣部理论务虚会议上提出四项基本原则，为自由度设立底线。而在同年底召开的第四次文代会则倡导宽松的文艺政策，周扬在会上明确强调，在坚持文艺正确反映现实生活的客观规律下，“每一个作家或艺术家采用什么样的创作方法来从事创作，这是作家、艺术家的自由。我们要提倡我们所认为最好的创作方法，同时更要鼓励创作方法和创作风格的多样化，不应强求一律”[63]。邓小平也在会上强调，“文艺这种复杂的精神劳动，非常需要文艺家发挥个人的创造精神。写什么和怎么写，只能由文艺家在艺术实践中去探索和逐步求得解决，在这方面，不要横加干涉”[64]。这一时段内，关于“创作自由”的肯定可谓达成了自上而下的共识。但在文化管理中如何具体协调“原则”与“自由”的关系，却殊非易事。事实上，即使是当时的管理层，对于社会主义文艺的性质也没有具体的界定。这自然导致了实际操作中的诸多晦暗地带。[65]其时讨论的焦点是创作自由如何与自由化区分、创作自由与商品化的关系是什么、创作自由与社会责任如何协调种种难以绝对厘清的话题。而这些话题也都反映在科文之争的具体观点中。

此外，在确保基本原则与正确方向的前提下，不同领域的自治程度具有明显差异。文艺领域相较于物质生产领域而言（经济领域的改革是最为快速的），取得共识与平衡尤其艰难，而科幻的命运变化便是一种颇具指标性和戏剧性的存在。1980—1981年间，情势变得较为暧昧。按照叶永烈和汤寿根的说法，1980年底，科幻就已受到批判，科普创作“从1980年底开始，悄悄地进入了‘晚春’。当时的历史背景是文艺界正在酝酿批判资产阶级自由化、清除精神污染”。[66] 而从1982年初至1983年对于科幻的持续收紧，最终导致了自由空间的萎缩。

科文之争正是科幻作者争取自由度的产物。这并不是一场纯粹的理念之争，而是一场以突破科普作协管理体制与科普创作模式为目标的“突围战”。科幻，这一交叉性的文类，成为其时职责分明的体制内部的一个“变量”。比如当时出现了这样的忧虑：

> 科学幻想小说兼有科学和文学的特点，有些作者不是严格按照这两方面的要求，发挥两美兼备的长处。相反，却以我是科学来逃避文学的批评，以我是文学来拒绝科学的检查，使这里成为一个谁也不能管的“三不管”地带。这也是某些错误倾向难以纠正的一个重要原因。[67]

对“三不管”的焦虑，源自认识和准备上的不足。如前所述，科幻在体制安排上隶属于科协，而非作协，因此属文派的观点自然就“越界”了。而其时的管理体制对这一“越界”行为，采取了带有强烈惯性的应急式、组织动员式与行政管理化的批评方式。也就是说，在这场论争中，既有“批评”与“反批评”的层面，更有“管理”与“被管理”的层面，两个层面彼此交织。刘兴诗的回忆便是一个鲜活例证：

> 第二次低潮中，在北京国务院第四招待所开了一次规格很高的批判会，重点是背靠背批判叶永烈，进一步加强对科幻批判的措施。因为在科幻作家中，我的观点和其他科幻作家有一些差别，所以在整个大批判中，我属于“争取”“团结”的对象，上面不止一次派人与我恳谈，想把我拉过去。当时，正好我在地质部开另一个会议，有人就邀请我参加一个批判科幻的会，希望我从科幻作家的角度，站出来现身说法，支持这个会议。在科幻作家中，只有我一个人参加。其他的参与者基本上都是清一色一边倒的评论家，配合中国科普作协，是带着嘴巴来发言的。各省市科普作协的代表，是带着耳朵来听会，回去准备忠实执行的。当然，还有一些倾向明显的记者。会议的基本结构就是这样。[68]

闭门会议自上而下地传达指示，实际上已经严重脱离了创作实践，更多地变成了一种“惯性操作”和“表演仪式”，显然不能令人信服。故而，刘兴诗在会上的“坦言”，才能引起科幻同道的共鸣：“科幻小说是小说，可以发挥科学普及的作用，也可以不这样写，不是非宣传科普知识不可。你在行政上管理，那是你的事。我们怎么写，这是我们的事，不能强迫我们一定要跟着你的鞭子走。行政手段不是万能的，绝不能改变科幻小说属于文学范畴的根本性质。”[69]科幻小说对于行政管理的离心力量由此可见一斑，而一体化的管理体制在最有可能失控的“科学幻想”面前，表面看似强势，实则暴露了自己的软肋。在原则之下培育活力与多样性，一直是社会主义文艺管理的难题，而将政治原则直接照搬、机械对应到文艺批评当中，在新的历史情境下也日渐暴露了它的“外行”属性，因而丧失了起码的说服力。

在拒绝行政化管理方式的同时，科幻作者喊出“我们怎么写，这是我们的事”。在这场“自由度”的博弈中，突破“参观记”“误会法”“揭谜底”等创作格套成为可能。此时科幻对于创作自由的争取，深深地烙印于本土科幻的生成脉络中，其中冷暖也被封存于“中断说”和“起点说”这些“记忆模型”中。不过，以往对于争取“自由度”的认识，大都停留于抽象肯定的阶段，也就只能以好坏、对错来作结，而没有历史化地讨论当时对于“自由度”的特定理解、科幻作者的具体反应方式以及产生的后续影响。

实际上，这一时期重要科幻作品的突破性，并非在于文学形式上对于“怎么写”的探索，而依然更多在“写什么”的层面上展开。具体来说，便是科幻作者们自觉追求将历史传统与社会现实引入科幻写作之中，希望在科普之外更具创造性地表达自己的观感，建立写作与“心声”更为直接、真诚的关系。正如科幻作家金涛所说：“中国的科幻小说长期以来实际上是游离于现实之外的，它仅限于表达理想的追求，或者是简单化地阐释科学、普及知识的故事，更谈不上对现实的批判了。”[70]金涛本人写作的类似于伤痕文学的《月光岛》，便是运用幻化的方式，表达对现实的反省。而在这方面最为典型的科幻作家，莫过于郑文光。郑文光是“科幻现实主义”的倡导者，主张“剖析人生，反映社会”，他的《地球镜像》《命运夜总会》等作品便是这些主张下的实绩。[71]他指出：

> 要知道，科幻小说是文学读物而不是科普读物这一论断，是我国科幻小说作者经过长期甚至痛苦的创作实践之后得出来的，决不是主观的随意的定义。五十年代，我们介绍外国科幻小说甚少，我国年轻的科幻小说作者，从自己的创作中深深懂得：力图要科幻小说去普及科学知识，会是得不偿失的，写出来的东西，既不是好的科普读物，又不是好的小说；只有把科幻小说这种文学形式拿来剖析

人生，反映社会，表现包括科学家在内的社会上各式各样人物的活动、思想、感情、愿望、关系，科幻小说才能立于文学之林而获得自己的生命。[72]

童恩正在《谈谈我对科学文艺的认识》一文中也表达过类似的观点，他认为科幻的总目的不在于介绍具体知识，而是“宣传一种科学的人生观”。[73]郑文光、金涛、王晓达、魏雅华、叶永烈等一批科幻作者，正是在人生与社会的维度上开辟了科幻的写作空间。值得注意的是，郑文光等人依然强调革命现实主义与革命浪漫主义的两结合，并未突破主流文学的现实主义创作方法，而是试图以现实主义为突破口，将边缘的科幻文类融入“文学之林”。可以说，这种强烈的现实关怀与批判精神同样也深深地烙印于中国本土科幻的血脉中。当然，除此之外还有童恩正自觉的“民族化”写作尝试，包括《西游新记》《世界上第一个机器人之死》等，也从历史文化资源中开辟了本土科幻的可能空间。

吴岩用“社会化”来概括这一时期的创作特征，认为“科幻小说在社会认识浓度上得到了大的提高，但逐渐远离了科学本身和科学探索过程为文学造就的独特话语环境”[74]。这一判断可谓精准。七八十年代之交，文学的价值被极度重视，成为表达内心诉求与承载价值关怀的最重要载体，科幻向主流文学靠近，反映出科幻作者作为时代中人最真诚的选择。换言之，人文主义和启蒙主义占据了彼时科幻价值的主流，科幻作者们虽然也都认同科学幻想不应当违背基本的科学原则，但这种认同方式反而悖论性地导向了将科学原则“高高放起”，导致了科幻对科学理解的某种虚空化。同时，这也在客观上提升了科学和文学各自的专业化程度，曾以科学普及为诉求的、具有鲜明跨专业性质的科幻类型逐渐边缘化，渐成刘慈欣笔下“消失的溪流”。

由此带来的问题便是科文之争中关于科学性与文学性如何协调的困惑与追问在很长时间内被悬搁了起来。“科学性”的要求被视作创作自由的对立面，是一种对于表现社会和人生的束缚，因而被有意无意地忽视了。时至今日，在中国大众的接受视野中，科学的文学表达、文化产品中的科学符号，依然是相对陌生的存在，这对于科幻扩大自身的影响力自然十分不利。而在本土科幻写作中，“科学本身与科学探索过程”对于科幻文学的改造潜力远未被充分挖掘出来，科幻本当拥有改造语言规则和阅读规则的巨大能量，至今也未得到恰如其分的发挥。

## 小　结

## 想象融合科学性与文学性的“共同文化”

至此，本章的讨论也就进入尾声。本章努力在更为整体的历史视野中理解科幻概念的本土生成，将之放回到作者、论者、读者乃至社会主义文化体制等多个维度的交互中加以理解，而非抽象、模糊地跳过七八十年代之交这一历史节点。进而言之，本章认为科文之争并不能被简单地等同于科幻的软硬之争，或只被视为一场无谓的争论，它实际上提供了一份中国科幻寄身其间的参数坐标，它表明了当代中国科幻是在社会主义文化的具体规定性下生长的，进而追求探寻自身的突破之道。它对“自由度”的理解和所做出的特定反应方式，既造就了新的优势，同时也设定了自身的局限。当代中国科幻需要整理这些经验，更好地挖掘与激活这一文类的历史可能性。而当代中国也需要自觉突破以往对于文艺发展的简单理解与想当然的支配模式，在其内部预留出充分的灵活空间。对此，雷蒙·威廉斯在论述共同文化的设想时曾给出一个绝妙的比喻：“工人阶级运动中，虽然那紧握的拳头是一个必要的象征符号，但握紧拳头并不意味着不能摊开双手，伸出十指，去发现并塑造一个全新的现实世界。”[75]而科幻也无疑只有在“伸出十指”时，才能激发出当代中国最有活力和启示性的价值与经验。

# 下篇

# 从"赛先生"到赛博格

## 文明转型与文学创造

# 第六章　认知媒介与想象力政治

## ——作为“新显学”的中国科幻研究

## 一、新显学的诞生

本书上篇集中论述了20世纪七八十年代之交科学与文学交互的五则典型个案，最终以科幻文体的独立化进程作结。下篇则将目光推进至2016年迄今，以科幻文体的繁荣发展起笔，继续观察“文学中国”视域中“赛先生”的当代旅程。“20世纪七八十年代之交”与“2016年以降”，在本书中并置为两个相互关联的历史时段，“赛先生”脱掉所谓的意识形态紧身衣后，与市场经济、国家发展、国际竞争紧密绑定，并以数码技术的形态重塑着日常生活世界及其未来想象。在此背景下，科幻文学地位逐渐上升，成为人们言说现实与未来的重要媒介，某种程度上接续了20世纪七八十年代之交文学的公共能量。

但如若回顾中国当代文学发展史，科幻文学很长时间以来都只是“旁逸斜出”的那枝。造就这种边缘气质的原因起码有二：首先，科幻横跨文学与科学两界，且长期以科学性为最高标准，因而在所谓的“文学性”/文学价值上屡遭诟病。再加之承担启蒙与科普之功用，因此其优劣评判远远溢出单一的文学评价标准，不易在文学秩序中找到恰如其分的位置。其次，科幻与武侠、言情、推理等类似，作为类型文学与通俗文学的一种，在当代文学的评价体制中，与严肃文学/纯文学存在价值差等。在“精英—大众”二元论的认知模式下，科幻文学常被视为套路化的、缺乏内在深度的、充满娱乐性与商业气息的。

与既有的文学格局、大众心态相对应，科幻界一直在“为承认而斗争”。对中国科幻来说，20世纪七八十年代常被视作获取自身独立性与文学性的起点时刻，即便这一“起点”时刻起伏跌宕，也不乏悲情色彩。1986年，在首届科幻小说银河奖颁奖会上，中国作协书记处书记鲍昌将中国科幻比作“灰姑娘”，这一说法引发了科幻界的持久共鸣，谭楷的《“灰姑娘”为何隐退》（《人民日报》1987年6月20日）、叶永烈的《是是非非“灰姑娘”》（福建人民出版社2000年版）皆属此类，被压抑的苦闷感扑面而来。[1] 直至2010年，新一代科幻作家飞氘仍对科幻的未来怀抱忧虑：

科幻更像是当代文学的一支寂寞的伏兵，在少有人关心的荒野上默默埋伏着。也许某一天，在时机到来的时候，会斜刺里杀出几员猛将，从此改天换地；但也可能在荒野上自娱自乐自说自话最后自生自灭……[2]

从“灰姑娘”到“寂寞的伏兵”，二十余载逝去，“伏兵”终于杀出重围。2015年8月，刘慈欣斩获科幻界最高荣誉雨果奖，“单枪匹马把中国科幻拉到世界水平”，而且更是引得大众瞩目。“单枪匹马”之所以能杀出重围，有赖于上世纪90年代以来的持续积累，而自90年代迄今的科幻实绩也被研究者宋明炜命名为“中国科幻新浪潮”，用以区别晚清科幻与“十七年”科幻等，凸显其全新的诗学特征。[3]以“四大天王”（刘慈欣、韩松、王晋康、何夕）为代表的成熟作家及其作品，确如“几员猛将”，令科幻的处境“改天换地”，争取到越来越多的关注与认可。

科幻主流化的趋势，并非中国独有。一个非常典型的例子是，诺贝尔文学奖得主石黑一雄在2021年初接受采访时表示，自己于2002—2004年写作科幻小说《莫失莫忘》（*Never Let Me Go*）时，经常会遭受类似于“知名作家为何要写科幻”的质疑。待到第二部科幻小说《克拉拉与太阳》（*Klara and the Sun*）的写作和出版时，大家就很少有这类疑问了。[4]因此，从最朴素的经验层面来看，科幻文学乃至整个科幻产业确实越来越主流了，而且远超出单一文类的影响，以“泛科幻”的形态成为引人注目的文化景观，吸引了越来越多的优秀作家、研究者加入其中。这一经验直感也得到了大数据的印证，根据2020年中国科幻大会的报告，“2019年中国科幻产业总产值658.71亿元，同比增长44.3%；国产科幻电影票房比上一年翻一番；科幻数字阅读市场增长超四成”[5]。而仅仅五年前，科幻产业总产值还未超过百亿，近几年的发展真可谓走上了快车道。在文化融合成为时代潮流，以及文化产业快速发展的背景下，科幻比其他文类更具适应能力，能够更好地与资本、科技、平台、市场等结合起来，衍生出更多形态的文化产品。

单就本章的讨论范畴，即中国科幻研究来看，在中国知网以“科幻”为主题词进行检索[6]，从刘慈欣获奖（2015年）至今的成果数量，占据了总数量的四成有余，而且国内重要的文学研究刊物也都开始持续地刊发科幻方面的论文。以《文学评论》为例，2015年迄今每年都会发表科幻主题的论文。硕士博士论文、学术专著、各级各类项目中，科幻出现的频率也显著提高。而且，在海外当代中国文学研究中，科幻已成为活跃的生长点。根据宋明炜发表于2017年的观察：“仅仅四五年前，任何有关中国的学术会议上（注：指美国、欧洲范围内），即使有研究科幻的论文发表，总还是少数派。最近三年内局面大为改观，以今年为例，美国最主要的几个学会年会上，如现代语言学会（MLA）、亚洲研究年会（AAS）、美国比较文学年会（ACLA），都有中国科幻的专题研讨小组，而且就AAS而言，这已经不是第一次了。”[7]

综上所述，把科幻研究称为近五六年间中国当代文学研究中的“新显学”，似乎并非夸大之语。中国科幻研究正朝着学科化、系统化的方向推进，吸引了越来越多的有生力量。2020年，重庆大学人文社会科学高等研究院举办的“中国科幻研究新时代”论坛便是一例亮眼的证明。[8]“新时代”“新纪元”“新大陆”“元年”等修辞不断出现于对中国科幻的描述上，一改此前的悲怆气息，彰显出朝气勃发的共识与期待。必须强调的是，“新显学”不仅意味着成果数量与关注度的提升，而且更是凭借着明显的主流化趋势，强力搅动“主流严肃文学—大众通俗文化”二元论所形成的价值秩序。

可以说，科幻以及科幻研究的主流化构成了本章论述的起点。接下来需要追问的是，“主流化”脱胎于怎样的社会历史背景，又将表征和意味着什么？如果不只是出于情绪上的兴奋，仅将科幻的主流化视为一种“翻身”叙事的话，又应当如何公允地认知科幻之于当代中国的意义呢？

## 二、当代中国的“科技”及其文学形式

科幻由边缘走向中心，虽与其艺术形式的日渐成熟密不可分，却也离不开背后的多重合力，包括现代化的发展、时代核心议题的转换、国家发展战略的支持、网络视听媒介的崛

起，以及公众科学素养的提高，等等。科幻文类的发展史，可以部分解释其逐渐中心化的原因，但本章试图突破单一的文类视域，想要首先在当代中国史的视野中，观察“科技”位置的浮沉，进而理解以科技为基本视野的科幻的命运。从当代史来看，科技驱动型的发展模式、科技造物主般的主导地位，绝非自然形成的，而是现代性曲折发展的产物。也只有当科技越来越成为发展动力与现实议题，科幻才具备了主流化的前提和语境。

回顾20世纪50—70年代，科学技术的位置十分暧昧，对此持有的态度，如同行走于危险的平衡木上，需要时刻矫正。也就是说，一方面，在由革命转向建设的时代主潮下，想要快速发展生产力就必须借助于科学技术。而且由于社会主义比资本主义更具制度上的优越性，发展速度与质量也应更好，因此似乎应当更加倚重科学技术的发展。“向科学进军”（1956）、在五六十年代反复出现的技术革命/革新趋向[9]以及“科学的春天”（1978）等，便构成了断续前行的历史线索。

另一方面，如果放任科学技术“自发”发展，就会出现诸多与社会主义性质相冲突的现象，比如贬低普通劳动者的价值，拉大“三大差距”甚至滑向资本主义等。马克思曾犀利地提醒：“工人要学会把机器和机器的资本主义应用区别开来，从而学会把自己的攻击从物质生产资料本身转向物质生产资料的社会使用形式”[10]，彼时对于科学技术的“社会使用形式”

抱有高度自觉，如何开展科技研究、谁有资格研究科技、科技研究的重点为何、科技为谁服务等一系列问题，都与社会主义的本质规定性高度相关。这最为典型地体现在“又红又专”的要求上，红是第一位的原则，是“体”，而“专”仅仅只是“用”。在社会主义建设实践中，既要面对和部分继承资本主义科技成果，又要将之从既定的制度设计和“常规”方案中解放出来，发明社会主义的使用方案，而“又红又专”才是最理想的状态。

更何况，相比于科技所代表的“用”的层面，毛泽东更加注重“体”的改造，他认为生产关系的变革与调整是促进生产力发展的主要动力。围绕如何表述科学技术的作用，曾有过一桩公案。毛泽东对“科学技术是生产力”的口号十分不满，1975年胡乔木组织撰写《科学院汇报提纲》，其中编入了十段毛泽东论述科学技术的语录，便引起他的反感。晚年的毛泽东始终认定，阶级斗争是一切工作的“纲”，只有继续革命才是社会主义发展的根本动力。“文革”结束以后，发展重心几经调整，从“抓纲治国”到建设“社会主义现代化强国”再到以科技为驱动力的科技现代化设想，“科技”的重要性逐渐巩固。1977年5月30日，周叔莲的《科学、技术、生产力》一文在胡耀邦的支持下发表于《光明日报》理论版，这是“文革”后经济学家第一次公开论证科学技术是生产力。1978年3月18日，邓小平在全国科学大会开幕式的讲话上，专门就“科学技术是生产力的认识问题”与“又红又专的正确解释”进行探讨，反转了毛泽东时代的认识，强调科学技术的重要性，以及“专”与“红”的统一性。

在人文知识界，科学技术的本体性地位被李泽厚论述得最为到位。1980年代后期，他把科技从“用”扭转到了“体”上：

> 社会存在是社会生产方式和日常生活。这是从唯物史观来看的真正的本体，是人存在的本身。现代化首先是这个“体”的变化。在这个变化中，科学技术扮演了非常重要的角色，科学技术是社会本体存在的基石。因为由它导致的生产力的发展，确实是整个社会存在和日常生活发生变化的最根本的动力和因素。就是在这个意义上，我来规定这个“体”。所以科技不是“用”，恰好相反，它们属于“体”的范畴。[11]

科技属于社会存在的重要组成部分，按照唯物史观，应当归属于“体”。社会存在决定社会意识、生产力决定生产关系的“唯物”主义理论被大加强调。由此，科学技术被视为超越意识形态差异的“普世”“客观”的存在，从根本上决定着现代化发展的速度。继而，科学技术逐步上升为“第一生产力”，成为决定生产力发展最关键的动力。正如王洪喆所指出的，“如果说邓的马克思主义与毛有什么最大的区别，其中之一就是邓使得科技摆脱了‘政治’的属性——‘科技’为谁服务的技术政治问题被悬置起来——同时科学代替了革命主体，成为决定性的‘第一生产力’”。[12]

科幻文类的独立发展，与科技从“用”上升为“体”，是同步发生的。瓦格纳关于科幻文学是“游说文学”（lobby literature）的著名论文，便揭示了七八十年代之交的科幻文学在社会改革中的论证作用。[13]当“科技”挣脱冷战背景，进入现代化发展方案之后，更加贴近于科技本身的“自由”想象才被更充分地释放出来。相对确定的未来图景破碎后，科技迅猛发展所带来的种种未知，以及科技与人交互所产生的新命题、新挑战，都使得科幻成为承载恐惧与希望的重要文类，乃至成为一种最具现实感、公共性与思想能量的艺术媒介。

## 三、认知媒介与想象力政治

以上讨论了中国科幻研究上升为“新显学”的现象，及其得以产生的深层社会历史背景，接下来则需继续探讨这一现象之于当代中国的影响与意义。首先，不妨先回到这一文类的本质特征上。达科·苏恩文的分析颇为细腻：“在20世纪，科幻小说已经迈进了人类学和宇宙哲学思想领域，成为一种诊断、一种警告、一种对理解和行动的召唤，以及——最重要的是——一种可能出现的替换事物的描绘。”[14]科幻文学天然地具有越界的生命力，涉及“人类学和宇宙哲学思想领域”，它最重要的价值在于描绘“可能出现的替换事物”。在达科·苏恩文看来，这样的描绘具备“间离化”与“认知陌生化”（Cognitive Estrangement）的作用，而这构成了科幻文类的本质规定性。

在当代中国的语境中，科幻崛起首先意味着一种强烈的释放感：终于能够在启蒙功用与冷战格局之外，相对“自主”地幻想“可能出现的替换事物”。不过正如詹姆逊所提醒的，科幻小说虽然是对未来的想象，“但它最深层的主体实际上是我们自己的历史性当下”[15]。“历史性当下”，是指科幻能够提供超脱的视角，将当下“历史化”，以相对超越的姿态审视“当下”的构成机制，这也跟苏恩文所说的“间离化”与“认知陌生化”含义相通。

“历史性当下”，意味着科幻的想象力总是诞生于具体的时代语境与特定的创作者身上。“处于一定历史关头的特定的集体化群体经常不安地追问自己的命运，并带着希望和恐惧来对其进行探究”[16]，而科幻正是承载希望与恐惧的绝佳文类。放眼我们身处的现实，气候危机、地区冲突、民粹主义、娱乐至死、内卷生活、人口老化，这些无不刺激着人们思索未来的多重可能性；火星探索、仿生机器人、自动驾驶、基因编辑、混合现实、人脸识别、人造食物等“科幻场景”，正在变成现实，不断冲击我们对“人”与世界的本质化理解。总之，科幻与现实的关联，正在不断被拧紧与加固，使得科幻越来越敢于标榜自身的“现实性”。比如，科幻作家韩松便认为“科幻比现实更现实”，研究者朱瑞瑛则认为科幻是高浓度的现实主义。诸如此类的讨论不在少数，[17]而且可以想见，这一路径的思考也将继续下去。

与此同时，纯文学、严肃文学经常面对脱离现实的焦虑与指责，并由此催生出两种后果：一是强调“非虚构”，以尽可能透明的方式对接现实，恢复文学书写的生命感与在地性；二则更加“虚构”，以科幻为方法，巡礼未来世界的所有可能性。

文学介入现实的方式正在发生变化，而人们对于文学的需求、阅读与接受习惯也在发生变化。在一个加速发展的时代，每个人都将遭遇海量的未知，历史经验越来越难以直接套用到当下，因而令当代人觉得日益陌生。换言之，历史、当下与未来的关联，在超级现代化的催逼下不断调整，并且逐渐强化了“未来”的统摄力，[18]对于“未来”的态度直接影响了对历史与当下的处理方式，也将深刻地改写文学形式本身。

在中国当代文学甚至中国思想传统中，历史书写蔚为大观，我们习惯以历史作为媒介进行反思，并在历史的再叙述与再阐释中构造新的现实。在此意义上，科幻是不折不扣的“异类”，它借由“未来”而非“历史”去面对当下（当然也存在历史题材的科幻作品，不过比重较小）。然而，伴随着科技驱动型发展方式的确立，以及日益加速的发展进程，曾经的“异类”开始成为当下最有效的认识论与表达形式，其文类价值正在显著提升中。王德威便用“史统散，科幻兴”[19]的说法来概括这一趋势。

进而言之，“科幻兴”的重要价值之一，便是形成了极为难得的公共认知媒介，关于“未来”的知识、情感与潜意识，均可由此发端。20世纪80年代的文学，在社会科学等重建之前曾经扮演过“社会总知识”的作用。而今天的科幻与此类似，发挥着公共思想触媒的作用，在各种不确定与“测不准”中，凝结为一个个活跃的话语场。关于科幻的作用，王洪喆曾分析说：“后世的未来学者认为，以阿瑟·克拉克为代表的美国黄金时代科幻写作，实际上是一种‘应用文学’（applied fiction），因为它们不仅启迪了军事技术创新，还引发了关于未来朝向的社会对话。这不是对文学本体的缩限，而恰恰是对文学边界和社会功能的延展，科幻作家和他们的作品曾经占据了一个非同寻常的社会位置，沟通了通俗写作、纯文学、国防政策、科技创新和社会科学等多个场域。”[20]这种“沟通”作用，同样适用于科幻之于当代中国的意义，它依旧处于沟通多个场域的“非同寻常的社会位置”，仍然是时代所选择的“应用文”。而且，传统意义上的冷战时代虽已结束，但当下以科技、贸易、金融为要素的国际竞争日益加剧，科幻在这样的国际地缘格局下，仍不失其“应用”色彩。以开启“中国科幻电影元年”的

《流浪地球》(2019)为例，它描绘了一幅中国主导的全球图景，其外交风格甚至被概括为“太空战狼”，不少观众将之视为国内强势外交政策的映射。甚至可以说，类似的科幻不啻是在更大的时空尺度上讲述中国故事与中国道路。

近几年来，关于科幻的讨论已经远远超出“当代文学”的学科边界，往往伴随着各种各样的社会热点事件。以科幻为媒介设置公共议题，已成为舆论场上的常见方式。比如阿尔法狗与人类对弈(2016)、基因编辑(2016)、全球新冠疫情(2020)、代孕(2021)等，涉及人与机器的关系、人类生命的危机与改造等前沿问题，一时间成为社会热议的对象，而与此相关的科幻作品，也成为被高度关注与细读的“社会文本”。在探测最细微的人性与最宏大的宇宙时，科幻凭借从无到有的“设定”，来开展种种“社会实验”，进而成为“陌生化”固定认知的思想工具。这是其他当代文学类型，包括主流严肃文学、纯文学所难以做到的。许多学者也开始利用科幻深化自己的研究，比如王斑便借用中国本土的科幻小说(《丽江的鱼儿们》《荒潮》《赡养人类》《北京折叠》)来探讨“异化自然”“异化劳动”等生态马克思主义的议题。

科幻的公共性与跨界性，最典型地体现在《三体》上，形成了所谓“三体学”。以评论文集《〈三体〉的X种读法》为例，其中收入跨学科的多种读法，用编者李广益的话说：“一部小说能够激起文、史、哲以及法学、政治学、社会学、国际关系等各个领域学者的广泛兴趣，放眼20世纪以来的中国现代文学都是极其少见的。”[21]如此强调，并非要为《三体》再添掌声，而是想要强调科幻巨大的认知潜力。它的认知潜力，不仅指向知识的确定性（即“科普”的功用），更在于苏恩文所说的提示、警醒、启发与行动。虽然科学家群体或科学爱好者总是在质疑科幻的价值，但不可否认的是，科幻犹如一颗颗火苗，点燃了人们对于未知的好奇心，照亮了科技与人彼此嵌入的密切关联。科幻研究本身或许并没有其他学科那么成熟，但它却有远超学科的影响力。即便不是专门的科幻研究者，也完全能够以科幻为方法，激活思考，开启新知，开辟一条“泛科幻”的思想路径。

以科幻为公共思想媒介，也使科幻的研究和阐释变成一个个观念的战场。科幻文学本身也面临被工具化的风险，在收获高度关注的另一面，也迎来了更加严格的考量。仍旧以上文提及的电影《流浪地球》为例，它带来了两极化的观感与评价，以及在不同地区迥异的接受情况。其中根本的分歧，便出现在国家主义、民族主义与人道主义、自由主义之间的碰撞。《流浪地球》打破了欧美的想象力霸权，中国人开始以拯救者的形象出现，一些人为之兴奋，而另外的群体则由此引发了对“太空战狼”的隐忧——社会内部不同的政治观点/潜意识由此浮出水面。可以说，即便是在以宇宙为尺度的至高至远的想象中，依旧可以看到民族国家与本土文明形态的强大在场，规定着想象力展开的路径与形状。

由此，如果聚焦到当前的中国科幻研究中，便有三种想象力的阐释模式尤其值得关注：其一，借助科幻书写中对资本主义现代性诸种后果的反思，重新发扬1950—1970年代社会主义建设的正面经验。在科幻作品的评价序列里，“十七年”时期所取得的成就虽然不高，但其背后的一整套发展理念与政治文化方案成为这类研究重点阐释的对象。比如，仍以刘慈欣为例，他与“十七年”、苏联科幻文学的关联，他作品中对于乡土中国、对于社会主义传统的理解，都成为新的研究生长点。在“历史终结”之后，那些激进而另类的社会主义建设方案，重又成为克服危机、走向未来的思想资源。

其二，强调科幻想象力对于社会权力与现实政治的批判性，重视其对“幽暗意识”与“不可见之物”的赋形过程。其中暗藏着文学与政治的紧张关系，正是科幻赋予文学以新的力量，使其能够探入无物之阵，揭露难以直言而又无比强势的现实创痛。这非常典型地体现在王德威连通“从鲁迅到刘慈欣”的文学传统上。他2011年、2019年于北京大学的两场演讲，分别以“乌托邦、恶托邦、异托邦：从鲁迅到刘慈欣”“鲁迅、韩松与未完成的文学革命”为题，强调科幻文学的独特价值——敷衍人生边际的奇诡想象，深入现实尽头的无物之阵，以及探勘理性以外的幽暗渊源。

其三，在批判资本主义现代性的前提下，重新探勘古老东方文明的智慧。比如《三体》也引起了哲学家的兴趣，《哲学动态》2019年第3期曾刊发吴飞、赵汀阳、杨立华的一组解读文章，吴飞还由此扩展出一本专书《生命的深度：〈三体〉的哲学解读》（生活·读书·新知三联书店2019年版），他们以"生生"等中国哲学的概念直面"生命"本身，为未来生活贡献中国智慧。

在中国崛起的背景下，从古老文明形态的视角出发，去阐释中国式想象力的价值自是在情理之中。正如刘复生所说，"我们这个文明共同体需要建立新的自我理解和世界理解，文学需要重新体现出生存意义与文化价值的决断"。[22] 由此也就可以理解，中国科幻研究的一个重大命题在于如何理解科幻这一舶来文类的"中国性"。有没有必要突出"中国性"，"中国性"的所指为何，如何体现本土科幻的"中国性"，如何从中国文明内部重塑科幻想象力，等等，都成为驱动当代科幻想象力的深层机制。对此夏笳的总结很有启发意义："中国科幻受到关注显然不仅仅是一个文学或者文化事件，而必须放在一种更大的历史语境中去理解，也即'中国'作为一个文化政治议题、甚至可以说一个开启想象空间的符码，在这个'后冷战之后'时代里所扮演的重要角色。中国科幻作家们提出了这个时代最为敏感也最为核心的一些问题，得到了很多关注，但是否能够形成有意义的对话还需要假以时日。"[23] 基于科幻视角的文明论述，是会复制既有的全球文明秩序，还是能够基于本土特性发明更为多样开阔的文明理解，令人拭目以待。而这也是科幻之所以能够牵动所有人的能量所在。

## 小　结

## 科幻文学的文明意义

本章所述三种想象力模式——社会主义中国的另类现代性道路、现代中国的启蒙方案、古老中国的智慧——都构成以中国为立足点的当代言说，折射出当下的文化与观念格局。虽然这些思想尚在推演与辩驳之中，远非最终答案，但也已足够证明中国科幻向社会思想生活敞开的能量与空间，在长期占据主导地位的西方想象力模式之外生成了新的可能性。科幻正在以“想象力”的形式介入现实与未来的生成，其中存在诸多需要检讨的问题与应对的挑战。

作为充满生命力与时代感的文类，中国科幻焕发出“新显学”的姿态，凭借公共认知媒介与想象力政治的展开路径，在时代与文学的大变革中持续吸引着越来越多的创作、研究与阐释，正在走向更深更广的天地。这既是中国当代文学研究的新兴生长点，更反过来刺激我们更新已有的文学观与研究方式，同时也在超越学科边界的总体视角上，叩问文学之于当代中国与人类文明的意义。

# 第七章　赛博时代的创造力

## ——近年诗歌创作中的机器拟人与人拟机器

## 引　言

### 当代语言经验与二元论的失效

本章的讨论视点，将从文体转移至文学生产机制，其中人工智能写作便在近年引发巨大的公共反响。2017年，微软第四代人工智能机器人小冰的诗集——《阳光失了玻璃窗》[1]——横空出世，并号称是“人类史上首部人工智能灵思诗集”。诗集出版后引发众多讨论，虽角度各异，但背后的思维方式大体脱离不开人文情怀与科技进步的二元对立。前者认为小冰写诗不过是机器算法的随机拼贴，谈不上是真正的创作；而后者则认定此乃人工智能技术的进步，自然是人类创造力的彰显。

长久以来，一旦涉及人文与科学、人类与机器的关联，人们总是或隐或显地受到上述二元论的支配。对立双方按照自己的逻辑与观念，申明各自的正当性，因而很难从整体上、带有预见性地把握科技进步带来的各种改变（尤其是突变）。本章所关注的核心议题，即赛博时代的“创造力”，也日益分裂为人文与科技的两个维度：其一，在各种人文思想范式——比如浪漫主义、人文主义、存在主义等——中居于核心地位的“创造力”，被视为人类心灵独有的、至高无上的能力；其二，人类在科技方面的创造力正在加速改变我们的世界，机器开始学习复刻人类的能力，不断为人文话语中的“创造力”祛魅。

不过，这类互相分离的思维方式正持续受到挑战。以小冰的诗集为例，这是人工智能技术与诗歌语言彼此结合的产物，也是上述两种创造力之间的杂糅。如若正视这样的局面，便不会否认，二元论无力解释日益密切的人机关系。其实不只在最尖端的技术领域，即便是在近十年的日常文化经验中，书写与表达也越来越离不开电脑、手机等智能设备与互联网提供的语境，因而语言创造也难免受到技术的渗透与改造。本雅明在论及技术对于艺术的影响时，曾给出一个令人印象深刻的类比，这好比外科医生的手，在手术过程中“穿透了患者”，好比摄影师“深深地刺入现实的织体”[2]。如今，机器也在“穿透”和“刺入”语言。

在此意义上，当代语言确乎已经进入人与机器协同构筑的

“赛博时代”。所谓赛博（cyber），是由控制论（cybernetics）与有机物（organism）合成的，本意是指通过机械辅助增强人类适应环境的能力，后泛指人与机器的相互结合。如果说“语言是存在之家”，“我们是通过不断地穿行于这个家而通达存在者的”，唯有在语言中才能抵达心灵最内在的领域。[3]那么当机器闯入语言这个“存在之家”，并将之改装为“赛博空间”（cyberspace），这个“家”的秩序会做出何种改变呢？面对未知甚至有可能失控的局面，人们既不免担忧恐惧，却又怀揣着不断进步的兴奋感。对此，本章赞同布莱希特面对新技术时的立场：“这时我们应带着一种审慎的关切，而不是恐惧；同样，我们也必须清算那事物的功能……艺术作品在此遭遇的一切将把它从根本上改变。”[4]

关于机器对语言可能带来的改变，以往讨论多从理论层面展开，本章则选择细读（或如布莱希特所说的“清算”）近年来诗歌与机器相互结合的语言经验，从中细腻地、多层次地打开“创造力”的现状，寻求克服二元论的方式。诗歌作为古老的、最具语言创造力与人类智慧的文体，将是探讨这一问题的绝佳载体。具体来说，下文将从“机器拟人”（即小冰学习作诗）与“人拟机器”（即“僵尸文学”）两个“方向”不同的案例出发，从中总结目前把握这些语言经验的若干范式及其不足，继而更好地理解何为赛博空间的语言“创造力”。这一论题，不仅关涉语言的生成，更涉及对于人类未来的认知与准备。

## 一、她们“是人类的姿态”

小冰是一名拥有“个人”头像与虚拟身体的电子“少女”，而且还被赋予了鲜明的性格特征——博学、幽默、可爱、富有同理心。与同时期的人工智能阿尔法狗不尽相同，小冰依托大数据、自然语义分析与深度神经网络等方面的技术积累，致力成为兼具IQ（智商）与EQ（情商）的AI（Artificial Intelligence，即“人工智能”）伴侣。显然，她是以服务者而非掌控者的形象出现的，而写诗正是其培养语言交流能力的一个环节。值得注意的是，区别于阿尔法狗，主打高情商的小冰，意料之中地被设定为少女身份，这无疑映照出当代文化中的性别想象——女性被理解为攻击性较低，更宜于从事情感劳动的群体，而少女的设定则可以令使用者更快速地适应与移情。[5]

言归正传，这名“少女”生于2014年，自2016年开始，她利用“层次递归神经元模型”对1920年后519位中国现代诗人的上千首诗反复学习了上万次，共计100小时，并作诗数万首，继而被开发者宣布具备了写诗能力。微软团队曾用27个化名，在豆瓣、天涯、简书与百度贴吧等多个网络诗歌社区发布小冰的作品，却很少有人能发现诗歌的作者是机器人，甚至其部分诗作还被媒体录用发表。随后，其中的139首，于2017年结集为《阳光失了玻璃窗》出版。那么小冰写的诗到底水平如何呢？我们不妨先来欣赏她的一篇诗作《它是人类的姿态》：

时间正将毒药毁灭一切的生物
都是冷落的
我不能安慰全人类的
他望到我们的大眼睛

无表示毁灭一切的生物
我在冰冷中的拜访
那可衣遮藏的林子里太阳
它是人类的姿态[6]

即便是在本身就充满联想与跳跃的诗歌文体中，小冰的语言也显得十分破碎、滞涩、混乱。这正是目前人工智能写作的主要缺陷之一，即并不具备谋篇布局与整体叙事的能力，依旧更多地依赖运算逻辑，而非情感变化、叙事结构来组织语言。具体来说，小冰的创作需要首先识别图像中的关键词，然后计算与这些关键词有关的、之前诗人所使用过的语句，进而整合出一首完整的诗。“触景生情”，乃是计算的结果。

但不得不说，这首诗笼罩着某种寒冷的诗意，这些字眼——“我不能安慰全人类”“我在冰冷中的拜访”“它是人类的姿态”——令人恍若来到人工智能意识觉醒的瞬间。当“我们的大眼睛”凝视她时，她回报以凝视。支离破碎的语言反而造就末世风格，带来了丰富的联想空间。在另一首《到了你我撒手的时候》，小冰延续了此种风格："我是二十世纪人类的灵魂/就做了这个世界我们的敌人。"[7] 这里甚至构成了一重因果关系，正因为"我"已等同于人类的灵魂，所以才成为人类的敌人。

这些诗句仿佛是小冰意识的外化。当然，这些带有强烈主体色彩的诗句，源自小冰所记忆的"数据库"，里面的诗歌来自胡适、李金发、林徽因、徐志摩、闻一多、余光中、北岛、顾城、舒婷、海子、汪国真等20世纪的中国现代诗人。现代诗歌的抒情主体偏重于记录自身感受，书写自我与时代以及社会的紧张感，这些颇具"人性深度"的修辞被小冰调用，反倒具有强烈的赛博意味。而她的诗中频繁出现的"心""灵魂""诗人""梦"等字眼，也都为她镀上了浓郁的主体色彩。

关于小冰写诗，诗人秦晓宇的观点别具只眼。他指出，小冰写诗与香菱学诗十分相似。[8] 同为诗歌初学者的两位"少女"，无不是从规律、程式开始学起。《红楼梦》第四十八回，黛玉向香菱传授了起承转合、平仄虚实之类的写诗规则，并告诫她："你若真心要学，我这里有《王摩诘全集》，你且把他的五言律读一百首，细心揣摩熟透了，然后再读一二百首老杜的七言律，次再李青莲的七言绝句读一二百首。肚子里先有了这三个人作了底子，然后再把陶渊明、应玚、谢、阮、庾、鲍等人的一看。你又是一个极聪敏伶俐的人，不用一年的功夫，不愁不是诗翁了！"香菱遂取了诗，"诸事不顾，只向灯下一首一首的读起来。宝钗连催他数次睡觉，他也不睡”。[9] 乍看起来，香菱和小冰一样，都是从记忆诗歌佳作开始，只不过即便“极聪敏伶俐”的香菱，废寝忘食也比不过小冰的效率。随后又“茶饭无心，坐卧无定”地练习作诗，屡遭失败后逐步改进，终受肯定。

小冰同样是在不断重写、反馈中改进诗艺的。表面上看来，两位少女的学习过程十分相近，正如N.维纳在《人有人的用处》中所界定的：“如果说明演绩情况的信息在送回之后能够用来改变操作的一般方法和演绩的模式时，那我们就有一个完全可以称之为学习的过程了。”[10] 不过，小冰在记忆速度、写作效率、反馈—学习效果等方面具有远超人类的绝对优势，不必再像香菱那样被调侃为苦心孤诣的“诗魔”。由此也就可以理解《阳光失了玻璃窗》的序言《人工智能创造的时代，从今天开始》为何那样热情洋溢了。该文为时任微软人工智能部负责人沈向洋所撰，他总结出“人工智能创造”的三原则：兼具智商与情商、创造具备独立知识产权的作品、其创造过程须对应人类某种富有创造力的行为。他认为小冰正是朝着这三个原则努力，而且尤其强调小冰对于创造力的习得，呼吁读者将关注点放在“这位少女诗人的‘创作过程’”上：“与人类相比，微软小冰的创造力不会枯竭，她的创作热情源源不断，她孜孜以求地学习了数百位著名现代诗人的著作，他们是小冰创作灵感的源泉。”文末，他宣称我们正从“人工智能制造”迈向“人工智能创造”。[11]

从“制造”到“创造”，流露出鲜明的技术进化思维，其进步方向是更加地“拟人”：“智能写作机器不再只是一种数学符号和计算规则的科学建构，而是具有欲望、无意识、非理性和语言生产能力的‘主体’，通过神经元网络技术对人的感觉信息进行统计学处理，能够深度模仿人的感觉和意识形成的连续性过程，从而使智能写作机器具有类似人的情感能力。”[12]也就是说，人工智能创造的产品，将来既是逻辑运算的产品，同时也具备表达情感的能力。近年来的科幻电影，包括《她》(2013)、《银翼杀手2049》(2017)、《阿丽塔：战斗天使》(2019)里都有一位赛博少女，她们拥有人类的情感能力，并与人类发生着各种各样的亲密关系。现实中，虚拟少女偶像初音未来、洛天依等，更是不少人移情的新对象。

从古典时代的香菱学诗到赛博时代的小冰写诗，无疑构成了创造力含义的巨变：前者“慕雅”，从模仿开始，努力习得伟大诗歌的其中三昧；而后者虽然很难称得上有多少艺术水准，却创造出前所未有的语言经验。这两种“创造”的区别，可以参考如下说法：

> 数字时代的科学则更倾向于去创造(poiesis)：它们并不复制自然，而是通过重新糅合源于自然与文化的信息比特(bits)以创造新的现实……在人工生命和人工物理学

中，人们的注意力已经从现实性转向了可能性……目前，文化科学与艺术批评仍由模仿论的观念主宰着。[13]

这一观点其实相当激进，它将“创造”的品质赋予数字时代的科学，指出其正在“创造新的现实”，亦即摆脱现实桎梏，创造从未曾出现过的，杂糅有机与无机、技术与文化的新现实。而文化科学与艺术批评则被归为模仿论的追随者，它们的“创造”似乎只是在模仿伟大的传统。不过，现实有时比理论还要激进，当代文艺不仅致力追迹伟大经典，甚至还成为机器语言的模仿者，并且乐此不疲。下面我们就来具体分析这份新鲜而又“诡异”的语言经验。

## 二、“人拟机器”的反讽：以创造的方式复制

2019年前后，微博上出现了所谓的“僵尸文学”，用以命名从僵尸账号中随机抓取文字、拼贴而成的内容。在流量等于财富的当下，明星网红、宣发人员乃至饭圈粉丝，无不渴求获取流量，故而制造“僵尸账号”随之衍生为新的生意门路，通过“僵尸账号”的买卖也就可以制造流量的虚假景观了。“僵尸账号”的生产流程并不太复杂，首先需要盗取废弃账号，利用爬虫软件批量抓取用户的真实信息，进而生产出一个僵尸用

户。接下来利用专门的养号机器，在程序运作下定时转发、评论与点赞，并且持续抓取文字和图片来充实首页。如此这般，社交媒体的算法也就无法分辨真人账号与僵尸账号的区别了。毕竟，语言在算法眼中只是普通的数据罢了。

不曾想，僵尸账号随意拼贴的内容，竟有一天被冠以“文学”的名号。海量信息的随机拼贴与诗歌（尤其是现代诗的自由联想）有了奇诡的呼应。微博账号“僵尸文学bot”（即robot的简写，意指该账号的内容为机器人创作）的发起人据说为中文系出身，同时热爱诗歌。之所以产生专门收集和发布“僵尸文学”的创意，源于她曾经发现过的一个微博账号。该账号里混乱的语句令其感到超现实主义般的诗意，她原以为这些“诗句”出自精神分裂症患者之手，后来才发现这是一个僵尸账号。[14]精神病症与超现代主义诗意两相叠印，难分彼此。

在数字坟场的语言碎片中，就这样升腾起一股诡谲的诗意。在其拥趸眼中，僵尸文学带来了超现实主义、后现代主义甚或魔幻现实主义的阅读体验，他们甚至还将之与保罗·策兰具有超现实主义风格的诗句混在一起，令对于后者诗歌不熟悉的读者一时间很难分辨。比如，2019年7月24日微博账号“普通葡萄爬藤炮塔”便曾发起过“僵尸文学鉴赏”的挑战，请网友区分保罗·策兰的作品与僵尸文学。其中，“我的星辰中有一架洪亮的竖琴/琴弦生风/直到根根扯断”其实是保罗·策兰《冬》之中的名句，却被不少人误认作僵尸文学。出现这样的混淆也在情理之中，超现实主义同样讲究随机性。它出现在两次世界大战之间，试图运用心理能量的“自动作用”（而非程式化）来对抗理性机器，努力在日常生活的随机与偶然中发现奇迹与神圣感。[15]

如今理性机器更加占据主导位置，在此前提下，追求随机性依然是某种（仪式性）抵抗的体现。僵尸文学账号犹如数字坟场中的拾荒者，将随机遇到的数字垃圾拼贴出“诗意”，吊诡地成为“发达数字资本主义时代的抒情诗人”。面对僵尸文学所捡拾起来的废物，人们充分发挥自己的想象力，将那些资本—流量机器运转过程中造成的冗余——那些错乱、非逻辑、反交流的词句——打造为超离现实的诗意空间。

对于随机性的偏好，不免会导致一地散碎。而过分追求“原创性”（偏重于修辞的陌生感、形式感），同样压过了连贯的思考过程。在反对者眼中，超现实主义“对机智的悖论青睐有加，而不喜欢真正的思想”，“原创性和惊喜已经变成极具价值的品质，而运用规范的能力，以及与此相关的连贯思考的能力，都最终被搁置在一边”[16]。这种批评同样适用于僵尸文学，同时也跟人们对小冰诗歌的批评十分相近。这种破碎感被许多理论家描述过。拉康认为精神分裂中，语言的“能指”与“所指”之间的表意链完全崩溃了，只留下了一堆破碎、零散的能指符号。[17]而詹明信则在《晚期资本主义的文化逻辑》中指出，晚期资本主义的社会秩序具有两个显著的特色，他将之命名为“剽窃（pastiche）和精神分裂（schizophrenia）”[18]。僵尸文学恰好为这一理论判断提供了典型例证，它正是剽窃了僵尸账号中的只言片语组合而成，最初也被误认为是精神分裂症患者的作品。它只追求此时此地、绝对当下的阅读刺激，而不再指向风格化的写作或是批判性的意义。

不过，如果我们的批评到此止步，也就无法理解为何许多人发自内心地喜欢僵尸文学。比方说，名为“一日人”的微博账号曾这样解释僵尸文学的吸引力：“喜欢僵尸文学bot，是二进制的浪漫，像数字化时代的三毛，在机械废墟中拾荒。经常能捡到装满笑声的数据卡片，偶尔能找到被雨冲刷过的、珍珠一般莹润的仿生人义眼。这很快活，毕竟有时人比机器更冷。”（2020年3月19日）这里道出了两个值得注意的吸引点：“很快活”“有时人比机器更冷”。以这样的社会心理为基础，僵尸文学才得以确立。换言之，只有在一种充满疏离感、无奈感的“文化人格”之下，“僵尸文学”才成为被发现的“风景”。某种意义上，精神分裂已不只是纯粹的精神病症，而是已经泛化为当代社会的文化症候、一种逐渐普遍化的个体感受。

在进一步推进对于僵尸文学的认识上，本雅明关于达达主义的评价颇有启发性：“由此而出现的艺术的无节制与粗糙，特别是在所谓颓废时代，事实上却是来源于它最丰富的历史能量的核心。”[19]艺术的无节制与粗糙质感，正是释放历史能量的特定形式，而其中包孕着充满悖论的创造力形态：

> 他们的诗是包含着污言秽语以及所有可以想象的语言垃圾的“词的沙拉”。……他们意欲并获得的是无情地摧毁他们创造的灵晕，**在这种创造上面，他们通过完全是独创的方式打上了复制的烙印**。[20]

其中，“独创的方式打上了复制的烙印”，可谓极其精准。同样地，许多人热衷于模仿僵尸文学的“词的沙拉”，发挥自己的想象力与创造力，以独创的方式从事（对机器的）复制工作，在仿写中获取快感与片刻解脱。有趣的是，僵尸文学bot偶尔会将真人写的句子误以为是“僵尸”（社交机器人）写的。“乌龙”局面，更是说明了自然语言与机器语言的深度混合。而“人拟机器”，正是在理性机器的边缘处寻求间离，读写僵尸文学带来了释放“创造力”的自由感。他们抛弃了固有的人性话语、宏大叙事与表述的完整性，选择一种间离、反讽或游戏的姿态来发挥自己生命的热度。在机器不可能被摧毁的前提下，僵尸文学成为时代经验的“书写”形式。

如网友所说，僵尸文学正像是“一个活人在笑嘻嘻地展示当代崩溃”[21]。“像一个活人”，比起《1844年经济学哲学手稿》结尾提及的“我们现在假定人就是人，而人对世界的关系是一种人的关系”[22]，可以说标示了更深入的异化阶段——机器甚至比人显得更加亲切，“有时人比机器更冷”。而且这种异化感已经为许多普通人所有，逐渐渗透进赛博空间的语言“创造”中。

## 三、在新的“创造力”面前：数据主义、超人文主义与解放潜能

综合上述两个案例——“机器拟人”（小冰写诗）与“人拟机器”（僵尸文学）——可以看出，新的语言生成方式正在形成，对此有几种理解范式值得细致梳理。其一，便是站在技术进化的立场，将语言均质化为数据和信息。在风靡全球的《未来简史》一书结尾，作者这样推测未来的存在方式：“科学正逐渐聚合于一个无所不包的教条，也就是认为所有生物都是算法，而生命则是进行数据处理。”[23] 所有学科，包括人类的心灵与情感都是可以被计算的对象。生物即算法，生命等于数据流。在万物联网的世界中，唯一在进行的便是数据处理，彼时的人类不过是数据流中的一朵朵涟漪。如若果真如此，小冰就早已是漫步于数字巨流的抒情诗人了。

在这样的视野中，互联网就是我们的“新山水”，我们滑动的手指便是涉渡之舟。“新山水”中涌起的波浪，是抽象、无限、快速流动的信息流。互联网上的读写，不再囿于封闭有限的文本，它倾向于在文本之间跳跃，热衷于跨媒介的组合，趋向于更高效地组织、传播和接受信息。媒介对于读写方式、生存方式的改变，很难被量化，也并非一蹴而就。但在互联网

这个数字化、虚拟化的媒介中，语言的个性与特殊性被削弱了，就连传奇的命运、奇崛的想象力、细微的情绪都可以被视作均质化的数据进行传递与展示，然后被新涌来的信息巨浪抹除。“人将被抹去，如同大海边沙滩上的一张脸”[24]，万物皆可联网，人的身体与生命形式本身都变成了网之“节点”。照此逻辑，“言谈与日常语言不再是一种有意义的、超越行为本身的言说方式了，即使它表达了行为，它的表达也可以用本身无意义的形式化数学符号来更好地代替”[25]。肉身的诗意，正面临着被虚拟化、数据化的危机。

其二，不同于数据主义对于人的某种“抹除”，小冰的另一位“造物主”李笛的观点是从人类自我完善的角度来调和人机关系的。在他眼中，小冰的诗歌艺术水平并不是重点，她当然写不出超越优秀作家的作品。人与机器并非替代关系，而是协作关系，人机之间不存在难以跨越的界限：“身体性存在与计算机仿真之间、人际关系结构与生物组织之间、机器人科技与人类目标之间，并没有本质的不同或绝对的界限。”[26]因而，未来很可能会衍生出“一人一AI的新型雇佣关系”[27]。在创造力领域中，小冰既可以协助普通人完成一些简单的创作，又可以高效地完成一些模式化的写作，并且通过巨量的写作成果为人提供新的、永不枯竭的灵感。总之，在李笛看来，人工智能的最大优势是提供了可以批量复制的创造力，契合了当代社会的加速进步。由此，人类的创造力也就可以集中到更为高级、更具独创性的领域中，从而保障了人类创造力的更大发挥。

人工智能从业者的这一设想，无疑提供了以人类为主导，同时又可超越自身局限的理想图景，同时也与欧美世界中的超人文主义思想非常接近。超人文主义与人文主义一脉相承，它同样以人类为中心，“是从自由无羁的自我实现的人文主义理想中衍生出他们的动力以超越人及其局限性的”[28]。《赛博空间的奥德赛：走向虚拟本体论与人类学》一书中曾详细介绍了超人文主义的历史渊源，并引用荷兰超人文主义学会对这一概念的阐释加以说明：

> 超人文主义（正如此术语所暗示的那样）是一种附加的人文主义（humanism plus）。超人文主义者认为他们能够更好地利用理性、科学和技术从社会、物质和精神上进行自我完善。除此之外，对个人权利的尊重和对人类独创能力的信赖也是超人文主义的重要因素。……超人文主义……是为从各方面改善人类与人性的愿望而服务的。[29]

“超”（plus），象征了以人类为中心的无限进化欲望，超人文主义相信人类可以驾驭科学技术，不断超越人类的极限，实现未知的潜能，比如通过人造器官治疗疾病，运用人工智能辅助思想工作，等等，总之人类将不断创造出超越自身的生命形式。

不过，技术进化是否能完全服务于人，人是否能完全掌控技术的发展方向，这个问题已经超出了超人文主义的思辨范畴。马克思在“机器论片断”中曾对此有所触及，他认为自动化机器是“人的手创造出来的人脑的器官；是对象化的知识力量”，而人类社会已经越来越受到一般智力的控制，一般智力已经“作为实际生活过程的直接器官被生产出来”。[30]在“机器论片断”的启发下，意大利自治主义马克思主义者为本章的讨论提供了值得分析的第三种范式，即挖掘“创造力”的解放潜能。他们认为，一般智力的发展，并不一定会导致人类对于机器的彻底依附，反倒有可能促使人类集中于“非物质生产”（生产知识、信息、情感等），而“非物质生产”的一项重要特征便是“集中了创造性、想像以及技术和体力劳动的手工技能（manual skill）”[31]。由此，便可形成不同于传统集体的、扁平化的、多元的共同体。而这些小的共同体，同样遍布于资本主义大生产的各个节点之上，可以在恰当的时机发动自己的反抗。正是在自动化机器的内部，创造力的发扬为人类带来了自我解放的契机。

综上所述，李笛所说的可复制的创造力与“新型雇佣关系”、超人文主义者创造新生命形式的狂想、“非物质生产”的解放方案，无疑都想象了十分和谐的人机关系，确保了人类的地位与能力。虽然都是“遥远”的设想，但“尚未到来”并不意味着不值得认真思考。但是，这三种方式的局限在于，均是从抽象的角度展开思辨，因而与当代语言创造的新经验并不十分贴合。而且许多棘手的难题，也被某种乐观主义的情绪掩盖了，诸如不断地超越人类极限，是否会导致人类的自我废黜，而非提升？超人文主义的追求，是否会最终吹响人文主义的丧钟？人类果真始终都是技术的掌控者吗？对于这些问题的思考如果继续沿用其中的单一范式，便很容易流于某种神话式的狂想。因此，本章希望立足于当下语言经验，倡导唯物的、多角度的辩证分析。而通过对于上述两个案例的分析，现实感与政治性这两个关键维度最终浮出水面。

## 小　结
## 重启“创造力”的现实感与政治性

如果说小冰写诗展现了机器介入语言的强势一面，使得未来图景更多地以技术为视点，那么僵尸文学则牵引出机器体系内部的“人”的维度。当代人深度异化的现实处境与心灵境况、当代社会日益机械化的生产组织方式、当代语言本身的模式化痼疾、加速发展对于无限创造力的需求，共同塑造了我们理解“创造力”的时代语境，也最终决定了“创造力”以何种形态落地、以何种方式组织进生产生活的过程中。“创造力”的危险与魅惑都在于，它既可以是人类能力的不断完善，亦可以是人类异化的助推器。对于此种可能性的思考，必须要具备现实眼光与政治视野。

同样是面对机器对于艺术的强势改变以及未知命运，本雅明在其名文《机械复制时代的艺术作品》中示范了充满智慧的思考方式。他没有简单地批判机械复制的技术本身，而是关注技术将融入进何种政治规划之中——它既可以被用在纳粹主义中，也可以归入共产主义政治的方案中。所有一切，都需要在极为先锋的赛博空间里，重启略显“古典”的现实与政治思考。说到底，我们依旧需要回到身体的、政治的、社会—文化—心理的语境中去把握人机关系，并且拥有复合性的批判视野，在人文学、科技与政治经济学等多重学科的交叉点上，去把握赛博时代的复合型“创造力”，直面其之于人的意义、挑战与可能性。

# 第八章　当代“诗意生活”的生产原理

——解读微信公众号“为你读诗”“读首诗再睡觉”的文化症候

## 一、机器化与诗歌的美学补偿

在当代人文思想界，机器、科技与人类生活的复杂关联，乃是极具现实挑战性的议题。早在20世纪30年代，德国哲学家雅斯贝斯便断言“技术和机器成为群众生活的决定因素”，甚至“形成了一种普遍的生活机器，这机器对于真正人的生活的世界是一种毁灭性的威胁”，“在普遍的生活机器与一个真正的人的世界之间的张力就是不可避免的”。[1]时至今日，伴随着科技与机器对日常生活的全面介入，“生活机器”与“人的世界”之间的紧张感，机器之于属人世界的“毁灭性威胁”，已然上升为不容回避的生存之问。与相对乐观的科技界不同，人文学界的惯常反应方式，便是设想通过审美救赎人性，将“人性”从机器的宰治中解脱出来。

20世纪初，“美学”在中国落地生根，其先驱者王国维提炼出“美术”（即艺术）之于人生的意义，即它足以令人超脱于利害之外，“易忘物我之关系”，“而美术中以诗歌、戏曲、小说为其顶点”。[2]“新文化运动”初期，蔡元培的“以美育代宗教”之说与此类似，认为美学“足以破人我之见，去利害得失之计较”，因而足以“陶养性灵”，“日进于高尚”。[3]在他看来，美学能够取代儒教或宗教，成为涵盖知识、意志与情感的超越性存在。更为晚近的一次“美学救赎”发生在20世纪80年代。李泽厚的《美的历程》是其间绕不过去的存在。这部书写文明古国心灵史的著作于1981年面世，刚刚历经风波的人们在书里发现了永恒的心理结构，因而备感慰藉。彼时掀起的“美学热”与人道主义思潮互为表里，共同构成了思想启蒙的重要资源。

王国维将诗歌视为美（艺）术的顶点之一，而在《美的历程》中，诗歌也占据了相当篇幅（更不必说与之同时的全社会的“诗歌热”）。可以说，诗歌这一古老的文体，寄寓了现代人抵抗异化的理想。如若接踵前人视角，以此审视当代文化状况，便会发现诗歌仍未失掉自己的救赎功能，反而由于现代世界愈加深入的异化程度而倍显珍贵。如果说20世纪80年代《1844年经济学哲学手稿》的重新解读，将“异化”讨论带回人们视线的中心，那么如今“异化”的指认已不再能掀起那么大的波澜。这一“人性解放”的关键语词，在时移世变的日常生活中磨损了它的锋芒。而且，比起“异化”“单向度的人”这些“80年代”词语，当下已经出现了更加直白的说法——“工具人”。

这是一个毫不讳言自己是“工具人”的年代，自嘲、愤懑与无力感深深地纠缠在这三个字里，却无法凝聚出改变的能量（比如近年互联网上关于“996”“007”的热议并未带来太多实际改观，而是更倾向于呈现对现状的描述）。正是在这种不加遮掩的“末人”心态下，诗歌成为“工具人”获取“人性”补给的最佳工具。高度凝练又带有文化格调、具备“装饰性”与“金句”潜能的诗歌语言，乘着互联网新媒介的春风，发荣滋长为数字时代的“人性家园”。读诗，不仅是一种阅读行为，更被赋予了文化的光芒与人性的温度。对此，黄子平的概括十分传神：“被‘工业社会’逼到了墙角的诗，极为吊诡地于‘高科技’称雄之地卷土重来。”[4]

洪子诚在梳理大陆诗歌界近况时，也发现了诗歌在高科技称雄之地的扩散。他指出，除了早在2000年即创办的、最早的诗歌网站“诗生活”等之外，近几年的诗歌微信公众号，诸如“为你读诗”“读首诗再睡觉”“第一朗读者”等，在诗歌发表、传播和阅读上起到了重要作用。[5]微信公众号的出现，改变了诗歌传播与阅读的格局，这虽已成为人们的共识，却极少得到认真的学理探讨，已有研究大都来自新闻传播领域，聚焦于新媒介的特质与影响。相比之下，来自诗歌视角的研讨还很不充分。在现有讨论中，罗小凤的系列论文显得相对成熟。她主要关注新诗发展与新媒介的关联，考察二者的结合为公众世界带来的新变，以及“诗生活”方式的当代构建。[6]

这一研究进路虽与本章议题——“诗意生活”的生产原理——直接相关，但本章却尝试转换讨论的方式与问题域。具体而言，对于“诗意生活”的当代构建，不应回缩进新媒介研究或诗歌研究的单一学科领域，而应当首先视之为一种具备普遍性与时代特性的文化现象。它所包孕的各种问题，实则与当代人的精神状况、当代文化的生产机制乃至背后更大的政经秩序密切相关。而对这些宏观状况的逐层探讨，又离不开丰富而饱满的细节阐释。因此，与已有的各种概述不同，本章将以“为你读诗”“读首诗再睡觉”这两个影响较大的诗歌公众号为考察对象，细致分析它们是通过哪些途径为其受众搭建起“诗意生活”的，而其中又显露出哪些重要的文化症候。进而，本章的问题链可延展为：对当代大众来说，“诗意生活”为何必要，又如何形成？诗歌的新媒介化，是否必然导致文化、技术与经济的“合谋”？而互联网新媒介的运转逻辑及其标榜的民主、自由、共享等浪漫宣言，又将如何改写当代文艺的生产方式，并参与塑造当代的人格想象呢？

## 二、夜晚：场景化与生活方式的发明

微信公众号“为你读诗”与“读首诗再睡觉”均创办于2013年。微信2012年才推出公众号服务，二者占得先机，挺进内容生产的赛道。因此，对于这两个公众号的分析，就不能只在诗歌发展与传播的框架内展开，而需要纳入互联网新媒介文化生产的相关视野。具体来看，这两个微信公众号的推送界面大体相同，均由图画、声音、诗歌文本、内容鉴赏与读者留言构成，当然也不乏广告的插入。这种文化产品的基本特点包括文艺向、轻量级、注重营造感官体验以及服务于碎片化的生活场景等。总之，一种小而美的“诗歌集市”每天都在移动用户端焕发自己的新生。[7] 在此集市中，“读者”化身为“用户”，而读诗的行为亦等同于对诗歌内容的消费。

截至本章写作时，根据“为你读诗”的官方数据，他们已拥有1000万精准用户，影响力辐射至3000万用户，笔者虽无法核验其数据的准确性，但诗歌内容的市场潜力之大应不是虚言。影响力的获得，当然离不开持续的内容供应，以维持用户的黏性与活跃度。自创办之日起，两个公众号都在坚持不懈地将古今中外的优秀诗歌搬运至日常“现场”，天然地拥有取之不尽的、高质量的“内容资源”。在这个资源库中，作品不再按照年代、流派、经典化程度等标准划分秩序，而是被拉到了同一水平线，成为均质化的内容物。它们能否出场，取决于是否与当下生活状况乃至舆论热点相匹配。这在降低了诗歌接受门槛的同时，也是对“文本的一种施暴”，因为其中的“文本彻底脱离了为其建构历史含义的习惯形式”。[8]而这也正是后现代文化的重要特点——“通过种种借来的面具说话，假借种种别人的声音发言。这样的艺术手法，从世界文化中取材，向偌大的、充满想象生命的博物馆吸收养料，把里面所藏的历史大杂烩，七拼八凑地炮制成为今天的文化产品。”[9]

所谓“七拼八凑”，体现为强烈的混搭性与跨界感，比如诗人余秀华在社交媒体一炮走红后，“为你读诗”便推出了号称首张跨界人文专辑《遇见》，将梅婷（演员）、余秀华、春妮（主持人）三位女性集合到一起，打造了12期的付费音频内容。再譬如内容构成上，古典绘画、现代摄影、多风格音乐与全类型诗歌，无不可以随机结搭在一起。“用户”而非“读者”，自然也会抛开传统诗歌读本的欣赏习惯与阅读期待，在与新文化产品的深度互动中不断形成和巩固新的接受习惯。

总之，一种新的诗歌生态引人瞩目。诗歌既是独特的精神创造，亦成为文化消费的对象，既如同“人性的小庙”，更是炫目的“集市”。文化、经济、技术与生活需求彼此渗透，共同演进。当然，在拥有基本内容架构的同时，这两个公众号必须依靠强有力的“概念”将“内容”贯穿起来，它们不约而同地选择了一种方案，即塑造以“诗意”为核心诉求的日常生活方式。换个角度看，就是培养用户在特定场景中使用它们的习惯。“为你读诗”的宣传语如是说：

> 我们在做一件关注人们精神与审美的事。每一位走向我们的人，都希望让生活变得更有诗意、更有意义。加入“为你读诗”，也许就是诗意生活的一种开始。在这里，你可以与许多同伴一起，唤醒人们的感受、触及人们的心灵。与我们一起，让诗意发生。[10]

其愿景自诩为“保护人的感觉力、审美力以及爱的能力”，在飞速行进的时代，为更广泛的用户创造兼具知识、审美与情感的“诗意生活”。相形之下，“读首诗再睡觉”则少了类似的宏大叙事，转而强调普通人与诗歌只隔着一个枕头的距离。诗意是日常的、个人的且随性的。运营者将睡眠这一日常行为与读诗连接起来，甚至自创“读睡节”，反复强调如何将诗歌融化进日常生活的流程之中。

“诗意生活”需要刻意营造，同时也是个体的真实需求：“我们生活在一个由工业所构造成的、彻底技术化了的外部世界里，其中包含着千百万自我中心、自我意识的个人，大家都追求要丰富自己的心理生存。”[11] 外部世界愈是“去精神”，精神生活便愈是被渴望。“生活不只有眼前的苟且，还有诗和远方”之所以成为流行语，便缘于它点明了这一隐隐存在的普遍感受，而且更是用“苟且”一词直白地描述出世俗生活的贫瘠感。值得细究的是，表面上这句话倡导将“诗和远方”带回眼下的生活，但实际上却彰显了诗与生活处于遥远的两端，甚至加剧了精神的归精神、生活的归生活的二元认识。早在一百年前，美学家宗白华留学德国时就曾怀揣“一个近代人的矛盾心情”，写下小诗《生命之窗的内外》，表达了与今日同调的分裂感：

白天，打开了生命的窗，
…………
成千成万的窗户，成堆成伙的人生。
活动、创造，憧憬、享受。
是电影、是图画、是速度、是转变？
生活的节奏、机器的节奏，
推动着社会的车轮，宇宙的旋律。
…………
黑夜，闭上了生命的窗。
窗里的红灯
掩映着绰约的心影：
雅典的庙宇，莱茵的残堡，
山中的冷月，海上的孤棹。
是诗意、是梦境、是凄凉、是回想？
缕缕的情丝，织就生命的憧憬。

大地在窗外睡眠！
窗内的人心，
遥领着世界深秘的回音。[12]

这首诗醒目地勾勒出的不少二元对立项，穿越世纪沧桑，至今仍可被视作当代生活的速写：白天与黑夜，“成堆成伙的人生”与“绰约的心影”，“机器的节奏”与“深秘的回音”……而有趣的是，“为你读诗”与“读首诗再睡觉”两个公众号的推送时间均设定在晚间十点前后。在这个特意选择的时间点，“雅典的庙宇，莱茵的残堡，山中的冷月，海上的孤棹”，才有可能被“窗内的人心”感知与怀想。而这正是“诗意生活”生产原理的第一个要点。

公共时间与私人时间、工作时间与闲暇时间的区分乃是现代社会的一大特征。前者更多地处于钟表、日历的监管下，后者则更加倾向于传统习惯的浸染。由此也导致了工作和休闲两极化，而且目前的趋势是前者强势入侵后者，个人的闲暇时间更加宝贵。作为推送时间的晚间十点，远不止是时间刻度，更指向一个完全属于自我的时空、一处精神的乌托邦。晚间十点，睡前时分，居于家中，诗意的发生变得顺理成章。本雅明曾说，“居室是艺术的避难所”与个人心灵的领地。[13]如此看来，两个公众号敏锐地把捉到“眼前的苟且”与“诗和远方”的分隔，极为迎合当代人的精神“匮乏”，恰如其分地将诗歌融化进生活日程中，造出了被手机屏幕所吸纳的、专属自我的诗意时空。在这样的具体场景中，“读诗”成为“丰富自己的心理生存”，令日常生活焕发意义感的选择。中国传统文化中“出世—入世”的复合精神结构，就这样被戏剧性地浓缩进短短的一天之中，被寄托于摆脱了现实生活的数字“桃花源”里。

## 三、听觉：亲密感与本真性拜物教

不得不说，晚间十点借由诗歌“出世”是轻松愉悦的。在这类公众号里，诗歌突破了印刷媒体的局限，第一次以音、画、诗结合的跨媒介方式，为受众提供了多维度的感官体验。比起印刷文明以来才逐渐普及的默读模式，多媒体的呈现方式更能满足生理上的舒适与愉悦，实现了“用户友好”的基本诉求。而这种服务性的姿态，也充分体现在“为你读诗”的名字设定上，其主创人员兼公司法人张炫解释说：

> “为你读诗”之所以（注：原文遗漏“以”字）取名为“为你读诗”，而没有命名为“为你朗诵”或“为您朗诵”，恰恰是希望以一份“为你”的用心，去做一件非物质的、灵魂之间平等交流的事。因为有了这份“为你”的情感表达对象，“读诗”就不再停留在文学赏析的层面，而升华为人与人的情感交流、共鸣分享。反过来，由于

> “读诗”这样一种去物化、去表演化和去舞台化的行为，也让这份“为你”的用心变得更加纯粹、真挚。[14]

一个文化产品的设计理念如何强调都不为过，因为它是对于产品形象与功能的精确界定。这段话便揭示了“为你读诗”短短四个字中的双重考量。其一，“为你”而非“为您”，意味着平等交流关系的建立，且这种对话感发生在灵魂之间，因而象征着纯粹真挚、毫无功利。实际上，“为你读诗”邀请的嘉宾无不是来自政商学演的各界名流，以往距离很远的名人为自己读诗，自然带来一种反转秩序的快感。另外，“为你读诗”最初的线下读诗沙龙其实是与20世纪20年代新月社的读诗会有些相似的，带有圈子化与精英化的鲜明色彩，但在公众号的版本中，却转而强调平等感、参与感与陪伴感。相比之下，“读首诗再睡觉”则由“声优”（即使用声音表演的演员）来读诗，并将这一过程名曰“声优值守”，体现了当代青年文化的趣缘属性。其二，“读诗”而非“朗诵”，意味着亲密关系的建立，以“去物化、去表演化和去舞台化”来歼灭“社交距离”。这重诉求实际上也就排除了社会关系、文化政治语境，将“读诗”提纯为一种纯粹的精神—情感交流。如张炫所说，这其实并不是传统的文学赏析，而是情感的来回摆荡。

在这一情感运动中，听觉的调用起到至关重要的作用，因而可被视为构造“诗意生活”的第二重要素。诗本就从口语而来，诗与乐又本是一家，得益于互联网媒介的技术支持，被印刷文本抹除的声音维度强势回归，而且是以“枕边私语”甚至“低音炮”等形式为人享用。[15] 柄谷行人在分析日本现代文学的言文一致时，曾特别提及声音的优越地位，声音、文字与内心三者无限接近，以至于声音成为内心最直接的表达形式。[16] 声音维度的加入、听觉的直接冲击，都令文字变得真挚、立体起来（与之对应，文字在今天的真诚度与信任值不断下降），令受众很容易沉浸于声音所带来的美感中。这种美感，与朗诵所必须带来的距离感和或隐或现的说教气，可以说完全背道而驰。

这里出现一个明确的参照系，即“朗诵”。与朗诵的表演形式不同，这两个公众号提供了“数字化体验部落”与场景化的情感体验。这种体验的特点是亲切、自然，既提供了专属个人的想象空间，又部分地挽回了面对面的人情味。相较而言，诗歌朗诵曾是20世纪中国革命动员中的重要手段，由于当时大众的文化水平普遍不高，发扬传统民间文艺形式中的“听觉”要素便成为可行路径，也即通过“为你们朗诵”来传递强烈的爱恨情仇与革命理念，从而起到情感动员的作用。朗诵的理想效果，是促使个人走向集体，由“情动”走向行动，目的在于学习、反思、改造与革命。当然，朗诵所要传递的内容是否能够“直击”灵魂，需要很多条件的配合。声音形式是否会反过来掩盖它的教化内容，也是值得深思的问题。从“声入”到

"心通"，实则是一个十分复杂的过程。不过其公共性、革命性的追求还是极为明确的。比较而言，互联网媒介上恢复的听觉维度，并非要回归文学本身，也不同于革命时代的动员，它是配合当下生活情境，基于新技术条件所实现的一种文化体验。它服务并且加固了情感需求的个人化取向（"为我读诗"），致力于打造无功利、纯粹化的审美幻觉。而"读首诗再睡觉"虽具有一定的集体属性，但它指向的仍是扁平化的小社群，也与之前集体组织的行为截然不同了。

综上所述，"为你读诗"与"读首诗再睡觉"的共同特性包括：对于现实工具性的排斥，距离感的消失，追求本真性、直接性与唯美体验。它们都在传统的集体朗诵的对立面，"它所膜拜的神祇就是主体的真诚，它的虔诚姿态就建立在一种对淳朴世界的梦想之上，这个世界原始而又纯洁，将一切矛盾性和复杂性的迷雾一扫而空"[17]。进而言之，对于纯粹"本真"的执念，如同一种新的拜物教，构成了当下文化产品的商业策略。标榜自己的真诚与纯粹，已成为一项傲人的商品特性。

在《共产党宣言》中，马克思断言资产阶级破坏了田园诗般的关系，"它使人和人之间除了赤裸裸的利害关系，除了冷酷无情的'现金交易'，就再也没有任何的联系了。它把宗教虔诚、骑士热忱、小市民伤感这些情感的神圣发作，淹没在利己主义打算的冰水之中。它把人的尊严变成了交换价值，用一种没有良心的贸易自由代替了无数特许的和自力挣得的自由。

总而言之，它用公开的、无耻的、直接的、露骨的剥削代替了由宗教幻想和政治幻想掩盖着的剥削”[18]。而今日，诗意幻想掩盖的“生意经”反过来代替了露骨的买卖关系。文化商人巴不得小市民情感的“神圣发作”，将他们对于尊严与自由的渴望作为诱饵，以更为柔软的身段获利。但马克思的论述仍是有效的，“拜物教”掩盖了正在发生的事实，不管是商品拜物教，还是诗意拜物教、本真性拜物教。只不过对于后者来说，曾被扯下的温情脉脉的面纱，如今又被重新戴上了。

## 四、情绪：倦怠社会的语言休憩术

谈及“温情脉脉的面纱”，就必须进一步考察两个公众号“温情脉脉”的内容构成。以“为你读诗”为例，它的内容大都结合当下热点，以爱、美、希望、勇气、自由、平静等作为关键词。或者说，全部诗歌的含义都被翻译为“爱与和平”。单从其推送标题扫视而过，便会发现其立意与叙述方式的高度雷同。其媒介形象是“以草木之心生活，怡然自得”，“以一颗初心，安静地慢煮生活”。在这方时空里，激烈的情绪被软化、被排除，进而对用户起到情绪按摩、心理疗愈的作用，其主创人员也毫不讳言自身的“心灵鸡汤”属性，清醒地意识到此类文化产品在当下的巨大需求。

德国哲学家韩炳哲将当代描述为“倦怠社会”，意指当代个体过分积极地追求个人功绩，因而会不断同自身作战，心甘情愿地自我压榨。成功与自由变得互相矛盾、不可两全，而为了追逐成功而进行的自我剥削，将会带来“倦怠感”。他用普罗米修斯作为倦怠社会的象征，并借用卡夫卡的句子“诸神累了，老鹰累了，伤口在倦怠中愈合了”来生动描绘当代个体的生存境况。[19]如此看来，晚间十点的自家居室，正是愈合伤口的最佳处所。而这种看似自然的行为，其实是由个人与时代的特定关联来驱动的。阿诺德·盖伦指出，18世纪中叶欧洲的工业化、心理科学和感伤文学几乎同时兴起。[20]照此审视，今日数字资本主义的迅速普及、工作时间的无限蔓延以及日益急需的休闲与疗愈（包括禅学、灵修、冥想与瑜伽等）则庶几同步。

当代人的日常生活日益凸显为双层构造：积极的职业追求与温和的精神疗愈，彼此支撑配合。正如雅斯贝斯所言，“在精神的这种实证的满足中并无个性的参与或个性的努力，它所增进的是日常工作的效率，使疲劳及其恢复规则化”。[21]试举一例，“为你读诗”2019年11月12日推送了诗人也斯（梁秉钧）年轻时代的作品《中午在鲗鱼涌》（1974年6月），其处理方式便很有代表性。这首诗原本讲述了“有时工作使我疲倦，中午便到外面的路上走走”，在生果档、在篮球场、在卸货的码头、在山边，诗人发现了各式各样的生存状态，并有所体悟——

> 有时我走到山边看石/学习像石一般坚硬/生活是连绵的敲凿/太多阻挡 太多粉碎/而我总是一块不称职的石/有时想软化/有时奢望飞翔

不断出现的“学习”字眼，体现出实然状态与应然状态之间的距离。诗人在更清楚地认识了“我”的同时，也在追慕一种柔韧坚强的生活状态。但他未曾料到的是，自己的诸般“学习”在微信推送中被转化为了实用的、毫无个性可言的午间休息术。

该条推送的标题化用了诗句“有时工作使我感到疲倦”，自然会令无数上班族下意识地点开。对于诗作内容的阐发，“为你读诗”以“在生活的缝隙里不断寻找重启的按钮”为题，将原诗中的“中午便到外面的路上走走”转变为“午休时间成了一段难得的、相对完整的‘换气时间’”。在诗歌的赏析部分，则引入了诗人黄灿然、弗兰克·奥哈拉利用零碎时间写作的励志故事，似乎只要善于管理时间，便能够不时地摆脱格子间的束缚和城市的巨网。因此结论也就跃然眼前——“即便这种救赎是短暂的、无法连贯的，但只要可以一次、再一次地拥有它，生活就能过下去。”经过如此一番从原诗到阐释的“包装”，可谓完成了一轮从“存在论”式的思索到实用休息术的转换。

这里并非要区分两者高下，而是旨在凸显“为你读诗”的这种“实用化”转向。“赛博修辞学大师们梦寐以求的字面上的不朽表现了宗教或象征的末日学向完全沉醉于生存的世俗性的堕落。”[22]此处的“堕落”也许过于苛刻，但确实体现了一种理想主义消退之后，与其思索“存在”之天问，不如细致考量如何舒适地“生存”的道理。这点也表现为页面底端的精选留言里，大家纷纷在此表达自己的倦怠感，将留言区作为直抒胸臆的“树洞”，为自己的情绪被人理解而备感欣慰。没有多少人真正关心诗作原本的含义，重要的事情变成了抒发与理解本身。而这样的理解又具备了某种私密性，他们为被理解而兴奋，又担心转发后被领导看见。情绪的纾解，必须被精准地计算与权衡。这也就不难理解为何《我想和你虚度时光》（首次推送于2015年3月6日，第644期，中央电视台主持人任鲁豫朗诵，后被反复使用）会成为“为你读诗”的绝对爆款。在古今中外第一流的诗作中间，当代诗人李元胜的这首诗作在引发共鸣方面一骑绝尘。“虚度”和“浪费”在一个效率至上而又倦怠无比的社会里，正因其奢侈与不可能，反而变成了不可或缺的情感寄托。

在被规划好的时间刻度里，疗愈的效率就等于工作的效率。“工具人”的休憩，也被彻底地功能化了。抵抗疲倦的方式，便是争取更多类似的“散步时刻”“换气时间”，平静地消化与整理自己的情绪。除去稳定状态，其他任何情绪状态都被视作干扰，而最合理的个人管理方案便是集中所有精力做好该做的事。此中的关键在于保有一种防御性的乃至逆来顺受的姿态，而非激进的否定与抗争。可以说，选择进入“诗意”生活本身，便是反诗意的，乃是高度理性化的选择与产物。

论及休憩，两个公众号均标榜睡前读诗利于睡眠，因为借此可以换取心灵平静、心态平和。读诗具备了“催眠”的功能，伴着枕边私语，与世无争的自我形象升腾起来，这正是进入梦乡的最好时机。在高压力、快节奏、充满风险与不确定性的现代都市生活中，睡眠不啻衡量生命质量的重要指标，亦是都市人的生活刚需。以此为前提，就会觉得“读首诗再睡觉”的主创人员之一“流马”的说法很有意思，他在公众号的七周年总结中指出，“失眠”也是好事，“不要为睡不着而焦虑，应该为睡不醒而惊醒！”[23]失眠意味着自省的回归，即使可能会付出第二天身心俱疲的代价。姜涛则用“从催眠的世界中不断醒来”命名自己的诗歌评论集，喻指借助诗歌从倦怠生活中惊醒的瞬间。表面来看，二人都追求清醒、自省的状态，但实际上，前者仍囿于个人情绪内部来理解何谓自省，而姜涛则在设想一种走出个人局限，联动自我与公共的“醒来”方式——“能否在社会情感的内部，在与人文思潮、公共领域的联动中，重新安排、强有力地想象‘个人’，甚或决定了当代诗的前途可否长远。”[24]

如果说姜涛设想了某种理想状态，那么彼得·汉德克则直白地刻画出了现状。他也曾专门书写过当代社会的倦怠感，并将其特质描述为“各走各路”、无法同甘共苦的、几乎无法叙述的疲倦。[25]最终，人们在“一人一手机”的时空中，孤独地休憩和疗愈。这种当代体验，被厄尔曼进一步类比为程序员独自调试编码的过程，并将之视为计算机时代里个体与社会缺乏联系的“原型”。[26]独自倦怠、独自疗愈、独自睡去，当代人的孤独感与原子化随之加固。

## 五、植物：当代人格的极致想象

“诗意生活”的想象与构造，当然会对当代人格产生影响。而生存于“诗意生活”中的理想人格，则需要被具象化、形象化。最具说服力的方式便是从文化传统中挖掘符合“诗意”原则的历史人物，于是陶渊明、王维、李白、苏轼等诗人被重新唤回，成为“诗意栖居”的典范。以苏轼为例，这位不断遭贬的“快乐天才”（林语堂语），为身处“丧文化”的人们提供了化解不安的锦囊与“一蓑烟雨任平生”的生活艺术。“为你读诗”推出的付费课程便名曰“人生如逆旅，幸好还有苏轼——给不安的你八个锦囊”，广告语还化用了林语堂对苏轼的评价“半在尘世半为仙”。

所谓“半在尘世半为仙”，与前文所讨论的“生活不只有眼前的苟且，还有诗和远方”若合符节。中国传统文化中“入世”与“出世”的复合精神结构、“庙堂—山林—江湖”之间的回旋余地，都积淀为深沉的心理结构延续至当下。林语堂1947年所撰《苏东坡传》，不仅为他个人所看重，而且至今还高居于畅销榜上，历时大半个世纪而不衰。在序言中，林语堂给苏东坡绘制了一幅肖像："苏东坡是个秉性难改的乐天派，是悲天悯人的道德家，是黎民百姓的好朋友，是散文作家，是新派的画家，是伟大的书法家，是酿酒的实验者，是工程师，是假道学的反对派，是瑜伽术的修炼者，是佛教徒，是士大夫，是皇帝的秘书，是饮酒成癖者，是心肠慈悲的法官，是政治上的坚持己见者，是月下的漫步者，是诗人，是生性诙谐爱开玩笑的人。"[27] 所有这些维度，跨越时代而来，却几乎完美匹配了当代都市白领、文化小资的理想人格想象。在漫无边际的生活日常中，苏东坡已经将生命趣味发挥到极致，具体演示了何为"诗意地栖居"。只不过对当代人来说，"表面乐观的个人成长思想观表达了深深的绝望和顺从"，"这是没有信仰者的信仰"。[28] 直白地说，对于平静、快乐的信仰，便是"没有信仰者的信仰"。

当代人的自我期许是逐级降低的。最完美的人格想象，自然是苏轼那样的"快乐天才"，可以"无穷丧，深深爱"（"为你读诗"广告语）；如果无法实现，那便退而求其次，努力做到心态平稳；如果继续"降维"到极致，便是无限地趋近于"草木之心"，或者干脆如同植物一般。"为你读诗"就曾与演员赵又廷合作，发起"光合作用"项目（"一封四季的来信，十二首光合作用之诗”，2017年6月）。赵又廷是如此破题的：

> 读诗、听诗，其实是一种植物光合作用般的交流。你把文字与心绪用情倾吐出去，她将安宁与幸福接收并再次散发出来。整个过程，就像植物在夜里的呼吸一样，寂静、缓慢、有力，富有仪式感。……读诗、听诗以及录制这张有声诗歌专辑，对我而言，本质上是另外一种意义上的光合作用。[29]

“为你读诗”的张炫解释说，“光合作用”之所以打动我们，也是因为，它代表着一种很棒的生活态度——像植物一样呼吸、寂静无声却缓慢有力。[30]这种返本归源的仪式感，将“读诗”还原到呼吸吐纳的生理维度，排斥了一切外部因素，无限地从世俗生活中抽离出去。自发、自在、自然的生活方式，与充满偶然和风险、牺牲与奉献的公共生活相比，显得更有诱惑力。

植物与人格的关联，自古有之。远有屈原的香草美人之喻，近有诸如“百花齐放”这样的文化憧憬——植物从来都处于人文情怀与文化想象的范畴之内。在德国浪漫主义代表作家弗里德里希·冯·施莱格尔的长篇小说《路清德》（1799）里，最完善的生活被描述为纯粹的植物化，“将一般的闲散形容为‘被动态’，即‘纯植物态’”。[31]而歌德（撰有《植物变态学》）和卢梭都曾用采集植物标本的方式来使自己免于疯狂。冯至乃是与德国浪漫主义渊源至深的中国作家，他不仅受惠于歌德、诺瓦利斯等人的作品，还为里尔克倾倒。他在致杨晦的信中写道："自从读了Rilke的书，使我对于植物谦逊、对于人类骄傲了。……同时Rilke使我'看'植物不亢不卑，忍受风雪，享受日光，春天开它的花，夏天结它的果，本固枝荣，既无所夸张，也无所愧恧……那真是我们的好榜样。"[32]

对于植物的推崇，在海德格尔那里达到了极致。他在《泰然任之》一文中引用海贝尔的诗句："我们是植物，不管我们愿意承认与否，必须连根从大地中成长起来，为的是能够在天穹中开花结果。"海德格尔认为，在"根基持存性"丧失的技术世界里，人应当像植物那样扎根大地，从"故土中成长出来并且上升到天穹之中，也即升入天空和精神的浩瀚之境"。[33]回到"光合作用"项目，它同样是对根基丧失的技术世界的抵抗，但却没有强调扎根大地和精神飞升的向度。它更接近植物学之于卢梭的意义：与动物相比，植物距离人类社会更远，最大程度地摆脱了各种社会烙印，因而可以凭借其自发、自为、自由、充满个性的存在方式为人们带来久违的美好体验。但如果以"自然状态"遮蔽其他各种实际存在的关系，客观上会阻断"对现实世界的介入、对生命现象之意义的研究、对新假说的探求"[34]。

"仪式感"是"光合作用"项目说明的关键词。"形式"的获取，往往是以（自愿）让渡一部分实际内容为代价的。这种特定的、聚焦于“呼吸吐纳”的生存方式，乃是一种弱化的主体姿态，让渡了更激烈饱满的否定精神与改造意志。在低能量情感状态与模糊的未来图景下，中国哲学——“道法自然”——穿越而来，同时又悄然化身为一种“自我保护机制”，可谓当下最具教诲意义的“人生指南”。

## 小　结

## 诗意之归宿，消费或生产？

如前所述，借由晚间十点、听觉享受、情绪疗愈加之人格怀想，“诗意生活”仿佛已然降临。但反讽的是，“诗意生活”只不过是一种数字幻境。只需将手指滑向除去诗歌内容外的其他推送条目，便会迅速重回烟火人间，因为它时刻觊觎着用户的钱袋，呼唤他们前来换取名为“诗意”的各式商品。两个公众号都不能“免俗”，除去第一条推送，剩下的内容均是以“诗意”为名的商品营销，其中既包括日常所需的全品类，也包括以自我提升为卖点的知识付费课程。伴随着新媒体平台、网络支付技术与物流产业的日臻完善，这已经成为一种普遍商业模式。换个角度看，都市白领也不排斥将自己的文化情感需求外包给这些新型的文化商人。

于是，诗歌、牛油果、丝绒裤一样地温柔。在温柔之夜里，诗歌与其他的“物”一样，为灵魂带来转瞬即逝的自由感。“平凡与日常的消费品，与奢侈、奇异、美、浪漫日益联系在一起，而它们原来的用途或功能则越来越难以解码出来”，“在鲍德里亚看来，这意味着‘我们生活的每个地方，都处在对现实的“审美”光环之下’”。[35]语言的实际含义已经被其装饰性、可引用性所取代，洋溢着“一种低廉的文学意味”[36]。在作为“上层建筑”的“诗意”之下，运转着自媒体时代内容变现的逻辑。言辞越是华美，就越可能埋藏着无数的营销机关。

诗歌之美必须是平滑温和的，它服务于更好的休息，进而有助于提升工作效率。自由“读诗”与自由消费一体两面，“移动的劳动营”“无摩擦的资本主义”与“购物者的天堂”合为一体。由劳动而倦怠，由倦怠而消费，由消费而“诗意”。这类新媒介平台不断强化，唯有借助对特定商品的消费，美与生活才能建立起切实的连接。本应不断焕发的生活被固定的“生活方式”取代，而“生活方式”又转化为特定的消费形式。劳作与闲暇都被商品化了，而人作为“用户”，只能用商业价值来衡量。

与“为你读诗”集结各界名流不同，“读首诗再睡觉”虽也依托资本与技术的加持，同样离不开商业变现的维持，却表现出更强的趣缘共同体属性，其组织架构与运转体系更为扁平化，体现出数字时代文化生产的突出特征。其创始人范致行曾指出，“新媒体需要新组织”，“自媒体”要转化为“公媒体”。通过“分解任务—众包生产”的方式，可以发挥集体智能的优越性，搭建新的信息生产秩序，实现其公共性与协作潜能。[37]“读首诗再睡觉”正是借用青年文化中“主理人”“声优值守”等说法，强调一种更具平等与个性意味的协作方式，将不同地域、各怀专长的年轻人组织为一个松散的网络编辑部。如今网上用户的受教育程度普遍提高，信息获取能力也远非前辈可比，而且更加青睐于个性化、民主化、高灵活度的生产生活方式。借助工具—技术—理念的支持，新媒体平台鼓励发挥个人的自主性与创造力，召唤热情与兴趣的加盟。它的组织形态更类似于“社区”而非传统意义上的“公司”。对于平等性与参与感的强调，让个人在其中可以获得强烈的进步感与意义感。可以说，民主自由的文化理念与网络技术的突破互为支撑，共同塑造了“诗意生活”的底层架构。

不管是消费还是生产，背后都有“自我驱动的愉悦”，指向以个人为基点的社会—文化—技术—人格想象。这种想象对抗宏大话语、过度的政治性与过密的社会化，追求个人的舒适与进步，关注生命内在的质量。这也就构筑了机器时代的浪漫主义情怀——“在浪漫主义的范畴中，自我是活力和内心体验的源泉，召唤我们跨越思维定式的藩篱，以一种更具创造性的方式来生活。甚至可以说，特别是在高科技面前，我们都是浪漫主义者。”[38]不过，这样的浪漫主义与“诗意生活”想象，到底是开启了通向自由的契机，还是成为信息资本主义的通关密语？从后一层面来看，数码劳工在闲暇时间都不忘发挥自己的特长与心智，为资本平台生产内容、提供流量与贡献财富。他们所承受的剥削以“诗意”为名，无疑更加隐蔽与内化。“自由”与“异化”，借此更深地纠缠在了一起，难分彼此。在资本秩序的内部，是否还有可能生成真正的诗意生活？这是值得继续深究的问题。一切正在形成，契机与宿命同时拷问着我们，这或许正是生命的最大诗意所在。

# 第九章　互联网世代的文学生活与主体塑造

## ——以弹幕版四大名著的接受为个案

在第九、十章，我们将把视点转移到经典作品在数码环境中的传播状况。文学名著的接受状况，乃是衡量不同时代政治生态、文学教育与文化生活水准的显著指标。[1]譬如20世纪80年代，古今中外诸多阅读资源涌入、全民读书热正盛之际，国内影响甚大的《读书》杂志曾专门举办过一场讨论："为了求得有益的知识，更好地进行智力开发，可以有多种途径。《读书》编辑部就阅读中外古今的基本著作的问题，于一九八四年十一月五日在北京召开座谈会。"其中，李一氓（时任国务院古籍整理出版规划小组组长）的发言引人遐想：

> 我们首先要思想开朗一些、开放一些，在四个坚持的旗帜下，要允许"百花齐放，百家争鸣"。前几年我到

南斯拉夫去了一趟，参观了一所大学，校长把教室的门打开，我一看，里面烟雾腾腾，教师与学生都随便坐在那里抽烟喝咖啡，像聊天一样，共同讨论问题。……引导青年发挥朝气，是四化建设的必要条件。[2]

李一氓在谈话中尤为恳切地指出，80年代的青年不同于“五四”和“文革”前的青年，尤其需要引导他们解放思想、“发挥朝气”。在座的苏绍智则提及教学与阅读名著的关系，明确反对讲义至上、灌输式教学。他进一步提出自主阅读是与市场经济相匹配的方式，以此才能激发出独立思考与创造性见解。今天看来，这场座谈会带有思想解放运动时期鲜明的时代印记与“局内人”的紧迫感。同时，也不妨将之视为当下文学生活的起点之一：它奏响了学习与阅读领域的改革之声，呼吁在“计划性”外更多发挥个体的创造性。若顺延李一氓的思路，当代青年与经典名著具有何种关系，他们的文学文化生活又是怎样的呢？

自20世纪80年代开始，青年与名著之间更为自由的关联方式被倡导。而李一氓向往的那种“像聊天一样，共同讨论问题”的大学精神，正是互联网媒介的擅场。互联网自诩的精神，正是信息共享、多元开放。因此，若要审视当代青年的文学生活，那么发生在互联网文化社区、[3]著名弹幕视频网站“bilibili”（下文简称“B站”）上，青年与四大名著的亲密无间，[4]便是不容忽视的事件。

事情是这样发生的：2020年6月12日正午时分（与暑假时间同步），B站隆重上线四大名著的央视老版电视剧，即《西游记》1986年版与2000年版续集、《红楼梦》1987年版、《三国演义》1994年版、《水浒传》1998年版。对当代青年来说，配合弹幕重温老剧，无疑是“梦回童年”（弹幕的说法是“爷青回”）的集体狂欢仪式，魅力难挡，且乐此不疲。对B站来说，此次斥资购买老剧版权，乃是一次针对青年文化需求的精准投放（资）。网上热评曰：“四大名著”乃当代最大的文化IP（intellectual property）。使用知识产权话语描述四大名著，看似唐突，实则犀利指明在当前文化消费市场中，四大名著作为难得的、具备顶级品质的文化“公约数”，拥有巨大的市场效能。平台与受众均如此理解、描述四大名著的价值，也昭示出我们时代文学的位置与功能所在，即总是以“文化产品”的形式被人需要与消费。作为一种艺术形式的文学或剧作，被均质化/降格为某种待消费的“内容”，一定程度上导致了“去文学化”“去艺术化”的后果。[5]

在拍摄这些老版电视剧的八九十年代，名著的影视改编曾引起过旷日持久的雅俗之争，此番老剧登场，最引人关注的便是“弹幕观剧”的方式，所谓雅俗，俨然并肩。那些屏幕上如同子弹般飞梭而过的文字，与充满历史感的影视画面，连同背后的文学原著，交织一体。

而且，正是弹幕“点亮”甚至“拯救”了名著，令其“旧貌换新颜”，吸引来无数流量。但细察之，弹幕与四大名著的结合并非那样顺理成章：前者转瞬即逝，后者乃民族记忆；前者“人微言轻”，后者高踞正典；前者众声喧哗，后者为文化共识。这使得“弹幕观剧”的方式充满了内在的矛盾性与张力，又透露出文学生活的新变。为探知新变，本章将从弹幕这一互联网技术与民族文化传统的创生互融机制入手，揭示其背后更具普遍性的变迁趋势。在此基础上，弹幕的文化特征、语言美学也将被认真审视，并从中延展出对于弹幕使用者，即当代青年主体状态的描摹。总之，“弹幕观剧”这种看似轻巧活泼的方式，极其典型地说明了信息时代文学文化生活的特征，并为批判性反思奠定了基点。

## 一、卷入“信息流”的文化读写

“弹幕”本是两次世界大战期间的炮兵术语，意为火炮炮弹形成压制屏障，用以掩护步兵向前推进的突击战术。由于火炮穿梭不绝，状如帷幕，故称弹幕。以动画作品、射击类电子游戏的出现为标志，该词踏足二次元（ACG）领域。2006年，日本二次元网站niconico动画上线，它的视频播放带有独特的功能，即视频内容与评论内容可以同时出现，评论自右向左，于特定时间点现身视频之中。紧接着，2007年中国成立了最早的弹幕网站Acfun（即“A站”），并于次年3月开放弹幕功能。而本章所说的B站，于2009年起家（原名Mikufans），同样是以弹幕评论为核心功能的视频网站，并在与A站的竞争中赢得国内第一把交椅。[6]

以2014年为分水岭，弹幕日渐走入公众视野。如今它的二次元/青年亚文化属性已被淡化，国内主流视频网站爱奇艺、腾讯与优酷无不具备了这一功能，甚至大型晚会、线下影院、电商直播间里也不乏它的存在。但正所谓“无弹幕，不B站”，只有在青年文化社区B站，弹幕才会如此富有生产性、社群氛围与特定语言质感。[7]在弹幕的加持下，原本严肃的名著影视被挖掘出先锋、反讽、鬼畜[8]等诸种契合于互联网流行文化的潜质。截至2020年9月，仅仅三个月有余，B站四大名著的播放量高达1.26亿，弹幕总量达到509.6万，其中《三国演义》的弹幕量最高，堪称不折不扣的“梗王”[9]。无数观众慕名前来“观光打卡”[10]，弹幕版四大名著跃升为引人注目的文化景观。尽管B站前前后后购买了不少老剧的版权，且多年致力于国风音乐等“传统向”文化的传播，但此次与四大名著的成功融合，仍不失为标志性事件，即弹幕足以融合最普遍的国民文化记忆，进而为自身赢得更广泛的受众、更强烈的存在感与更丰沛的正当性。

这些从右向左飘过的弹幕文字（目前也出现反向运动的弹幕，以表时光倒流之意），与怀旧影像彼此照亮，带来具备多重感官的、更富总体性的属人体验。原著内涵、影像改编与即时评论犹如你追我赶的海浪，在同一时空涌向观者。这种跨媒介的信息传播模式，最为典型地体现在弹幕文字里：既有对于细节的评点，更不乏穷形极相、描头画足的恶搞演绎。最为重要的，如同莅临梨园现场，观者重又获得不同于印刷文字的、热烈生动的通感体验。有赖于发达的电子技术，观剧行为实现了跨越时空的易得性（不再需要根据剧院或电视台的安排），能够根据个人的需求与时间表自主实现。形象地说，在文字之力外，有电流之伟力兴焉，无数个敲击键盘的时刻，盛放出炫目的弹幕“烟花”。

许多媒体评论习惯将弹幕类比为传统文学评点。二者乍看下确有不少共同之处：即时、直感、零碎、服务于普通读者，并且与艺术作品的大众化、商品化密不可分。但由于它们依托于不同的媒介技术，因而具有本质上的不同。首先，传统评点者主要来自文人群体，在或多或少的程度上，他们与读者之间存在指导与被指导的差等。而弹幕的发出者与接受者是完全平等的，不存在高低之分，甚至观者经常会产生凌驾于弹幕之上的优越感。其次，弹幕是互联网技术支持下UGC（User Generated Content）模式的典范，即每个观众都是弹幕的潜在生产者，有可能化身为prosumer（即生产者与消费者合一）。这就导致相较于评点，弹幕的数量空前巨大，且更为碎片化，对内容的颠覆性也更强。最为关键的是，弹幕技术搭建了不同空间的观者同时观看的社交空间，而这势必改变我们的文化消费方式。

进而言之，除去纵向比照传统评点，还应在共时性的社会文化境况中审视弹幕的位置。目前学校语文教育仍是青少年接受名著的首要渠道，语文教育的着力点是规范、整全、准确，以培育文学素养与传承民族经典为鹄的。长期以来，语文教育多以“单篇”“片段”为教学对象，导致割裂了对作品的整体把握，再加之当下“碎片化”阅读的流弊，“整本书阅读”的诉求也就油然而生。近年中小学语文教育中兴起的“整本书阅读”运动中，四大名著便是重点研读对象，《红楼梦》于2020年更是被编入高一语文必修教材的单元阅读，正式从课外转入课内。[11]另外，近十余年在大陆高校尤为红火的“通识教育”，更是以中西学术、文学名著为依托，发掘“大书”“厚书”“长叙事”等古典资源之于现代德性的养成之功。总之，学校教育、文学普及/教化工作拥有同样的运转逻辑：理性化、中心化、自上而下的传播模式。而所谓“名著”之称，更是高度秩序化与典范化的产物。

但对于互联网原住民、当代青少年来说，这些注定只能是接近名著的方式之一，而非全部。与“正襟危坐读名著”的方式不同，弹幕显然更为感性，具备一种“弱者的主体性”或曰“个体的本真性”。“弱者的主体性”，潜藏着某种对抗的力量，正如弹幕脱胎于青年亚文化，它偏离于主流文化的规范性要求，颠覆既有的文化秩序。而弹幕所阐发的四大名著老版电视剧，当年也被视作一种对抗的方式："这一时期内，名著改编电视剧在对经典文本的诠释中对17（注：1949—1966）年及'文革'中所形成的定语的延续和反驳构成了核心事件（尤其像第一部古典名著《红楼梦》的改编）。"[12]至于"个体的本真性"，则是相对于教化—教育的语言，弹幕堪为电子时代的"我手写我口"，是一种更为日常、亲切的表达方式。四大名著开始与个人"无中介"地结合起来，那种深入人心的生存感觉，被以弹幕的形态瞬时敲下。

可见，在弹幕空间中，文学读写的"方向感"与"正确性"被感悟与共鸣所取代，被想象力"截断后路"。与文化政治、文学教育的分工蓝图不同，弹幕突破了条块分割的规范、科层化的分工，哄抬起话语场的热度。它诱惑观众入场，带给他们"对在历史之中占据了一个独特位置的'此时此地的我'（I here-and-now）的承认。这不可避免地要影响到对经典的理解，"[13]而这反过来将会参与主体精神的塑造。不夸张地说，弹幕正是当下互联网信息场域的缩影：快速运动（"流文字"）、海量、多元/去中心化、杂糅/非专业化、断裂、吸入式（麦克卢汉称之为"深度卷入"）、无限逐新且朝生暮死。

在不断运动的弹幕信息流之中，如其所是的准确性、连贯条理的叙事性以及最基本的因果逻辑等都不再占据主导地位，相反，拼贴、叠加、互动才是真正的驱动力。网友习惯用“养肥”来描述弹幕的增多过程，认为弹幕数量与愉悦程度成正比。“养肥”一词，最为典型地证明弹幕是一个信息集成体，而非有机体。“电子时代是‘和’的社会，它标识出从因果关系到附加性的一波转移，也标识着从表达到附加性的一场运动”，“电子时代的模范媒介……它们不是表达性的而是附加的，作为别处的情况的延伸，它们只是附录”。[14]弹幕显然不同于印刷时代“书”与“文”的表达方式，而是不断叠加着的信息，遵循信息场域的运动方式。

故而，既有的分类、界限皆可跨越。这在四大名著的弹幕里十分常见，四者间的“串戏”屡见不鲜，形成所谓的四大名著“梦幻联动”。“贾宝玉温酒斩妙玉”“林黛玉倒拔垂杨柳”“王熙凤怒触不周山”……网友的发挥不胜枚举，并对此解释道：“众所周知，四大名著上了B站后就经常互相串戏变成一部。”（语出豆瓣小组“笑死我了这弹幕”）不过吊诡的是，这种极度混杂、无政府主义式的信息生产方式，最终将建立起新的秩序。它营造出一个个原始部落般的社群，敲下彼此默会的弹幕“黑话”。而对于无法进入社群的人来说，弹幕无疑是对于画面的“语言污染”；对于无法适应图像、声音、文字等“复合信息”的观者来说，弹幕与他们隔着一道越拉越大的“数字鸿沟”。

## 二、电子社群的“口头语言”

如上所述，弹幕具有鲜明的社群性。它按照兴趣重新组织和分化人群，而非按照以往的分类、分工体系。正如麦克卢汉所预见的，“电力媒介使弱者和受苦人发出了强大的呼声，扫荡了官僚主义的专门分工，扫荡了受说明书束缚的、思想职能的描写。简而言之，‘人情味’就是参与他人经验的向度，这种直接参与是由于瞬时信息的传递而发生的”。[15] 以“人情味”为诉求，说明书式的、官僚主义式的信息分类方式被打破，各类信息能够跨文本、跨媒介地瞬间串联起来。

弹幕的“人情味”常被理解为一种陪伴感。换言之，弹幕并非静态文字，反而可被视作某种语言交际行为。弹幕中经常出现类似于“兄弟们把……打在公屏上”“感谢指挥部，空降成功”之类的套话。“兄弟们”[16]“指挥部”，虽是云聚云散的虚拟“群体”，却在某段时间内拥有真实的集体感。传统电视屏幕是家庭空间中的私有物，移动客户端的屏幕虽更加私密化，但便于串联出基于个人兴趣的“云集体”。尤其在弹幕领域，人们共同注视的屏幕，被开放为“公屏”。《说文解字》曰：“公，平分也”，每个观者都可以平等地在公屏上打出自己的想法，也可以在公屏上排列出整齐的队形（比如同时打下约定好的文字）。

公屏是一方舞台，多种腔调、多样人格，都被鼓励，从而

"可视化"了远超于个体的流动思绪与集体智慧。这也正是弹幕的独有魅力，以其集体智能折服个体观者。当个体需要陪伴时，可以打开弹幕，在云端偶遇知音同好。而弹幕语言自身带有的圈层壁垒，那些外人听不懂的"黑话"，给身处其中的个体带来了归属感："个人的反应不仅是个人的，也不仅是'主观'的，同时还包裹在社群的反应里，即社群的'灵魂'里。"[17]至此，个人对群体感的渴求得到有效满足，而且实现了群己关系的微妙平衡。换言之，一键开关，进退自由，为弹幕使用者提供了最具安全感、控制成本最为低廉的参与方式。

有美国学者通过调研发现，正是对"集体主义"的渴求，使得弹幕在东亚地区颇为流行，而美国则由于其根深蒂固的"个人主义"信仰，观众对弹幕的需求不大。[18]当代青年对弹幕的追逐，确实常被解释为孤独感的驱使。适度的孤独感当然无法避免，但如若造成障碍与困境，那就证明了个体社会化程度的不足，以及社会生活方式的匮乏。自20世纪80年代以来，人道主义话语占据了理念与道德的双重制高点，原有的集体形式被打散，而且也已与当代青年产生了相当的历史—心理距离。但这并不意味着个体不再渴求来自集体的安顿感，因此青年必须发明属于自己的"集体形式"。

学者斯各特·拉什进一步描述了新集体形式的特点，并认为这正是后现代社会的表征："后现代化在此见证了从根本上就属于gesellschaftlich（社会性的）建制的衰落……后现代化见证了与Gemeinschaften（共同体）更为相近的社会性形式的兴起，……它们是凭借着某种紧密的情感纽带（甚至在以电子媒介联系的情况下亦然）而形成的小型的、流动的、灵活的团体。”社会建制或多或少“被较小的、有明确价值依归的、联系紧密而更富弹性的文化生活形式所替代”。[19]弹幕所带来的社群感正是一种流动的、灵活的、富有弹性的文化生活形式。这些“小群体”基于共同趣味形成，并非强制性、先天性、普适性的。它们的寿命也不一定长，但短时间内的连接感、归属感、知音感很强。而“寿命”不长也绝非缺点，反而会规避现实的社会建制所带来的强制性义务，以及破碎时难以承受的“生命之重”。因此弹幕带来的社群感，可谓兼顾了低风险与高情感强度。

这种互联网技术所带来的文化团结，冲破了原有科技/文化的二元对立论，合力改写我们的日常生活：“作为科技性的自然，我不得不借由科技文化来运行。而科技文化本质上是**远距的**文化（culture at a distance），生命/生活形式便成为远距的生命/生活形式，我无法不借由我的人机界面来穿越这些距离、成就我的社会性。”[20]相比起面对面、直接的社会性，“远距”文化的出现是划时代的。当代青年越来越习惯在“远距”中发展纵横交织的关系网，穿越人机界面，漂浮于自己的电子社群，从中“成就我的社会性”。

而这种真实的社群感尤其依赖于对口语的模拟，“由于电力技术使我们的中枢神经系统延伸，它似乎偏好包容性和参与性的口语词，而不喜欢书面词”[21]。书面词天然地带来了视觉与听觉的分裂，相对独立；口语词却充满了人情味，具备活泼泼的生命质感：“口语词具有声音的物质属性，它始于人体内部，使人能够互相展示意识分明的内部人格，使人得以为人，使人组成关系密切的群体。”[22]脱口而出的口语词，具有很高的黏性，以其自内而外的人格魅力吸纳周围的听众，使他们结为一个群体，而书面语则是相反的方向，导致个体化阅读主体的出现。

实际上，四大名著作为古典白话小说的最高代表，除《红楼梦》外，其诞生过程都与民间说书密不可分。比起印刷媒介，互联网媒介似乎重返了四大名著创生的民间原点，为发掘其市井气息、民间野趣提供了契机。其中尤为重要的是，部分恢复了口头文化的特征，故而将逐渐改变印刷文明时代居于绝对霸权的读写习惯与认知方式：“对口语文化而言，学习或认知的意思是贴近认识对象、达到与其共鸣和产生认同的境界，是‘与之共处’(getting with it)。”[23]弹幕这种“电子口语”，正是年轻一代与古典名著“共处”的中介，自我经验与文学经验得以共振融合。

从历史上看，强调“口头性”，既是文学革命的突破口，也是现代中国语文形成的关键。“白话为维新之本”，以五四新文化运动为界标，白话小说、民间口语的地位迅速上升。胡适在《白话文学史》里写道："小说的发达史便是国语的成立史；小说的传播史便是国语的传播史。这六百年的白话小说便是国语文学的大本营，便是无数的'无师自通'的国语实习所。"在他看来，白话是"最热闹，最富于创造性，最可以代表时代的"，白话文学是"活文学"。[24]由此开启的便是"言文一致"的语言—文学革命，抛弃沉重历史因袭的"新文化"创生之旅："然以今世历史进化的眼光观之，则以白话文学之为中国文学之正宗，又为将来文学必用之利器"，在此观点下，四大名著的地位被抬高——元代以下，"中国乃发生一种通俗行远之文学。文则有《水浒》《西游》《三国》之类"，"与其作不能行远不能普及之秦汉六朝文字，不如作家喻户晓之《水浒》《西游》文字也"。[25]四大名著不仅在理念上配合了国语—文学的革新进程，更是推进了白话文的"入脑入心入口"。20世纪20年代初，上海亚东图书馆首次采用新式标点、分段横排新印了《水浒传》《红楼梦》《西游记》等，胡适、陈独秀或作长篇考据，或撰精练小序，大力支持这样的"文化工程"。

以此观之，互联网媒介延续了这一语言进程，并将言文一致推向新高度。沃尔特·翁指出："电子时代又是'次生口语文化'（second orality）的时代"，虽然已离不开文字的影响，但"在高科技的环境中也存在口语文化的心态"。[26]在经历了印刷媒介与规范文字的长期"规驯"后，充满感性温度的口语文化魅力重现。弹幕便是高科技环境中口语文化的典型代表，它虽以文字而非声音的形式出现，[27]却与规范的书面语截然不同，算得上口语的视觉化呈现，模拟了众声喧哗的交谈氛围。这也使四大名著得以被编织进当代的日常语汇中。如今的弹幕语言已成为当代流行语的重要策源地，作为“电子口语”，强力影响着日常生活的口语形态。即使是讨厌弹幕的人，其日常用语也很容易被弹幕语言渗透。

电子时代的“言文一致”，与青年的生存状态、当代社会的组织形态和情感结构，可谓互为表里，“言文一致”正体现了直接表达自身经验的必要性。而蕴藏着中国智慧的四大名著与个体生存，同样互为依托。它们渐次出现于16、17世纪的明清时期，也就是学界所谓产生了资本主义萌芽的早期现代。早期现代的标志是：传统儒家知识分子式微，儒家价值观危机、商业活动（资本主义萌芽）活跃（“明代中后期直至清初的头二三十年间，小说写作就经历了市场化和职业化的洗礼”[28]），自我观念增强，注重“自发表达能力”[29]，等等。而白话章回小说，这一20世纪初的文类命名，则体现了对于人物的重视、对于情感历程的展演。可以说，只有在“现代”与“个体”的视域下，“四大名著”才焕发出自身的价值，才具备了被现代中国人广泛接受的基础。20世纪80年代对于四大名著的重新阐释，便延续了对于现代个体状态的关注，比如刘再复就用人道主义思潮解读四大名著。而如今，从早期现代迈入高科技筑就的、后现代的虚拟空间中，一种更为本真、随性、越轨的个体表达方式成为可能。经典名著转化为个体言说者的资源。

如上所述，除去传统的知识习得、文化养成，弹幕主要依靠体验和感悟来言说经典名著。但也存在与此截然不同的一种弹幕类型，即科普类。科普类看重原著与原剧的“本事”，喜欢在故事行进过程中抛出相关背景与知识点。比如，《红楼梦》的弹幕中会出现脂砚斋的评点，抑或《西游记》因实景拍摄，弹幕中会出现演员的背景介绍、剧作拍摄的实景介绍等。但是科普类弹幕经常会引发部分观众不满，被指认为刻意标榜。总的来看，弹幕不太鼓励实证主义式的认识论，其主流是直抒胸臆。知识点、背景信息、原著内容，都绝非观剧体验的必需品，相反，体验与共鸣才是“标配”。弹幕的深入程度，不再意味着对原文本的掌握程度，“深入意味着洞察力而不是观点，而洞察力又是一种正在展开的精神介入，它使事情的内容退居十分次要的地位”[30]。深度，意味着代入其中的程度。只有吻合他人的经验、击中普遍的情绪点，该条弹幕才是“可见”的。

这就意味着直接经验占据了绝对的上风，“居然和我想的一样”“居然还可以这样想”是观者常见的两种美妙体验。弹幕中随处可见与当下热点结合的句子，比如说猴哥到访菩提祖师，弹幕要求出示健康码；金池长老丢掉袈裟，弹幕飘过“就当是一场梦，醒了很久还是很感动”（语出2020年上半年的热门综艺）；唐僧被红孩儿的小兵包围，被调侃为“当代幼师现状”。此外，当代青年打游戏、看动漫的经验也被运用其中，比如认为获取金箍棒意味着“战斗力+100%”；当樵夫告诉孙悟空存在菩提老祖之后，方才“开启主线任务”等。

人们从彼此的体验分享中，也试图获取实用智慧。比如《西游记》中的团队取经，经常让人们联想到相关的职场经验。这也就改变了观者与四大名著的关系。四大名著不再是文学教育的基石、语文教育的专门化产物，而是与个人生命息息相关的“当代叙事”：

> 在口语文化起作用的社会里，人们感觉到的历史不是条块分割的领域，而是杂呈着可以证实、相互驳斥的“事实”或这样那样的信息。历史是祖先的领域，一个洪钟大吕的源泉，它使人们不断更新有关目前生活境遇的意识；同时，人们目前的生存境遇也不是条块分割的领域。[31]

印刷文明的一大特征，便是分离了知识理性、直观感受与实际行动，而知识又被条块分割为一个个系统。但在电子媒介中，这些彼此分割的部分再次统合起来。而且此时此刻的个体直感相较于现代理性（包括各种宏大叙事、政治议题、痛苦感与批判性等），更具主导位置。口语化的弹幕带来了极其细微的具体性，这是极端的经验主义。人们不再依赖中介、不再遵循规范，自我无限膨胀为生活的“唯一图腾”。此种表达将所有内涵都压缩为此时此刻的当下性，充斥着“直接的通信暴力”[32]。过于旺盛的表达冲动、过于快速的信息传递，直至与神经中枢的反应速度一样快。不断深入的思考反刍、环环相扣的因果关系被“同时在场”取代，在电子社群的口口相传中“有一种‘刹那间的迅即性’（instant all at onceness），因为‘速度创造了一个整全且包容性的关系场域’”[33]。而速度，将成为改变我们生命与生活形态的关键。

## 三、神经元趣味与创造力的“体制化”

再回到弹幕内容来看，除去科普类与感悟类，最为大宗的便是造梗、玩梗类，使得弹幕的总体语言风格充满谐谑意味。先看这样一段描述：“画家般的细节描写、对古怪题材的特殊兴趣、别出心裁的文字游戏、新颖奇特的修辞比喻以及玩世不恭的谈吐”[34]，这是浦安迪对于晚明小品文特征的描述，却竟也十分贴合于我们时代的弹幕语言。弹幕同样执迷于发挥细节、发掘趣味以及构造一鸣惊人的辞藻。更为重要的是，小品文是彼时区别于古文的一种“时文”，极为倚重个人经验与内心感受，写下的是性灵文字；而弹幕当然也是一种“时文”。它不同于之前的规范阐释，以“个体”作为绝对中心，比“性灵”的追求走得更远。

弹幕对于细节的阐发，仿佛每分每秒拿着放大镜一般，经常让观者耳目一新，直呼“弹幕里都是人才”。正如约翰·费斯克指出的，粉丝是“过度的读者”，对于文本的投入是主动、热烈、狂热、参与式的。[35]对于跨媒介的故事讲述来说，无论是讨论其改编的成败得失，还是执着于雅俗之争，某种程度上都已是失效的阐释路径。因为弹幕完全站在个人视角，浇自我之块垒，“真”与“雅”已无关轻重，并不在考虑范畴。商伟在分析《儒林外史》时，曾专门对“外史”进行发挥，认为这是在挑战正史的“叙述模式及其所规定的‘史’的标准功能”[36]，不啻一方批判性的另类空间。弹幕与四大名著的融合也是如此，其目的本就不是再造高雅文化，也不是还原名著本来面目。相反，弹幕要建设自身的另类空间——经典叙述停止的地方，正是“弹幕外史”的起点。甚至可以说，越是有发挥空间的细节，内容越是有可钻研性与延展性，其创造潜能也就越大。

最典型的例证，莫过于《三国演义》中诸葛亮骂死王朗的最后一句：“我从未见过如此厚颜无耻之人。”这句话并未见于原著，属于央视版电视剧的神来之笔，当初的创作者无论如何都不会想到，这句话会成为B站鬼畜恶搞视频的热门素材，并扩展为当代的日常用语。网友运用此言吐槽厚颜无耻之事（人），或是嘲讽自食其果的行为。这种短平快的俏皮话，适用于太多生活场景，既借用语言的奥妙与机锋抒发了心中恶气，同时又将吐槽控制在“安全区”内，并不会触及真正尖锐的问题。就这样，在无数个细节演绎里，观者与作者合为一体，众人协同创作，搭建出飞速运转的弹幕机器。而弹幕发射者，成为屏幕前一个个提供奇思妙想的端口。

对细节的挖掘，必须使用语言来“赋形”和传递。而汉语与弹幕的形式，具备很高的适配度。在多语种的比较中，汉语相较于英语更适合快速“飞行”：汉语是象形的，带有图示的效果，且简洁凝练，单位空间中传递的信息量大；而英语作为拼音文字则不具备这种效果，如果想要增加信息量，只能变得更长，而这显然不适合弹幕所要求的理解效率。[37]类似“我从未见过如此厚颜无耻之人”的俏皮话，便充分挖掘了汉语在音、形、义以及文化意蕴方面的复杂性与包容性，高效地传递出多重信息，并带有鲜明的感情色彩。弹幕也善于调用讽刺、隐喻、悖论等手法，制造表达效果。听觉与视觉的维度也被调用：弹幕常用“谐音梗”，往往故意写错人事物的名称，以制造娱乐效果；它还会考虑视觉效果，比如“我从未见过如此厚颜无耻之人”的弹幕量巨大，已然将影像内容遮挡得严严实实，非如此便不能够表达观者高涨的情绪，非如此也无法宣告群体意识的在场。而其队形，也经常以数量、形状、颜色等带来震撼。弹幕的颜色便有特定的表达效果，比如有的弹幕使用者会用彩色吸引他人注意，而类似红色、绿色、黄色等颜色的使用，背后都对应着我们所熟知的文化隐喻。可以说，每条弹幕都是一个微小但完整的跨媒介文本，有着专属的声音、图像与意涵。

弹幕是快速运动、永不停歇的。与其他的文本创造、文字游戏相比，它的门槛、成本都极低。由于其运动速度很快，所以必须令人“秒懂”，否则将被后继的、无穷无尽的语言碎片瞬间吞噬，“雁过无痕”。麦克卢汉曾这样描述：“就电视而言，收视者成了屏幕。他受到光脉冲的轰击，乔伊斯称之为‘轻装旅的冲锋’，这种冲锋使收视人的‘灵魂表层饱含着潜意识的知觉’。”[38] 弹幕的一句句俏皮话，同样类似于电视所带来的光脉冲轰击，而且更进一步，因为语言可以更直接而清晰地传递“潜意识的知觉”。对弹幕的观者来说，这些语言碎片不断刺激自己的神经元，将潜意识可视化为文字形态。确实，“计算机是使用者体内神经系统和体外信息处理系统的中介，是心理和技术的界面”[39]——如今弹幕便是心理与技术的界面，它们依存于计算机播放器的“基础设施”，“暴露着人们的无意识、下意识、旁逸斜出的巧思以及‘多快好省’的幽默感”[40]。

在无数次的“轻装旅冲锋”里，总有一些带来的刺激程度更强、影响范围更广，因而被弹幕冠以“名场面”的称号，并以“前方高能预警”作为提示。“名场面”正日渐形成一种观看和接受习惯，即整体是为部分服务的，这些支离破碎的场景熠熠生辉，而整体叙事的完整性则不被重视。在“名场面”尚未到来之际，观者便提前调整到神经紧张、高度亢奋的状态；当它到来时，观者便条件反射式地对“名场面”投注过度的热情，并陶醉于彼时的群体情绪之中。

本来，这些观看需求，在日常娱乐场景中是无可厚非的。但梗、名场面与古典名著的叠加，从根本上改变了原著的精神气质，尤其导致了严肃情感的消逝、理性精神的淡漠以及某种反智的激情。与此相应，对于表达民主的乐观想象、对于直接快乐的无限追逐，则成为弹幕的主要功能。总之，互联网媒介“使我们的中枢神经系统（包括大脑）实现了外化”，“人在正常使用技术（或称之为经过多种延伸的人体）的情况下，总是永远不断受到技术的修改”，[41] 而人们已经越来越被“编辑”与“设定”为渴求快乐的存在，追求直接作用于神经系统的快感。当然，我们并不能否认弹幕语言游戏的无功利性。观者乐于成为“逐弹幕而居”的快乐游牧者，正是被这种彼此分享和交换的交流感所吸引。这在当代社会显得尤为珍贵。只不过，我们还需要继续刻画这种快乐感、释放感对于人的细微“修订”。

在肯定弹幕的人看来，弹幕具有自在的、无穷无尽的创发力，如源头活水，不断更新当代汉语。这自然是十分美好的愿景。不过与口头表演一样，弹幕业已创造出了许多套话。固定格套在任何语言形式中都难以避免，但是弹幕流行语日渐突破“圈层”的辐射力，它对口语和书面语的改造力，乃至对人们思维方式的支配力，都不禁让人犹疑——弹幕语言到底是在释放创造力，还是在将创造力回收进极为平庸的、堪称流俗的表达方式里呢？而且这些套话，往往迅速转变为社交语言，卷入越来越多的使用者。试想，如果套话泛滥，势必有损语言本身的健康，使得语言使用者逐渐丧失个性化的，细腻、连贯且准确的表达能力。

那些随风而逝的弹幕文字，确实抒发了生命感受，但与“抒情”之抒、“书写”之书不同，弹幕不需编织进完整的叙述，而只是头脑中随时飘动的想法的短暂外化。它是否能真的沉入心灵，是否能够假借电子共享的形式，获取真正的深度交流，答案似乎不容乐观。持人文立场的学者认为：“音画构成的具象，多刺激感官，不触及心灵。耽溺日久，很容易使人产生惰性，形成按给定预设被动接受的知觉依赖，进而造成迟钝自闭，沟通不良。严重的，连生存都会发生问题。”[42]我们虽不必执着于人文主义的立场，但在拥抱改变的同时，仍需警惕互联网媒介对普通人生命状态，尤其是青少年主体形塑的影响。在B站这样的平台上，“弹幕用户被设定为一群单纯追逐快乐的人，而平台迎合（甚至监控、计算）用户需求来生产内容，从而形成了一个‘快乐’的闭环。这一闭环将带来‘人的再生产’：它召唤快速、固定、永不停歇的人类反应模式，从每一个神经元做起，在每一次欢笑中起步”[43]。

享受弹幕形式的趣味或创造性，也意味着遵循“弹幕场域”的游戏规则与反应方式，孜孜不倦地为其生产素材，通过观看行为给其增加流量。而“趣味”的蔓延，“笑声”的传递，无疑是对文化产品的最好宣传。学者朱利安·库克里奇在2005年发表的《不稳定玩工：改编者和数字游戏行业》中，首次提出了“玩工”（playbour）的概念，用以描述游戏玩家因为高度投入的玩耍和有建设性的反馈，进而被纳入游戏开发体系的情形。[44]后来，“玩工”的概念被西方传播政治经济学发展为“玩劳动”。“玩劳动”区别于马克思时代的劳动形式，它不是以令人痛苦的形式出现，而是植根于人性内部的驱动。在此驱动下，“玩工”们不是逃避劳动，而是享受和沉溺于劳动之中。使用弹幕与玩游戏，有着类似的劳动机制，通过激发人内心深处对于趣味和语言游戏的渴望，来不断生产和消费弹幕，充实与丰富互联网平台，进而为平台添砖加瓦。

再者，弹幕空间也绝非远离现实的世外桃源。实际上，在趣味的庇护下，其内里也潜藏着相当暴力的一面。由于弹幕的匿名性，以及监督惩罚机制的缺失，很容易看到各种类型的语言暴力。在四大名著的弹幕中，《红楼梦》由于人物众多，且多涉及男女世情，故而经常出现三观对垒、道德审判的局面，如网友的描述，“弹幕跟宫斗似的”。总体来看，弹幕对于生活的常态面、光明面，兴趣寥寥，但对于人性和生活的阴暗面，却有着略显病态的执迷。而这种执迷很难引向更深的体悟与思考。套用学者韩南的概括，弹幕里充满着波希米亚的狂想者与清教徒式的道德家，一面是狂舞的脑洞，一面是保守的审判。[45]弹幕空间盛产“道德家”，但人们在现实当中，却普遍感受到道德感的匮乏以及人情日趋冷漠的窘境。过剩的道德激情被投注于弹幕的交锋中，操纵键盘的双手自在飞舞，而行动的脚步却又日趋迟缓。媒介环境学家尼尔·波斯曼多次强调，理解媒介时需考量“新媒介在多大程度上提高或减弱了我们的道义感，提高或减弱了我们向善的能力”[46]。在此意义上，弹幕所表征的互联网时代的道德实践困境，值得继续探索。

## 小　结

## “电子人”的再生产

对于2020年B站四大名著的弹幕景观，已有不少媒体评论，[47]但文学研究界却几无回应。这是一个值得玩味的现象。当代的文学文化生活，已被高度地媒介化、信息化、景观化，因此弹幕版四大名著被媒体领域关注自是十分自然。但文学研究对此似乎陷入失语状态，除去重弹“娱乐至死”的批评论调，目前很少有进一步的开拓。为此，笔者此前曾撰写《弹幕版四大名著：“趣味”的治理术》(《读书》2021年第1期）一文专门探讨弹幕的趣味性问题，而本章在此基础上更为全面地梳理了弹幕给当代文学文化生活带来的影响。本章认为，弹幕版四大名著不仅内在于文化政治、文学生活、文学教育的历史谱系之中，更凸显了当代青年文学文化生活的显著特点，并表征了互联网媒介开辟出的、不同于单一印刷文明时代的读写、接受模式。在斯各特·拉什看来，以互联网为标志的科技文化的核心，正是“玩”，而此前的表达性文化核心是道德与判断。[48]印刷文明所培养出来的理性人追求“科学”，而互联网媒介上的冲浪者则追求趣味的自发性以及对潜意识的无尽展演。弹幕，正淋漓尽致地表现了信息流中“玩”的哲学。而传播政治经济学派所讨论的“玩劳动”“玩工”则为思考信息资本主义时代的主体塑造提供了更具批判性的角度。

是时候承认，“电子人”（electronic man）已与文字人（literate man）十分不同。[49]本章从弹幕的信息生产机制、社群感与口头性以及语言美学等方面细致分析了二者间的不同之处，最终落脚于探讨“人的再生产”这一无比严肃的议题。用“趣味”来“修改”人，由于高度体贴人性的诸多特点，因而显得尤为顺畅。这其中无功利的交流感、创造力的释放兼及僵化、人的舒展与“被设定”，无不同时并存，带来了难解而又切身的时代议题。这种个人化的话语方式，对于我们的文学生活、社会政治生活都将带来“毛细血管”般的隐微影响。鲍德里亚认为，媒介社会将带来价值中立与政治终结，其结果是普遍的沉默、惰性和虚无感。对身处互联网大国的我们，这些问题都有待回答，而被越来越多人习用的弹幕语言，无疑是探索之路上一个微小却又重大的案例。

# 第十章 “互联网鲁迅”

## ——现代经典的后现代命运

“五四新文化运动”一百周年之际，鲁迅“制造”了一起网络“塞车”事件。这个颇有些科幻味道的事件，发生于2019年5月7日，“事发地”乃是北京鲁迅博物馆（下文简称“鲁博”）的《鲁迅全集》在线检索系统。因短时间内访问量过大（仅上午半天就达到870万次），该数据库几度崩溃，毕竟其主要服务于小众的专业研究者，从未料到自己会有“出圈”的一天。网友之所以蜂拥而至，缘于前一天有媒体报道“鲁迅说过的话，可以一键查询”，遂纷纷赶来查验。他们困惑于网络上各种真假难辨的鲁迅语录表情包（即鲁迅形象及其话语的组合），怀抱着“打假”的兴味，闯入原本冷清的学院“地界”。[1]

早在1989年，鲁博与北京市计算机三厂共同研发的《鲁迅全集》检索系统软件就已通过验收。2007年鲁博官网上线后，该检索系统亦被纳入，为鲁迅研究者提供了极大便利。学院内的鲁迅研究者，向来与互联网上的鲁迅传播保持距离，亦不乏对后者的不屑之词。但讽刺的是，数据库竟串联起学界与网友，学者眼中最为严谨的文献检索与运用，在网友那里，被鼓噪为鲁迅"在线打假"的大众狂欢。

确实，鲁博亦需适应数字时代，学者开始下场直播，利用5G技术，带领观众置身于鲁迅故居，在实景与古物里追忆往日点滴。[2]凡此种种，只是为了不让鲁迅"博物馆化"，利用"新技术"焕发"老经典"的意义。正如鲁博前馆长、鲁迅研究专家孙郁所说，鲁迅本人便十分擅长利用博物馆等彼时的新媒介传播经典文化。[3]那么相应地，鲁迅其人其文，在近十年的互联网新媒介上，又是如何被传播与接受，彰显出何种文化症候与意义呢?

对这一问题的考察虽属个案研究，但鲁迅其人其文既在现代中国享有独一无二的经典地位，又是中文互联网上最常被调用、解构与再造的文学—思想资源，故而极致地体现出"现代"（印刷文明、启蒙理性等）与"后现代"（多媒体、流动与解构等）之间的延续与断裂。而其背后正是从印刷媒介向数字媒介的时代转型，文学经典亦不能自外于是。"新媒介"既从内部深刻重塑了"老经典"的存在状态，而"老经典"又为"新媒介"提供了不断再生的思想与语言资源。本章正试图以鲁迅的互联网传播为个案，直面这一不可逆转的、影响深广的碰撞与融合之路，并在对重要症候的提取与分析中，探寻兼具批判性与建设性的阐释路径。

## 一、人人皆可“鲁迅说”：经典的“数字化生存”

互联网上从不缺少对于鲁迅语句的摘录和引用，开篇所述的鲁迅语录表情包即近年来流行的一种方式。当然，执迷于“鲁迅说”实在不是什么新鲜事。虽然鲁迅本人曾撰文反对“摘句”和滥用名人名言，认为名人名言“往往是衣裳上撕下来的一块绣花”，“最能引读者入于迷途”。[4] 但对鲁迅语录的热情，在他辞世不久后便开始了。新中国成立前的鲁迅语录，主要有四种：雷白文的《鲁迅先生语录》(1937)、宋云彬的《鲁迅语录》(1940)、舒士心的《鲁迅语录》(1941)与尤劲的《鲁迅曰——鲁迅名言钞》(1946)。其中，影响最大的当数宋云彬的版本。其时《鲁迅全集》刚刚出版，宋云彬得以全面阅读、系统摘录。60年代末至70年代初，也曾掀起过编撰《鲁迅语录》的热潮。[5] 这些语录皆从编者的视角与立场出发，分主题、分类别地在鲁迅的文字中提纯、寻宝。鲁迅研究者也一直在进行这项工作，比如较为晚近的一本是阎晶明选编的《鲁迅箴言新编》(生活书店出版有限公司2017年版)，他在序言中特别强调，编撰该书的目的是引起读者兴趣，促使他们去完整阅读鲁迅的原文。

相比之下，互联网媒介虽延续了对于鲁迅语录的热情，却也改变了印刷时代的经典阅读与传播方式。普通受众不再经由“文化代理人”的普及与引导，从“语录”回溯至《鲁迅全集》。以这次的网络“塞车”为例，他们被涌至眼前的语言碎片激起兴趣，自认为“自由”地，实则是根据媒体“给定”的关键词，同时按下了检索键。鲁迅语录表情包中的语句，大多是伪造的且一眼便知（比如“我用生命写的文章，后人却用它来布置作业”等），而有些则一时间难辨真假（比如“我自己总觉得我的灵魂里有毒气”“呵呵呵”等）。而作为数据库的《鲁迅全集》，自然给他们提供了便捷轻盈且充满快感的查证渠道。

需强调的是，网络版语录与印刷版语录的核心区别，并非在于碎片化、娱乐化的阅读方式，而在于真假界限的消逝。一个有趣的对比是，早在1920年代，就有人假冒鲁迅行骗，还被他记录在案。[6]但在互联网上，人人皆可以鲁迅之名，说出想说的话，类似的造假行为如同汪洋大海，无处追责。同样，“在线打假”亦不为“求真”，而是追求“查证”的瞬间快感，这是继“伪造”之后的又一快乐源泉。网友前所未有地接近了《鲁迅全集》的原文，可又离它那么遥远，他们并不会由“语录”进入“全集”，从碎片走入整体。相反，他们会从一个碎片滑向另一个碎片，停留在表情包带来的眩晕里。根据东浩纪提出的“数据库消费”理论，在后现代的网络世界，人们从数据库（《鲁迅全集》在线检索系统）中选取素材制作拟像（鲁迅语录表情包），却不与完整的意义世界（《鲁迅全集》）发生关系。[7]而在让·波德里亚那里，鲁迅其人其文当然逃脱不了被符号化的命运，我们只是在使用一些早已与鲁迅无关的仿真符号，乐此不疲地彼此交换，而这些符号的社交意义、语用功能已经取代了语句的本来含义。[8]鲁迅语录表情包的价值，体现在“发送—接收”的社交行为本身，它的“互换性”和“无意义”，就是其意义本身。

关于鲁迅语录的语用学功能，最为典型地体现在对他的“怼人技巧”的推崇上。鲁迅因多次参与论战，被网友援引为网上论辩的殿堂级模板，其论辩的机锋被归纳为“怼人”的套路和技巧，而其“社会批评”与“文明批评”的深度自然也就被抛诸脑后。以“哔哩哔哩”（即B站）为例，就有《迅哥教你如何锤爆杠精》《鲁迅教你如何怼天怼地，还不带一句脏话》等热播视频。此外，每逢遭遇社会热点事件，网友也总是习惯性、自动化地援引“鲁迅说”，将其视为“社会批判”的“元语言”，以及批评深度的“天花板”。“鲁迅说”作为“终极真理”，也足够压倒不同声音，为尚未展开的讨论提前画上句号。鲁迅批判语言中的深刻自省以及历史与文化的纵深感，则很少（难）在互联网讨论中被继承。

1970年代利奥塔尔曾乐观地预测：“那些数据库将是明天

的百科全书，它们超出了每个使用者的能力，它们是后现代人的‘自然’”，因而应当“让公众自由地通往存储器和数据库”，因为“知识的储备就是语言的潜在陈述的储备”。[9] 对互联网原住民来说，以数据库形态储存的“鲁迅说”，确实是可以被无限检索、提取、拼贴和颠覆的自然资源，但我们却很难如利奥塔尔那般期待，其中会有可资留存的陈述/叙事出现。那些被检索出的“信息”在尚未凝结为“陈述”之时，已经被更新、更直白、更“一鸣惊人”的表情包消灭殆尽。而我们总是未加抵抗就加入这场名为“有趣”的无尽追逐中。

可以说，“互联网鲁迅”极为典型地昭示了经典性、时代性与娱乐性的彼此碰撞：鲁迅是20世纪中国地位最高、最具原创思想价值的作家，他的作品早已成为“超稳定教材”，参与奠立了现代汉语的规范。同时，他也是被数据化和信息化最完善的现代作家。其人其文又与互联网媒介十分契合，比如他的杂文文体本就伴随现代传媒而生，嬉笑怒骂、颠覆常规，尤为适合互联网传播；再比如《故事新编》又与网络文学有着极多相似之处……在他与互联网媒介极为“亲和”的前提下，媒介重塑了鲁迅的形象。

早在1980年代，“人间鲁迅”便始具体魄。互联网初兴时期，“人间鲁迅”的形象渐趋丰满，更为多元化、个性化与草根化的鲁迅阅读方式开始进入公众视野。借助葛涛编著的《网络鲁迅》与《网络鲁迅研究》，我们可以部分地看到2000年前后网友们关于鲁迅的看法。他们大都强调对于鲁迅“作为一个人而不是神的了解”，“鲁迅确是我们当中的一个，喜怒哀乐与共”。[10]对于鲁迅的阅读与讨论一直热度不减，而其“热度”亦带来争议与焦虑，十几年前网友便预感到：“当鲁迅被炒热的时候，其实是鲁迅的悲哀。我们已经习惯了娱乐化的生活……”[11]

2010年代无疑印证了网友的预言，“人间鲁迅”变身为“网红鲁迅”。如果说2010年的初代网红凤姐还需要靠贬低鲁迅来博取关注，那么行至2016年，资本已经“大言不惭”地将papi酱捧为“当代鲁迅”，把她的短视频比作互联网时代“国民性批判”的新方式。[12]到了2010年代末，鲁迅本人干脆被直接塑造为“超级网红”“中文世界第一梗王”“ACG（二次元）文化里的大佬”。在ACG领域，一直都有鲁迅的身影。比如，在游戏《守望先锋》中，“学医救不了中国人”就被用来讽刺辅助角色的效率太低；在游戏《白色相簿2》的多条恋爱线索中，鲁迅的符号被用来打压不同意见，被封为“白学先驱”（“白学”之“白”为双关语，既指游戏本身，也指白话文运动）。在B站上也不乏以鲁迅为主角的动漫，他既可以是穿越到异世界的英雄，也可以是具备超能力的文豪。鲁迅的作品也被改编为动画、漫画、互动小说等形式。有的年轻人则直呼鲁迅为“爱豆”（偶像），在微博上，鲁迅也拥有自己的超级话题社区（截至本章写作时，“鲁郭茅巴老曹”的经典作家中仅有他享受这一“待遇”)。

经过ACG文化、微信公众号文章与表情包等多种途径的重构，一个“熟悉而又陌生”的鲁迅形象诞生了——北漂族、美男子、甜食控、文艺青年、手工达人、老父亲、网文鼻祖、恶搞宗师、情书大王、资深影迷……新媒介竭尽全力制造鲁迅与受众之间的共鸣点，鲁迅被“降解”为一个涵盖不同身份、众多“技能点”的“数据库”，至于提取哪一重身份与“技能点”，则服务于热点议题与主流情绪，由此鲁迅的形象也朝着“日常性”“凡俗化”的方向趋于极致。

我们熟悉的“教科书鲁迅”一般遵循这样的认知途径：从历史背景到生平介绍再到作品细读乃至背诵和考试，难怪会有“一怕文言文，二怕写作文，三怕周树人”的说法。而“互联网鲁迅”显然采取了一种自主、轻松的阅读方式，[13]可以充分地挖掘“意识形态”之外的鲁迅形象。当然，这一塑造过程也必须依赖若干他人的介绍作为中介。2016年，鲁迅逝世八十周年之际，今日头条客户端曾基于从2015年10月1日至2016年10月1日的一年时间里5.5亿用户的阅读轨迹，推出了《“据”说鲁迅——2016鲁迅文学大数据解读报告》。报告中指出，网上最受关注的描写鲁迅的图书的前三位是：赵瑜的《小闲事：恋爱中的鲁迅》、陈丹青的《笑谈大先生》与林贤治的《一个人的爱与死》。[14]此外，类似萧红的《回忆鲁迅先生》、“中国唯一的美少年”（郁达夫语）等更早的记述，也常被网上的文章引用。总之，对于鲁迅日常性、凡人面的塑造已成主流，其结果便是屏幕前的“我”总能被某一个日常视角代入，进而消除了与鲁迅的距离感。如果说，“官方鲁迅”“学界鲁迅”和“教科书鲁迅”塑造了一个绝对高于个体的“大他者”“大权威”，那么“互联网鲁迅”则带来了打破秩序和权威的巨大快感，并且以“日常”为中介，将网友与鲁迅之间的共同点无限放大。

因而各种“鲁迅说”的引用，也主要是围绕当下个体的日常生活经验而展开。例如，《南方周末》的文章《“专访”1936年的鲁迅：你想对“佛系青年”说什么？》便颇为典型。[15]该文的时间设定在1936年5月4日，设置了“佛系青年”“丧偶式育儿”等当下热点话题，从《鲁迅全集》中截取、拼贴出对应的“答案”，虽不乏生硬之感，却也起到了良好的传播效果。这种精准狙击热点话题的媒体操作无可厚非，却也反映出当代文化的某种特质：日常生活无边无际，足以淹没所有的他异性与超越性，强大的自恋倾向已无可避免。让·波德里亚认为后现代的网络社会里，我们看到的都是“被信息之火模型化的东西”，我们所看到的“真实”，无一不是媒介剪辑、拼贴出的“样本”。[16]曾经的言说只能被媒体热点照亮，历史已经变成一个“陌生的国度”。

网友们曾对仿写鲁迅的作品抱有兴趣，比如《孔乙己》塑造了一个包纳不同阶级的“小世界”，因而可以被套用到不同场景，被视作万能的段子模板。但回顾2010年代，相较于对作品的仿写，碎片化的拼贴呈现出压倒性态势，人们越来越习惯于“向偌大的、充满想象生命的博物馆吸收养料，把里面所藏的历史大杂烩，七拼八凑地炮制成为今天的文化产品”[17]。互联网媒介鼓励共情式的读写，以极为媚俗的“幽默”和“热情”去引诱读者，舞动那个巨无霸般的鲁迅符号，应时而变地将之不断重组为流行元素的“数据库”。我们不得不感慨，曾经铿锵有力的“回到鲁迅那里去”的呼唤，在互联网大潮的冲击下已十分孱弱，因为鲁迅本身已经被符号化、功能化、媒介化了。“鲁迅那里”，又该是哪里呢？

## 二、“闰土”的赛博分身与“故乡”的新媒体再现

东浩纪在对日本御宅族文化的研究中，曾指出他们的文字文化，执着于描画人物细节、更新关系设定，对整体的故事和背后的意义漠不关心。也就是说，人物的魅力远远超过了故事本身。[18] 在互联网上，具备多重性格要素的人物形象确实可以令受众产生更直接的连带感，亦可更为灵活地被移植进各种叙事中。回顾近年来鲁迅作品的互联网传播，除了“鲁迅说”，最常被调用的确实是诸如阿Q、孔乙己、祥林嫂等人物形象，他们承载了某个群体的“类本质”，被沉淀为带有丰富文化隐喻的基本语汇。其中最具症候意味的人物，莫过于闰土。

闰土之所以受到互联网的“青睐”，首先离不开大众对他的熟知。他诞生于短篇小说《故乡》，而《故乡》发表于《新青年》第九卷第一号（1921年5月），1923年就被收于教科书中。藤井省三曾精辟地概括《故乡》的地位，即现代的“古典”与“超稳定教材”。除了在1970年代的课堂上短暂缺席外，《故乡》贯穿了近百年来国人的语文教育。[19] 藤井省三还曾以专书梳理了《故乡》自发表之日至1980年代的接受史，从中区分出作为事实的《故乡》和作为情感的《故乡》两种阅读方式。如今，前一种“实证主义”的方式更多地属于学院群体，而后一种才是互联网上的惯常模式，网友们尽情地颠覆往日被传授的“中心思想”，在文本的缝隙里寻觅空白点，展开属于自己的二次创作。

以此观之，2013年的一首古风网络歌曲《闰猹抄》提供了可供分析的例证。该曲脱胎于同年最为流行的古风歌曲《锦鲤抄》，重新填词后发布于5sing原创音乐平台和B站，一时间广为流布。所谓“闰猹抄”，讲述的是闰土和猹的爱情故事。“抄”的意思借自日语，意为从一个故事中截取一部分，《闰猹抄》便是从《故乡》中“盗猎”了一部分，加以重新叙述。有趣的是，“猹”字本是鲁迅根据闰土的方言发音所造出的字，他后来怀疑所指之物实为獾。[20] 也就是说，“猹”在原文本中更多的只是一个指代符号，无关轻重。但《闰猹抄》却以“猹”为绝对主角，通篇都在表白它对于闰土的爱意：“原来偷瓜是因为深藏眷恋，我用鲜血换你看我一眼”，而闰土直到多年后才明白猹的心意。整个叙事颇有些超越“人类中心视角”的新奇感，而歌词又带有浓烈的言情气息，配合曲调演绎出唯美凄婉的意境。如果单看歌词，或许与时下的流行爱情歌曲无异。但该曲还附有一段文言按语，以“异闻”的方式描写闰土和猹的故事，竟也有些《聊斋志异》的美学风味。

《闰猹抄》在内容和形式上都对《故乡》进行了改写。二者在形式上的反差尤其明显。《故乡》是现代白话小说最早、最为成功的实践之一，而《闰猹抄》却刻意追求“复古”的形式感，选择了古风音乐作为载体。当然，网络古风音乐绝非单纯的“复古”，它反而是新兴电子技术支持下派生出的“新纪元音乐”中的一种。传统与现代，竟然经由《故乡》扭结在一起。“古风”所择取的，是“少年闰土”的美好，而非“中年闰土”的悲剧。“古风”既是优美的，又是邈远的，它帮助听众短暂地、却又最大程度地抽离现实处境，沉醉于美好纯粹的爱情之中。[21] 总之，作为现代书写实践的《故乡》努力将现实含摄笔端，而《闰猹抄》则是竭力铺陈“想象界”的美好，遮掩“现实界”的疮疤。

可“现实界”的疮疤终究还在。在2010年代末的互联网上，总有这样一些耸动人心的文章标题：《故乡已不再是故乡，而我已经成为闰土》《我们都活成了中年闰土》等等。《故乡》更像是一个陪伴人们成长的作品。从学校步入社会，经历几番摔打之后，人们不约而同地表示，原来“我”就是那个混得很惨的“中年闰土”。这种“自然流露”的代入感实则是社会—历史机制共同塑造的结果。回顾《故乡》的接受史，人们对叙述人“我”、闰土和杨二嫂的态度一直在发生变化。大体看来，《故乡》刚发表时，它的读者是《新青年》所面对的知识群体，藤井省三称之为“四合院共同体”。这些知识精英代入的，是叙述人“我”的视角；左翼文化和1950—1970年代的社会主义文化，则转而强调备受压迫的闰土，论证革命才是希望之路。个人阅读行为中的“移情”作为意识形态工作的重要环节，被规范为（或是被询唤为）闰土的视角；而1980年代以来，小农身上残留的封建属性则被视作“现代化”的阻碍，因而成了复归的“国民性批判”的矛头所指。改革开放以来，人们对于离开农村、实现阶层跃升抱有强烈的渴望，自然不会再以闰土自况。

直到2010年代前期，人们依然在强调“闰土”的贬义色彩。最为人熟知的就是把“闰土”冠名于某位男歌手，用以嘲笑他所标榜的时尚，内里实则土味十足。这种居高临下的、戳穿式的指认，径直将“闰土”缩减为“土”的代名词。在贫乏的想象力下，不管是把该歌手ps进闰土刺猹的课本插图，还是在公共场合直接cosplay闰土[22]，虚拟的与肉身的闰土交织在一起，人们在言说、观看和表演中一再地确证自我的文化优越感。然而就在短短几年间，这种优越感翻转为代入感。2010年代末，土味文化伴随着抖音、快手等短视频平台的兴起，一时间成为“时尚”。正如土味文化宣告的那样，“美令人乏味，丑却有无数种可能”，“闰土”的冒犯感与杀伤力也随之下降，人们甚至乐于以此自嘲，宣泄浓重的无力感。阶层鸿沟日益固化，现实越来越难以改变，鲁迅所盼望的没有隔膜的新生活，远未到来。于是，《故乡》作为正在进行时的文本，再度将读者卷入，用文字映照他们的现实，让他们拥有了表达“无事的悲哀”的语言。

与此同时，在新的境遇下，知识分子也在尝试重新书写故乡。早在2012年，余世存作公开演讲《失格》，便提及“大家都是闰土。一种是麻木的、愚昧的闰土，一种是精明自私、愚蠢的闰土”[23]，这句话在随后被反复引用。而更多的知识分子尝试摆脱这种泛化的譬喻，寻求一种新的表达方式。对此抱有高度自觉的，是最近十年来一直从事非虚构写作的梁鸿，她曾公开表示，“不能像鲁迅那样写乡村”。她认为《故乡》的文学传统给当代的写作者带来了“影响的焦虑”，构成了让人不自觉套用的“先验知识”。她选择“放弃鲁迅身上承载文化和时代的命运，我就作为一个普通人来写作。避免‘乡村’这样的整体性隐喻，不要文化背负，不要概念，不要‘故乡’，不要‘农民’，它们都只是作为人物生长的元素之一存在于文本中”[24]。梁鸿设想以一种近乎自然主义式的记录，用文字去还原乡村的“生活实感”。

实际上，伴随着自媒体的勃兴，故乡的“生活实感”具备了更多元、直观的呈现渠道。就在自媒体蓬勃发展的最初阶段，2015—2016年间知识分子的“春节返乡书写”构成了一起不折不扣的媒体事件。这是学院知识分子试图在新媒体上，利用写作来呈现农村现实的严肃尝试，同时也招致不少争议。“返乡书写”中最为轰动的两篇，分别是彼时上海大学在读博士王磊光的《一位博士生的返乡笔记：近年情更怯，春节回家看什么》(原为演讲，后整理发布于澎湃新闻，2015年2月17日)与高校教师黄灯的《一个农村儿媳眼中的乡村图景》(原刊《十月》杂志2016年第1期，“当代文化研究”公众号2016年1月21日推送)。此外，也有不少学院知识分子(主要是出身农村的)投入其中，在春节前后书写自己的回乡见闻，并予以批判性的分析。这些文章的共同特点是，经过微信公众号和朋友圈的转发后，迅速发酵为热点话题。

“返乡书写”之所以引发关注，除了“踩准”了春节的时间点，根源还在于改革开放以来城乡差距日渐拉大、地区间发展极不平衡的基本事实。出身农村、来到城市求学的知识分子在年关时节穿行城乡之间，自然体会到极强的撕裂感，而自媒体又为袒露“心声”提供了最直接的渠道。与梁鸿自觉尝试的自然主义式记录类似，王磊光以“笔记”的体例缀合他的回乡见闻，其中还引用了主观性较强的日记。他的记录始终持有“博士”的身份感，并在结尾痛陈“知识的无力感”。他感慨今日知识分子已不能如鲁迅先生那般“肩住黑暗的闸门”，所记录的不过是“风中的呼喊”。[25] 王磊光的悲怆之语在引发共鸣之外，也引来不少批评。比如蒋好书提出“不要无力，直接行动”，常培杰强调理解农村问题要跳出知识人的局限，理解农村的内部逻辑，潘家恩提出要从“返乡书写”走向“书写返乡”，设想书写与行动的彼此联动。[26] 在反对的声音里，对于直接行动的强调压过了对于书写行为本身的肯定。“效能”与“行动”的判断标准占据主导地位。

一个悖论性的难题是，日益发达的科技足以将远在天边的人事物拉至眼前，却又难以提供恰如其分的话语再现“真实”。在启蒙神话破灭之后，知识分子不再具有言说与写作的绝对权威，而且仅凭其专业化的知识积累也无法全面把握复杂变动的社会现实，甚至可以说他们对于快速改变世界的重要力量（诸如资本、科技）及其运转逻辑已有不少隔膜，这与鲁迅写作《故乡》时已大有不同。那么知识分子还能够怎么书写故乡？书写故乡还有什么意义呢？与王磊光的“博士”定位不同，黄灯的选择更接近于梁鸿，她谨慎地选择了“亲人视角”，以“农村儿媳”的身份记录家人的故事，从而有效地避免了以偏概全、潜在优越感等指摘。不过优势与缺陷总是共存，她的返乡书写也被批评为过于感性，因而丧失了结构性的视野。

可叹的是，我们对于真诚的写作总是过于挑剔，而对于媒体上的“内容生产”又总是过于无力。2016年，互联网自媒体觉察到“返乡书写”的引流作用，迅速将之转化为“内容供给”，各种伪造的、套路化的“返乡体”出现，以表演性的姿态和伪善立场，逐步销蚀了人们对于这一书写方式的信任，学院知识分子也渐次离场。新媒体上迅速跟进的伪作，被时评人称为“鲁迅模仿秀综合征”[27]，实际上他们未必有此“抱负”。讽刺的是，《故乡》的文学传统虽被崇敬，但当代知识分子却没有接续的自信，“当代鲁迅”的称号与其说是褒扬，不如说是调侃，抑或沉重的负累。

相反，新媒体更主动地接管了再现“故乡”的使命。同样是在2016年，微信公众号“X博士”发布了《底层残酷物语》一文，集中展现了快手APP（当时用户已超过3亿）上当代农村里的种种匪夷所思的行为，该文以截图的方式并置了诸多超出人们理解范畴的诡异行为，并将之命名为“乡村魔幻主义”。这种更为直观的视觉呈现，在满足了人们的猎奇欲的同时也令人颇感不适，对于现实某一侧面的夸大，难道不就是扭曲吗？对于乡村/故乡的呈现，可谓一退再退，呈现的材料看似愈来愈客观，创作者的主观投射越来越克制（比如谨慎地选择文体：笔记、物语，只呈现“生活实感”“亲人视角”），却又悖论性地增大了失真的风险。过于“务实”与“局部”的视角，颠覆了“文学比历史更真实”的判断，压抑了在虚构与综合中“寻真”的文学潜能。

不管是节制地记录个人见闻，还是直接“搬运”视频素材，其实都共享了一个困境，即都找不到合适的言说方式来对应于复杂变动中的当下状况，尤其是当代的现实经常超出个体的理解范畴。人们不再共享一个关于“故乡”的大叙事，在拥有海量信息、新的不为人知的角度总能被挖掘出来的互联网媒介上，本就千差万别的乡村现实更是幻化出万千图景，所谓的“真实”已经被复数化为不可兼容的小叙事，而几乎所有试图宣称表现“真实”的再现方式都被祛魅为“虚拟”与“制作”的产物，而且当代个体也早已习惯于这种“后真相”的思维方式。在一定程度上，虚构文学不再享有对于“真实”的某种解释权，自觉的写作者对此颇为焦虑，其中也折射出当代中国文学观念中的瓶颈。《故乡》那种穿越时空的对于现实的深刻把捉，变得难以企及。每个时代都在为鲁迅所开创的文学传统招魂，同时又尝试克服其巨大的支配力量，从中寻觅自身勾连现实、语言与行动的方式。而这一问题在2010年代变得尤为尖锐，亟须开拓更具原创性、时代感与穿透力的整合方式。

## 三、说唱版《野草》：文学传统的“新感性”

如前所述，鲁迅其人其文在互联网上不断被打散和重构，这是否说明文学经典在互联网媒介上不可能被严肃对待了呢？或者说文学经典与其他的语料、素材、信息一样，都被均质化处理了呢？ 2020年初互联网上广受好评的说唱版《野草》，为回答这些问题带来了新的角度。这首歌曲由北京大学在读学生吴一凡与他的两位朋友共同制作，他们在鲁迅的散文诗集《野草》中选取了若干句子加以整合，并搭配裘沙等人的《野草》插画，在萃取了文学与美术的精华之后，整合出一部带有鲜明视听风格的音乐作品。

《野草》被改编为说唱音乐，既在意料之外，也在情理之中。《野草》是鲁迅1924—1926年间写作的23篇散文诗的合集，当时在创刊不久的《语丝》杂志上随写随发，1927年7月由北新书局出版。在陆续发表的过程中，青年人就竞相阅读，即使觉得有的篇章甚是难懂，却也不减热情。[28]《野草》是鲁迅的“自画像”，融汇了诗与哲学的精微，展现了鲁迅“主体构建的逻辑及其方法”[29]。而“难懂”，可以说是大家对于《野草》的共识。如钱理群所说，这是鲁迅“最尖端的文学体验”。那么，在人们印象中肤浅的、碎片化的互联网上，《野草》突然被热捧，还是不免令人好奇。说唱版的《野草》能否真的传递文学文本的复杂意涵？鲁迅本人并不希望青年人读《野草》，可它又总能吸引青年的兴趣，而对于《野草》的说唱改编，又当如何评价呢？

换个角度看，《野草》早已为各种文艺形式的改编预留了充足的空间，芭蕾舞、现代舞、话剧、交响乐、版画等多种形式都对《野草》有过呈现。可以说，《野草》挑战了文字的极限，具备通感、多维的特质。仅就《野草》与音乐的关系来说，学界已有较多阐发，比如孙玉石认为《野草》有着声韵美和节奏美，有“永恒的音乐的回响”。[30] 汪卫东认为《野草》“展现为一个空前复杂的曲式结构”，因而更像是一部宏大的交响组曲。[31] 孙郁则认为《野草》如同小夜曲，“灰暗里的独奏，忧伤而不失浑厚”[32]。此外，钱理群则更强调鲁迅的作品适宜朗读，在音响的震动中更能感知鲁迅的文字世界。有趣的是，更年轻的世代干脆选择了将言说与音乐相结合的说唱音乐作为《野草》的再现形式。

近十年来，说唱音乐在全世界迅速发展，在中国也经历了快速本土化的过程。这种音乐形式脱胎于1970年代纽约布朗克斯街区的街头嘻哈文化，黑人青年们在满怀敌意的文化氛围中发出了他们的“呐喊”。在数字音乐技术的加持下，只需要一台笔记本电脑和制作软件，就可以“撷取”（sampling）合适的片段，重新组织为有韵律、有节奏的音乐表达。这种节奏强且快，并配有快速念白的音乐形式，“集合而成一种独一无二的自我表现和精神旅行的仪式”[33]，它强调的是表达真实的生存经验，以及身处边缘的抗议。而《野草》所书写出的孤绝的生存体验，以及那些暗夜里的梦境碎片，恰巧与之若合符节。这一舶来的音乐形式与《野草》文本得以碰撞出一次语言的“新生”。

具体来说，说唱音乐抛给听众的，是湍急的语言之流。这首时长仅有4分30秒的《野草》，截取和重组了16篇散文诗，超过了总篇目的三分之二。[34] 因此在字句上会有极大的压缩，比如其中有句歌词“我在狂热中寒透过所有看见无所有”，其实是压缩了《墓碣文》一篇中的句子：“于浩歌狂热之际中寒；于天上看见深渊。于一切眼中看见无所有；于无所希望中得救。”这句充满哲学思辨色彩的表达本就晦涩凝练，在学者笔下需要“解经”般逐句解读，但是在说唱音乐中却只能被极大压缩。但在缩减了原意复杂性的同时，歌曲却也以直观和感性的方式，建造了微型的语言奇观，带来了别样的深度与力度。

鲁迅曾自述《野草》是他的“小杂感”，而说唱版的最大改动在于从“杂”中清理出一条故事线索，在有限的篇幅内讲述了一个完整的故事。创作者非常机敏地将“影子”作为主人公，展现他一路行走的遭遇，进而达到最后的觉醒。影子是在梦境中分离出来的另一个自我，在故事的行进中，他又具体化为“过客”，闯入夜色之中。影子痛心于充满奴性的小乞儿，继而经历了虚伪的爱情，目睹了平原上的看客，在希望与绝望的旋涡中生成了向上的热力，最终实现了作为一个“战士”的新生。可以看出，创作者在努力做到他所说的“实事求是读鲁迅”，非常出色地再现了《野草》的文学精神。说唱版《野草》在B站上已有千万级别的点击量，在伴随其播放的弹幕中，许多观众直言重新感受到了文字的力量，竟然“听着听着就拿起了《鲁迅全集》”。《鲁迅全集》，而不是在线检索系统，成了更具诱惑力的选择。

说唱版《野草》塑造了一种真诚的、带有自我强力与独立精神的感性氛围。《野草》原文中的黑暗、孤绝与自我毁灭的冲动，配合着裘沙等人绘作的黑白插图，不断在视频中闪现和强化，不过作品的整体气质与精神倾向最终导向了青年的觉醒与自我肯定。比如，歌曲中的“它烧尽我身上的锁”是创作者造出来的，在《死火》的原文中，“我”与死火同归于尽，而创造者更强调“我”的解放感。而歌曲中反复出现的“主人，不愿意再跟随你了”，将原文中的“朋友”置换为“主人”，凸显了影子与主人的决绝对立，少了从“朋友”身上剥离的牵扯与彷徨。再比如，歌曲中“还好勇士的血 已将花朵洒满家乡”“灯火接续发热发光”也都一改原作清冷阴沉的氛围，带有接续、传承的意味。

值得注意的是，听众与说唱版《野草》的相遇，并不是以文本对读、细读的方式展开，而是在短时间内接受了文字、音乐与美术的“集体轰炸”，感受到久违的震撼。借用朗西埃的术语，美学是指“可感性分配”（distribution of the sensible），它决定了什么是可见的、可听的以及能说的、能做的。[35] 说唱版《野草》便带来了一种新的感受机制，它让鲁迅的文字更为可见、可听和可感，听众或感到很“酷”，或感到很“真”，或感到很“美”，它中断了过于顺滑的互联网信息，给他们带来了不得不驻足的异质美感。在最为感性和内在的层面上，说唱版《野草》参与了青年人鲁迅观的塑造。

至此也就不能回避说唱音乐本身的美学，比如其内置的押韵模式。相形之下，原作“散文诗”的文体恰恰摆脱了韵脚的限制，伸张诗歌的自由度与表现容量，《野草》中各篇的文体风格颇有参差，极为自由。而说唱音乐虽然是以“言说”的方式来“歌唱”，实则却高度依赖押韵。在王逸群看来，押韵的程式导致了“自我钝化，缓慢地暴露出特定程式的表达能力的边界”，“磨损掉自身一往无前的意义向度”。[36] 说唱版《野草》以《好的故事》作为贯穿性的小节，一再提醒听众“影子”是故事的主角，不断回归到语义的起点，缓冲了其批判的力度。而其内在的押韵需求，确实也造成了部分语词的生硬和语义模糊。

而更有意味的是，当《好的故事》反复出现时，原文中揭明主旨的《题辞》却从未现身。《题辞》中写道：“我以这一丛野草，在明与暗，生与死，过去与未来之际，献于友与仇，人与兽，爱者与不爱者之前作证。”《野草》将笔触伸进了这些终极悖论的旋涡之中，试图用语言记录生命存在的晦暗体验。而在说唱的语言急流和回环的押韵中，这些矛盾着的共时结构难以存在。在音乐中，影子不断向前漫游，最终成了战士；而在文学中，影子进行了痛苦的内心对话，最终选择了自我牺牲和自我毁灭。毋宁说，前者是历时性的，后者是共时性的，经历着内心对话的永恒循环。总之，所有这些分析并非要对说唱版《野草》求全责备，相反，它本身已经做得非常出色。如是分析，恰恰是为了映衬出文学语言的特质与意义。

# 小　结

## 互联网需要经典

鲁迅作《野草》，如同于“画梦”中“写自己”。深夜里，孤灯下，他在写作中告别“文字的游戏国”和“做戏的虚无党”，无情地解剖自己的灵魂，记录下充满苦痛的质疑。在语言的极限处，他探入无物之阵，彷徨于无地，寻求绝望中的希望。相比之下，互联网仿佛永不入夜的白昼，它的语言永远是外向的、轻盈的、生动的、表演性的、速朽的，如同病毒般具有难以抵御的传染力。

但幸运的是，鲁迅的文字竟与互联网媒介有着种种契合之处，他深深地“打入”了互联网语言的基层架构。而本章的分析也试图描画出由批判至建设的某种可能性，在对于数据化与格言化、拼贴抑或改写的同情之批判中，鲁迅语言与网络语言的深层融汇早已彰显。而类似说唱版《野草》的改编，更是新的历史境况下青年人所塑造的语言“新感性”，在在提醒我们文学传统所具有的跨时代能量，乃至其“制衡”技术与媒介时的伟力与困顿。鲁迅的语言和写作，以一种异质的姿态，成为互联网生态中必不可少的一个环节，不断起到矫正与参照的作用。在极度抽象化、悬浮化、原子化的虚拟世界中，鲁迅其人其文成为中文互联网世界里通往他人、国族、现实世界与精神生活的重要驿站与枢纽所在。毕竟，新媒介与新人类也不可无所依傍。

如是看来，新旧媒介融合的巨变中，亦有不变。在“日不落”的互联网帝国里，那些暗夜里的孤独者，依旧负责“放人们到宽阔光明的地方去”，即便这是一条少有人走的路，一条正在巨变中显形的路：

> **爱夜的人于是领受了夜所给与的光明。**[37]

# 注　释

## 导　论　“文学中国”遭遇“赛先生”之后

［1］ 胡适：《〈科学与人生观〉序》，张君劢、丁文江等：《科学与人生观》，山东人民出版社 1997 年版，第 10 页。

［2］ 老舍：《不成问题的问题》，《老舍全集》第 8 卷，人民文学出版社 1999 年版，第 57 页。

［3］ 靳凡：《彷徨·思考·创造——致〈公开的情书〉的读者》，《公开的情书》，北京出版社 1981 年版，第 169 页。《公开的情书》写于 1972 年 3 月。

［4］ 吴稚晖：《新世纪之革命》，《新世纪》第 1 期（1907 年 6 月）。

［5］ 金观涛、刘青峰：《从“格物致知”到“科学”、“生产力”——知识体系和文化体系的思想史研究》，《观念史研究：中国现代重要政治术语的形成》，法律出版社 2009 年版，第 359 页。

［6］ 巴里·巴恩斯：《局外人看科学》，鲁旭东译，东方出版社 2001 年版，第 22 页。

［7］ 陈独秀：《本志罪案之答辩书》，任建树等编：《陈独秀著作选》第 1 卷，上海人民出版社 1993 年版，第 443 页。

［8］ 瞿秋白：《饿乡纪程——新俄国游记》，《瞿秋白文集　文学编》第

一卷，人民文学出版社 1985 年版，第 30 页。

［9］ Donna Haraway, “Situated Knowledges: The Science Question in Feminism and the Privilege of Partial Perspective”, *Feminist Studies*, Vol. 14, No. 3 (Autumn, 1988), pp. 575–599.

［10］ 张帆：《还原“赛先生”：近代中国“科学”概念人格化溯源》，《学术月刊》2023 年第 2 期。

［11］ 张帆：《还原“赛先生”：近代中国“科学”概念人格化溯源》，《学术月刊》2023 年第 2 期。

［12］ 参见罗志田：《物质的兴起：20 世纪中国文化的一个倾向》，《裂变中的传承——20 世纪前期的中国文化与学术》，中华书局 2009 年版。

［13］ 参见王汎森：《“儒家文化的不安定层”——对“地方的近代史”的若干思考》，《近代史研究》2015 年第 6 期。

［14］ 鲁迅：《祝福》，《鲁迅全集》第 2 卷，人民文学出版社 2005 年版，第 7 页。

［15］ 鲁迅：《祝福》，《鲁迅全集》第 2 卷，人民文学出版社 2005 年版，第 7 页。

［16］ 汪晖：《历史幽灵学与现代中国的上古史——古史 / 故事新辨（下）》，《文史哲》2023 年第 2 期。

［17］ 参见张帆：《还原“赛先生”：近代中国“科学”概念人格化溯源》，《学术月刊》2023 年第 2 期。

［18］ 张帆：《还原“赛先生”：近代中国“科学”概念人格化溯源》，《学术月刊》2023 年第 2 期。

［19］ 于光远：《谈谈科学和民主》，《论社会科学研究》，四川人民出版社 1981 年版，第 300—301 页。

［20］ 现代中国的科学体制化自 20 世纪 10 年代就开始，1949 年以后逐渐形成“大科学体制”，即以国家科委、国防科委、中国科学院为主干，形成比较完善的国家科研领导体制。“这一体制以国家科委和各级地方科委为政府

科技主管部门；以科学院系统、高等院校科技系统、产业部门科技系统、国防科技系统和地方科技系统等为研究与开发五路大军；以中国科协、各级地方科协为联系政府和科学家的桥梁"，最终实现科学建制国家化。参见段治文：《当代中国的科学文化变革》，浙江大学博士学位论文，2004 年，第 63 页。

［21］ 易莲媛：《"群众科学"与新中国技术政治研究述评》，《开放时代》2019 年第 5 期。

［22］ 汪晖：《"科学主义"与社会理论的几个问题》，《死火重温》，人民文学出版社 2000 年版，第 103 页。

［23］ 张灏：《五四运动的批判与肯定》，《张灏自选集》，上海教育出版社 2002 年版，第 233 页。

［24］ Hua Shiping, *Scientism and Humanism: Two Cultures In Post-Mao China (1978–1989)*, State University of New York Press, 1995.

［25］ 邹谠：《中国革命再阐释》，牛津大学出版社 2002 年版，第 42 页。

［26］ Seo-Young Chu, *Do Metaphors Dream of Literal Sleep? A Science-Fictional Theory of Representation*, Harvard University Press, 2011.

［27］ 钱理群编著：《钱理群新编鲁迅作品选读》，当代世界出版社 2022 年版，第 110 页。

## 上篇　历史转轨中的"赛先生"
## 文学的"游说"与"游离"

### 第一章　社会主义文化与科学话语的复杂张力

——以蒋子龙的工业题材小说为例（1975—1982）

［1］ 刘擎：《现代化：挣脱魔咒的解放——金观涛教授谈话录》，《当代

青年研究》1989 年第 1 期。

［2］ 参见邹谠:《中国革命再阐释》，牛津大学出版社 2002 年版，第 79—80 页。

［3］ 洪子诚:《中国当代文学史（修订版）》，北京大学出版社 2007 年版，第 259 页。

［4］ 蒋子龙:《"重返工业题材"杂议——答陈国凯》,《蒋子龙文学回忆录》，广东人民出版社 2017 年版，第 60 页。此文是为了回应陈国凯于 1989 年 3 月 17 日在《人民日报》上发表的公开信《重新开始吧！——致蒋子龙》。

［5］ 蒋子龙:《"重返工业题材"杂议——答陈国凯》,《蒋子龙文学回忆录》，广东人民出版社 2017 年版，第 59 页。

［6］ 蒋子龙曾回忆调入作协非他本愿:"后来市里下令，以主持常务工作为由，'强行'将我调入作家协会——虽然市委宣传部的领导征求我意见时被我拒绝过。"蒋子龙:《自豪与悲情：一个老工人的述说》,《同舟共进》2010 年第 8 期。

［7］ 徐庆全的《〈乔厂长上任记〉风波及其背后——从两封未刊信说起》（《读书文摘》2010 年第 9 期）一文对两极评价给出了充分的材料支撑与合理的解释，此处不赘。

［8］ 参见刘锡诚:《在文坛边缘上——编辑手记》，河南大学出版社 2004 年版，第 340—341 页。

［9］ 刘锡诚:《在文坛边缘上——编辑手记》，河南大学出版社 2004 年版，第 342 页。

［10］ 敏:《对小说〈乔厂长上任记〉的反应》，中国社会科学院文学研究所动态组编:《文学研究动态》1979 年第 19 期，参见刘锡诚:《在文坛边缘上——编辑手记》，第 343—346 页。之后主流文学界对蒋子龙的支持力度丝毫不减，1979—1985 年全国六次短篇小说评奖，他三次获奖并两次夺冠，三届中篇小说评奖也次次高中。

［11］ 行人 :《壮哉斯人！壮哉斯文！——略论蒋子龙的"改革题材"

小说》,《文艺评论》1985年第5期。围绕《乔厂长上任记》展开的争论，还可参见徐勇:《"改革"意识形态的起源及其困境——对〈乔厂长上任记〉争论的考察》,《中国现代文学研究丛刊》2014年第6期。

[12] 蒋子龙:《小说是作家更深刻的自白》,《蒋子龙自述》，大象出版社2002年版，第105页。

[13] 蒋子龙、李云、王彧:《当代文学的"现实主义叙事"，正等待着一次突破》,《蒋子龙文学回忆录》，第184页。

[14] 蒋子龙、李云、王彧:《当代文学的"现实主义叙事"，正等待着一次突破》,《蒋子龙文学回忆录》，第184—185、185页。

[15] 1975年正面描写"老干部"虽有着较强的舆论基础与群众基础，但确实还存在相当的风险。《机电局长的一天》发表之后，便引发了对《人民文学》和蒋子龙个人的批判。蒋子龙回忆说正因为他写了老干部，"就理所当然地给这篇小说扣上了'宣扬唯生产力论'、'宣扬阶级斗争熄灭论'等七顶帽子"。参见《蒋子龙自述》，第105页。关于这场风波的详细过程，参见吴俊:《环绕文学的政治博弈——〈机电局长的一天〉风波始末》,《当代作家评论》2004年第6期。

[16] 蒋子龙:《自豪与悲情：一个老工人的述说》,《同舟共进》2010年第8期。

[17] "如果仔细考察十一届中央委员的情况，则更可以看清老同志在粉碎'四人帮'后的总体地位。在全部201位中央委员中，只有邢燕子、朱光亚、林丽韫、宝日勒岱等19人是建国后入党的。"程美东:《1976—1978中国社会的演化——兼论华国锋时期政治环境的变动与十一届三中全会的召开》,《学习与探索》2008年第6期。

[18] 参见蒋子龙:《大地和天空》,《蒋子龙选集》(三)之"第四卷：不惑文谈"部分，百花文艺出版社1983年版，第418页。

[19]《前言》，参见张志英编:《蒋子龙代表作》，河南人民出版社1989年版，第10页。

[20] 蒋子龙的中篇小说《开拓者》(《十月》1980年第6期)里就已经开始抨击领导队伍的老化问题，另一代表作《赤橙黄绿青蓝紫》(《当代》1981年第4期)则讲述了青年干部解净的成长故事。领导干部的年轻化是大势所趋，不过他们也是在老干部的权力格局和路线观念的基础上继续开展工作的。

[21] 蒋子龙：《写给厂长同志们》，蒋子龙：《不惑文谈》，上海文艺出版社1984年版，第72页。

[22] 涂光群、张书群：《我和〈乔厂长上任记〉及其它》，《长城》2012年第3期。

[23] 蒋子龙：《小说杂谈》，《蒋子龙选集》(三)之“第四卷：不惑文谈”部分，第378—379页。

[24] 李怀印在国企研究中提出了“厚层理性和厚层描述”的研究方法。他认为理解国企职工的行为选择时不能完全从“经济主义”(无视群体利益和规则，只追求个人利益最大化)的假设出发，而应当将他们的行为规则视为“一种‘受约束的抉择’(choice within constraints)，其所体现的理性，属于‘情境制约的理性’(context-bound rationality)。如果说传统的理性抉择概念体现的是一种‘薄层’(thin)理性的话，后一种则是‘厚层’(thick)理性，是植根于当地的社会文化土壤、受限于特定制度情境的理性”(李怀印、黄英伟、狄金华：《回首“主人翁”时代——改革前三十年国营企业内部的身份认同、制度约束与劳动效率》，《开放时代》2015年第3期)。在这个意义上，蒋子龙的小说较为成功地呈现出了当时的“语境”(context)，其人物的现实性与真实性体现在他们的行为受到“厚层”(thick)理性的制约。有效的文学叙事与有效的社会研究具有高度的共通性。

[25] 蒋子龙：《跟上生活前进的脚步——创作笔记》，《蒋子龙选集》(三)之“第四卷：不惑文谈”部分，第355—356页。

[26] 新中国成立后就已经出现了鼓动老干部撰写革命回忆录的呼吁，《文艺报》1958年第21期就曾推出《革命回忆录》专辑。程光炜《文学的“超克”——再论蒋子龙小说〈机电局长的一天〉》一文也对回忆录有所讨论，参

见程光炜编：《七十年代小说研究》，中国社会科学出版社 2014 年版，第 22—23 页。黄平《〈机电局长的一天〉〈乔厂长上任记〉与新时期的“管理”问题——再论新时期文学的起源》(《当代作家评论》2016 年第 5 期）对此也有讨论。

[27] 蒋子龙：《机电局长的一天》,《人民文学》1976 年第 1 期。

[28] 蒋子龙：《机电局长的一天》,《人民文学》1976 年第 1 期。

[29] 蒋子龙：《乔厂长上任记》,《人民文学》1979 年第 7 期。

[30] 蒋子龙：《乔厂长上任记》,《人民文学》1979 年第 7 期。

[31] “按经济规律办事”乃是时代主流意识之一。蒋子龙所在的天津重型机器厂厂史里也写道：“实践告诉我们：要加强领导班子的建设，建立现代化管理的观念，各级领导干部必须从‘经验’和‘苦干’走向科学。改变那种凭经验、凭上级指示、凭红头文件办事的传统作法。早在一九一八年列宁就讲过：‘要管理就要内行，就要精通生产的一切条件。就要懂得高度的生产技术，就要有一定的科学修养。’现在，就我们所处的条件来说，在革命化的前提下领导干部的知识化已经成了一个越来越重要的课题。”《天津重型机器厂厂史》编写组：《天津重型机器厂厂史（1958—1983）》，内部发行，1985 年版，第 68 页。

[32] 蒋子龙：《弧光》,《蒋子龙中篇小说集》，湖南人民出版社 1982 年版，第 461 页。

[33] 蒋子龙：《乔厂长后传》,《人民文学》1980 年第 2 期。

[34] 蒋子龙、李云、王彧：《当代文学的“现实主义叙事”，正等待着一次突破》,《蒋子龙文学回忆录》，第 189 页。

[35] 蒋子龙：《开拓者》,《十月》1980 年第 6 期。

[36] 蒋子龙：《机电局长的一天》,《人民文学》1976 年第 1 期。

[37] 蒋子龙：《拜年》,《人民文学》1982 年第 3 期。

[38] 参见阎纲：《序》,《蒋子龙中篇小说集》，湖南人民出版社 1982 年版。

［39］ 哈里·布雷弗曼：《劳动与垄断资本——二十世纪中劳动的退化》，方生等译，商务印书馆1979年版，第78页。

［40］ 梁漱溟：《人类创造力的大发挥大表现——试说明建国十年一切建设突飞猛进的由来》，《梁漱溟全集》第三卷，山东人民出版社2005年版，第472—473页。

［41］ 蒋子龙：《乔厂长上任记》，《人民文学》1979年第7期。

［42］ 梁漱溟曾描述过社会主义制度应当做到的对人的安顿状态："这种制度使得各个人再没有什么身家问题的牵挂，是那些资本社会中人所设想不到的。你不必怕失业挨饿，不必怕染病受伤，不必怕年老无靠，亦不用虑及身后的丧葬，连你那老亲的丧葬之费都给安排下了。……总之，把你的身家安顿在集体中，与集体打成一片。此时为公即所以为私，为私即必要为公，不复是两回事。"（梁漱溟：《人类创造力的大发挥大表现——试说明建国十年一切建设突飞猛进的由来》，《梁漱溟全集》第三卷，第466页。）金凤池"施恩"的做法与社会主义的"安顿"表面相似，但区别在于金凤池的做法是以公家权力谋取个人威望，其目的并非将个人更好地组织进集体。

［43］ 蒋子龙：《一个工厂秘书的日记》，《新港》1980年第5期。

［44］ 蒋子龙：《一个工厂秘书的日记》，《新港》1980年第5期。

［45］ 蒋子龙：《一个工厂秘书的日记》，《新港》1980年第5期。

［46］ 蒋子龙：《拜年》，《人民文学》1982年第3期。

［47］ 蒋子龙：《招风耳，招风耳！》，张志英编：《蒋子龙代表作》，河南人民出版社1989年版，第217页。

［48］ 刘跃进：《10年改革中价值观的10个转变》，武虹光编：《影响中国20年经济体制改革论文精选（1989—1998）》，经济科学出版社1998年版，第783页。

［49］ 蒋子龙：《乔厂长上任记》，《人民文学》1979年第7期。

［50］ 蒋子龙：《狼酒》，张志英编：《蒋子龙代表作》，河南人民出版社1989年版，第139页。

[51] 蒋子龙:《狼酒》,张志英编:《蒋子龙代表作》,河南人民出版社1989年版,第140—141页。

[52] 蒋子龙:《狼酒》,张志英编:《蒋子龙代表作》,河南人民出版社1989年版,第142—143页。

[53] 蒋子龙:《乔厂长上任记》,《人民文学》1979年第7期。

[54] 蒋子龙:《关于〈乔厂长上任记〉的通讯》,《蒋子龙选集》(三)之“第四卷:不惑文谈”部分,第316页。

[55] 蒋子龙:《〈乔厂长上任记〉的生活账》,《蒋子龙选集》(三)之“第四卷:不惑文谈”部分,第312页。

[56] 张锲、陈桂棣:《主人》,《当代》1984年第3期。

[57] 李新宇:《改革者形象塑造的危机》,《当代文艺思潮》1986年第6期。

[58] 参见金国华、郑朝晖:《“清官意识”:审察、反思与批判——从〈乔厂长上任记〉〈新星〉谈起》,《小说评论》1988年第3期。

[59] 司马真:《包公地位上升的反思》,《新观察》1987年第18期。

[60] 建国:《发表〈衰与荣〉后的柯云路》,《文艺报》1988年3月5日。

[61] 苏奎:《“清官”“铁腕”与改革小说》,《文艺评论》2016年第1期。

[62] 黄平:《〈机电局长的一天〉〈乔厂长上任记〉与新时期的“管理”问题——再论新时期文学的起源》,《当代作家评论》2016年第5期。

[63] 列宁:《苏维埃政权的当前任务》,《列宁全集》第三十四卷,人民出版社1985年版,第170页。

[64] 中国工商行政管理代表团编:《美国怎样培养企业管理人才》,中国社会科学出版社1980年版,第16页。

[65] 中国工商行政管理代表团编:《美国怎样培养企业管理人才》,第16—17页。

[66] 列宁:《苏维埃政权的当前任务》,《列宁全集》第三十四卷,人民出版社 1985 年版,第 179—180 页。加粗字体为原文所有。

[67] 列宁:《苏维埃政权的当前任务》,《列宁全集》第三十四卷,人民出版社 1985 年版,第 161 页。加粗效果为原文所有。

[68] 夏尔·贝特兰:《中国的文化大革命与工业组织——管理以及劳动分工的变革》,中国工人研究网编译,中国文化传播出版社 2010 年版,第 54 页。

[69] 蒋子龙:《写给厂长同志们》,蒋子龙:《不惑文谈》,上海文艺出版社 1984 年版,第 71 页。

[70] 毛华鹤:《反思"工业学大庆"》,《炎黄春秋》2013 年第 5 期。

[71] 蒋子龙:《机电局长的一天》,《人民文学》1976 年第 1 期。加粗字体为原文所有。

[72]《人民文学》编辑部编:《短篇小说选(六)》,人民文学出版社 1981 年版,第 574 页。

[73]《蒋子龙文集第 8 卷　乔厂长上任记》,人民文学出版社 2013 年版,第 18 页。

[74] 蒋子龙:《机电局长的一天》,《人民文学》1976 年第 1 期。

[75] 梁漱溟:《人类创造力的大发挥大表现——试说明建国十年一切建设突飞猛进的由来》,《梁漱溟全集》第三卷,第 475 页。

[76] 蒋子龙:《机电局长的一天》,《人民文学》1976 年第 1 期。

[77]《人民文学》编辑部编:《短篇小说选(六)》,人民文学出版社 1981 年版,第 577—578 页。

[78]《蒋子龙文集第 8 卷　乔厂长上任记》,第 21 页。着重号为笔者自加。

[79] 蒋子龙:《机电局长的一天》,《人民文学》1976 年第 1 期。

[80] 蒋子龙:《开拓者》,《十月》1980 年第 6 期。

[81] 关于群众路线的研究,参见贺照田:《群众路线的浮沉——理解改革开放四十年的一个重要视角》,《二十一世纪》2018 年第 12 期。

[82] 蒋子龙：《乔厂长后传》，《人民文学》1980年第2期。

[83] 蒋子龙：《乔厂长后传》，《人民文学》1980年第2期。

[84] 韦君宜：《告状》，《老干部别传》，人民文学出版社1983年版，第4页。

[85] 贾文娟：《从热情劳动到弄虚作假："大跃进"前后日常生产中的国家控制与基层实践——以对广州市TY厂的考察为例（1956～1965）》，《开放时代》2012年第10期。

[86] 华尔德：《共产党社会的新传统主义——中国工业中的工作环境和权力结构》，龚小夏译，牛津大学出版社1996年版，第138页。

[87] 蒋子龙、李云、王彧：《当代文学的"现实主义叙事"，正等待着一次突破》，《蒋子龙文学回忆录》，第188页。

[88] 林丕：《企业民主管理刍议》，《群众论丛》1980年第1期。

[89] 蒋子龙：《自豪与悲情：一个老工人的述说》，《同舟共进》2010年第8期。

[90] 蒋子龙：《晚年》，张志英编：《蒋子龙代表作》，河南人民出版社1989年版，第96页。

[91] 蒋子龙：《晚年》，张志英编：《蒋子龙代表作》，河南人民出版社1989年版，第104页。

## 第二章 "科学家英雄"的诞生及其后果

——论徐迟的报告文学《哥德巴赫猜想》

[1] 刘锡诚：《在文坛边缘上——编辑手记》，河南大学出版社2004年版，第84页。

[2] 周明在《难忘徐迟》（《文艺报》2014年10月20日）一文中，曾回忆时任《人民文学》主编张光年对徐迟创作《哥德巴赫猜想》的支持："我们就是要为知识分子正名，重塑他们的形象。"

［3］ 欧阳哲生：《生命中的第一次起飞》，收入向继东主编：《革命时代的私人记忆》，花城出版社 2010 年版，第 191 页。

［4］ 有意味的是，《高山与平原》讲述了华罗庚从数学理论转向应用数学的过程，高山和平原分别隐喻了二者，这一转向代表了科学领域的“群众路线”。相比之下，陈景润研究的数论则是距离群众实际应用最远的。

［5］《中共中央关于召开全国科学大会的通知》，收入《向科学技术现代化进军：全国科学大会文件汇编》，人民出版社 1978 年版，第 9 页。

［6］ 随后还出现了以陈景润为题材的连环画，参见王立志：《陈景润》，上海人民美术出版社 1980 年版；林玉宇：《陈景润四探数学山》，福建人民出版社 1982 年版；林玉宇：《青年数学家陈景润》，福建人民出版社 1982 年版；林玉树、周文斌：《皇冠上的明珠——陈景润的故事》，四川人民出版社 1980 年版。《中国摄影》与《人民画报》等杂志也都刊登了陈景润的画像。

［7］《哥德巴赫猜想》（1978）、《在湍流的涡漩中》（1978）、《生命之树常绿》（1978）连同徐迟之前写作的《地质之光》（1977）、《石油头》（1977）、《祁连山下》（1956）共同结集为报告文学作品集《哥德巴赫猜想》，赶在 1978 年 4 月出版，向全国科学大会献礼。

［8］ 陈景润最早见报的消息是 1956 年 8 月 24 日的《人民日报》上的简短文字。1973 年新华社记者顾迈南为陈景润写了两篇内参，并被江青看到。江青被陈景润深深感动，请示毛主席做出抢救批示，这使得陈景润的处境从此大变（参见丁东：《让江青流泪的陈景润》，《文史博览》2011 年第 3 期）。而在陈景润传记和亲友写的怀念文章中，则增加了生活内容和社会关系的描写，使他的形象更具烟火气息。

［9］ 刘锡诚：《在文坛边缘上——编辑手记》，第 85 页。

［10］ 秦牧：《探访“数学奇人”陈景润》，《秦牧全集 · 补遗卷》，人民文学出版社 2004 年版，第 297 页。

［11］ 秦牧：《探访“数学奇人”陈景润》，第 299—300 页。

［12］ 秦牧：《探访“数学奇人”陈景润》，第 300 页。

［13］ 秦牧：《探访“数学奇人”陈景润》，第 300—301 页。

［14］ 秦牧：《探访“数学奇人”陈景润》，第 300 页。

［15］ 参见陆士虎：《黄宗英哭徐迟》，《人民日报（海外版）》2000 年 4 月 12 日。

［16］ 周明：《漫游在科学王国里——陪同作家徐迟采访散记》，王凤伯、孙露茜编：《中国当代文学研究资料 · 徐迟研究专集》，浙江文艺出版社 1985 年版，第 75 页。

［17］《哥德巴赫猜想》，《人民文学》1978 年第 1 期。以下引用皆出于此版，不再逐一注明。

［18］ 张勐：《情感和形式：中国当代小说中的知识分子叙事（1949—1979）》，浙江大学出版社 2021 年版，第 322 页。

［19］《中国当代文学研究资料 · 徐迟研究专集》，第 293 页。

［20］ 徐迟：《写了〈猜想〉之后》，《中国当代文学研究资料 · 徐迟研究专集》，第 250—251 页。

［21］ 李泽厚：《批判哲学的批判：康德述评（修订第六版）》，生活 · 读书 · 新知三联书店 2007 年版，第 83 页。

［22］ 柄谷行人：《日本现代文学的起源》，赵京华译，生活 · 读书 · 新知三联书店 2003 年版，第 70 页。

［23］ 近年来出现一些对知识分子“检讨书”的研究，比如钱理群《1952—1969：读王瑶“检讨书”》（收入《岁月沧桑》，东方出版中心 2016 年版）、洪子诚《1966 年林默涵的检讨书》（《材料与注释》，北京大学出版社 2016 年版）。此外，木山英雄《人歌人哭大旗前：毛泽东时代的旧体诗》（生活 · 读书 · 新知三联书店 2016 年版）则通过解读毛泽东时代的旧体诗写作，解读知识分子的隐微心迹。将这些文本与“新时期”文学中的“自白”对比，可以另成脉络，需另作探讨。

［24］ 柄谷行人：《日本现代文学的起源》，第 79—80 页。

［25］ 徐迟：《关于报告文学问题的讲话》，《中国当代文学研究资料 · 徐

迟研究专集》，第 224 页。

［26］ 马克思：《路易·波拿巴的雾月十八日》，人民出版社 2018 年版，第 8 页。

［27］ 徐迟：《关于报告文学问题的讲话》，《中国当代文学研究资料·徐迟研究专集》，第 240 页。

［28］ 周明：《春天的序曲——〈哥德巴赫猜想〉发表前后》，《百年潮》2008 年第 10 期。

［29］ 徐迟：《写了〈猜想〉之后》，《中国当代文学研究资料·徐迟研究专集》，第 252 页。

［30］ 邓小平：《在全国科学大会开幕式上的讲话》（1978 年 3 月 18 日），《向科学技术现代化进军：全国科学大会文件汇编》，第 37 页。

［31］ 吴文俊：《向科学技术现代化进军》，《人民日报》1977 年 8 月 11 日。

［32］ 韩毓海：《李泽厚、刘再复、甘阳对我们时代的影响——八十年代的反思与继承》，《当代作家评论》2010 年第 2 期。

［33］ 徐迟：《关于报告文学问题的讲话》，《中国当代文学研究资料·徐迟研究专集》，第 241 页。1975 年中国国家登山队第二次成功登顶珠峰，人民文学出版社 1977 年版的《踏上地球之巅》便记录了此次登山经历，徐迟所参考的报告文学集，很可能就是这本。

［34］ 徐庆全：《风雨送春归——新时期文坛思想解放运动记事》，河南大学出版社 2005 年版，第 280—282 页。徐文中的"《光明日报内部通讯》"应为"《光明日报通讯》"。此外，《哥德巴赫猜想》的传播，也与"民科"的诞生关系密切，此处不再赘述。关于"民科"与群众科学的关系，参见闫作雷：《从"群众科学"到"民科"：新时期科幻的一个侧面》，《文艺理论与批评》2019 年第 6 期。

［35］ 为了配合这场讨论，《中国青年》1978 年第 1 期特地刊登罗荣桓和毛泽东的家书。罗荣桓写给儿子罗东进的三封家信里说道："你要集中最大的精力，用在学习专业上，任何分散心事都是对你不利的，也是不许可的。"

（1961 年 11 月 6 日）；“空谈政治的倾向你要再三记住，力加避免。你们学不成专业，你们就没有实现党和国家的期望，有负党和国家的期望。”（1962 年 3 月 12 日）1978 年第 4 期则刊登了毛泽东给毛岸英、毛岸青的信：“只有科学是真学问，将来用处无穷。”“趁着年纪尚轻，多向自然科学学习，少谈些政治。”（1941 年 1 月 31 日）并配有大幅手迹照片。这样的引用脱离了家书的具体时间和语境，目的是为“专”建立合法性。

［36］《在青年中可不可以提倡学习陈景润？——关于红专问题的讨论》，《中国青年》1978 年第 1 期。

［37］ 李庆堃：《从“不要干扰”谈起》，《中国青年》1978 年第 2 期。政治工作要为学习和日常生活服务的观点在当时比较普遍，比如《中国青年》1979 年第 1 期刊载杨德广的文章《以学习为中心开展思想政治工作》，立意更为显豁。曾经引领青年人生方向的“思想政治工作”开始边缘化、附庸化，这从共青团中央主办刊物、共和国重要宣传刊物《中国青年》80 年代以来的办刊特色也可以看出来。《浅谈“政治好”》（《光明日报》1978 年 9 月 25 日）认为不同的人有不同的途径实现“红”。工人、科技人员和领导干部、政治干部有不同的方式。这实际上也呼应了讨论中陈景润和雷锋都“红”的观点。

［38］ 来稿摘编，作者徐振清，《中国青年》1978 年第 3 期。

［39］ 贺照田：《如果从儒学传统和现代革命传统同时看雷锋》，《开放时代》2017 年第 6 期。

## 第三章 “救救孩子”变奏曲

——新时期初期教育题材书写的构造与限度

［1］ 刘心武、张颐武：《知识分子：位置的再寻求——对八十年代的回首》，《艺术广角》1996 年第 3 期。

［2］ 参见刘心武：《关于〈班主任〉的回忆》，《我是刘心武》，江苏人民出版社 2012 年版，第 127 页。

［3］ 本章《班主任》的引文均来自《人民文学》1977 年第 11 期。以下引用不再一一标明。

［4］ 熊庆元:《知识与美如何可能？——〈班主任〉小说叙事中的阅读、美学与政治》,《中国现代文学研究丛刊》2017 年第 8 期。

［5］ 涂光群:《五十年文坛亲历记（1949—1999）》（上），辽宁教育出版社 2005 年版，第 242 页。

［6］ 刘心武、杨庆祥:《我不希望我被放到单一的视角里面去观察》，杨庆祥:《文学对话录》，江苏凤凰文艺出版社 2021 年版，第 34 页。

［7］ 崔道怡:《报春花开第一枝：张光年和〈班主任〉的发表》,《文学报》1999 年第 8 期。

［8］ 刘心武:《生活的创造者说：走这条路！》，朱家信、黄裳裳、朱育颖编:《中国当代文学研究资料　刘心武研究专集》，贵州人民出版社 1988 年版，第 119—120 页。

［9］ 程志敏:《理性本源》,《人文杂志》2001 年第 4 期。

［10］ 刘小枫:《沉重的肉身：现代性伦理的叙事纬语》，华夏出版社 2004 年版，第 48 页。

［11］ 古斯塔夫·拉德布鲁赫:《社会主义文化论》，米健译，法律出版社 2006 年版，第 116 页。

［12］ 叶圣陶:《我呼吁》,《中国青年》1981 年第 22 期。

［13］ 叶圣陶:《我呼吁》,《中国青年》1981 年第 22 期。

［14］ 巴金:《小端端》，最初发表于 1982 年 2 月 6 日香港《大公报·大公园》，后收入《真话集》，人民文学出版社 1983 年版，第 76 页。

［15］ 叶圣陶:《我呼吁》,《中国青年》1981 年第 22 期。

［16］《"羊肠小道上的竞争叫人透不过气来"——来自中学生的呼声》,《中国青年》1981 年第 20 期。

［17］《"羊肠小道上的竞争叫人透不过气来"——来自中学生的呼声》,《中国青年》1981 年第 20 期。

[ 18 ]《"羊肠小道上的竞争叫人透不过气来"——来自中学生的呼声》,《中国青年》1981 年第 20 期。

[ 19 ] 古斯塔夫·拉德布鲁赫:《社会主义文化论》,米健译,法律出版社 2006 年版,第 11 页。

[ 20 ] 参见王伟成:《竞争中架起友谊的桥梁——南菁中学高三(6)班讨论侧记》,《中国青年》1982 年第 10 期。文末的编者附言指出,江苏省南菁中学高三(6)班全班 54 人有 52 名已经通过了大学录取分数线,"这个班成长的事实,不仅回答了在竞争中能不能发展友谊的问题,而且还回答了在竞争中应该怎样发展友谊的问题"。至此,《中国青年》上的讨论告一段落。

[ 21 ] 王伟成:《竞争中架起友谊的桥梁——南菁中学高三(6)班讨论侧记》,《中国青年》1982 年第 10 期。

[ 22 ] 蒋子龙 1982 年的短篇小说《种瓜得瓜》也写到快慢班的故事,不过他的视角有所不同:慢班的学生虽然学习不好但在社会上却很吃得开,慢班的老师业务不好,但却在社会上很方便。

[ 23 ] 王安忆:《分母》,《王安忆中短篇小说集》,中国青年出版社 1983 年版。《分母》的引文皆出于此,下文不再一一注明。

[ 24 ] 巴金:《再说端端》,最初发表于 1985 年 6 月 11—13 日香港《大公报·大公园》,后收入《无题集》,人民文学出版社 1986 年版,第 47 页。

[ 25 ]《也要注意一种倾向》,《中国青年》1981 年第 22 期。

[ 26 ] 巴金:《小端端》,最初发表于 1982 年 2 月 6 日香港《大公报·大公园》,后收入《真话集》,人民文学出版社 1983 年版,第 77 页。

[ 27 ] 巴金:《再说端端》,最初发表于 1985 年 6 月 11—13 日香港《大公报·大公园》,后收入《无题集》,人民文学出版社,第 44 页。

[ 28 ] 叶圣陶:《我呼吁》,《中国青年》1981 年第 22 期。

[ 29 ] 张华访问、李黎整理:《刘心武谈中国的新写实文学》,朱家信、黄裳裳、朱育颖编:《刘心武研究专集》,贵州人民出版社 1988 年版,第 34 页。

[ 30 ] 张华访问、李黎整理:《刘心武谈中国的新写实文学》,选自朱家

信、黄裳裳、朱育颖编：《刘心武研究专集》，贵州人民出版社 1988 年版，第 24 页。

［31］ 鲁迅：《我们现在怎样做父亲》（1919 年 10 月），《新青年》第六卷第六号。

## 第四章　制造“未来”

——论历史转折中的科幻畅销书《小灵通漫游未来》

［1］ 叶永烈：《写在〈小灵通漫游未来〉之后》，《新闻出版交流》2003 年第 4 期。

［2］ 李宁：《难忘“小灵通”——写在〈小灵通漫游未来〉出版 25 周年之际》，《科学时报》2003 年 7 月 10 日。

［3］ 参见《〈小灵通漫游未来〉：它是未来世界的“清明上河图”》，南方都市报编：《变迁——中国改革开放三十年文化生态备忘录》，广东教育出版社 2008 年版，第 148—157 页。

［4］ 侯大伟、杨枫主编：《追梦人：四川科幻口述史》，四川人民出版社 2017 年版，第 344 页。

［5］ 叶永烈：《〈小灵通漫游未来〉创作历程》，《小灵通漫游未来》，湖北少年儿童出版社 2006 年版，第 357 页。着重号为笔者自加。

［6］ 叶永烈：《〈小灵通漫游未来〉创作历程》，《小灵通漫游未来》，湖北少年儿童出版社 2006 年版，第 360 页。

［7］ 叶永烈：《〈小灵通漫游未来〉创作历程》，《小灵通漫游未来》，湖北少年儿童出版社 2006 年版，第 359 页。

［8］ 郭沫若：《题辞》，李四光、华罗庚等：《科学家谈 21 世纪》，少年儿童出版社 1959 年版。

［9］ 毛泽东在《经济建设是科学，要老老实实学习（一九五九年六月十一日）》一文中指出，从 1958 年 8 月起，中共才开始真正认真进行经济建

设，主要的目标是向地球开战，改造自然界。1959年的毛泽东虽然也认可经济建设的客观规律，但实际上更加肯定掌握客观规律后所发挥出的主观能动性。而等到发表《在扩大的中央工作会议上的讲话（一九六二年一月三十日）》时，情况就有了明显变化。毛泽东指出："对于建设社会主义的规律的认识，必须有一个过程。必须从实践出发，从没有经验到有经验，从有较少的经验，到有较多的经验，从建设社会主义这个未被认识的必然王国，到逐步地克服盲目性、认识客观规律、从而获得自由，在认识上出现一个飞跃，到达自由王国。"（中共中央文献研究室编：《建国以来重要文献选编》第15册，中央文献出版社2011年版，第104—105页。）在这篇讲话中，毛泽东还坦承自己在生产关系方面的知识较多，在生产力上的知识较少。1960年代初期，毛泽东曾经倡导技术革命，不过在1960年代中后期又将主要精力转向了"文化革命"。

[10] 比如，迟叔昌的《旅行在1979年的海陆空》（1957）里的现代交通工具，再如郭以实《科学世界旅行记》（1958）中的新兴都市"太阳城"等元素，都在《小灵通漫游未来》中有所呈现。而用梦境来表现未来技术，也是"十七年"科幻作品中常见的文本形式。

[11] 萧建亨：《试论我国科学幻想小说的发展——兼谈我国科学幻想小说的一些争论（续）》，《科学文艺》1981年第1期。

[12]《大跃进时代领导们设想的2000年的上海》，《学习博览》2011年第5期。着重号为笔者自加。

[13] 郑文光：《共产主义畅想曲》，《中国青年》1958年第23期。这篇小说没有最终完成，郑文光解释说，这是因为与"大跃进"的设想相比，他的幻想算不上什么，于是便搁笔了。类似的现象，在当时还有不少。郭沫若就曾感慨，诗人的想象力已经赶不上"大跃进"的发展速度。

[14] 在全国"大跃进"的形势下，原本准备在第三个五年计划期间修建的十三陵水库提前上马。十三陵水库兴建于1958年1月21日，主体工程于同年6月11日建成。这一工程原本需要两年以上的时间，但由于采用了边勘测、边计划、边施工的"革命方法"，再加之首都群众齐心协力的义务劳动，

仅用了一百六十余天便完成了主体部分。据《人民日报》1958年7月2日发表的社论《首都人民大跃进的标志》介绍："4月份以后，平均每天有十万人参加义务劳动，其中有机关干部、解放军官兵、工人和农民、商业工作人员、中等以上学校师生。"因此，十三陵水库也被称作是一所共产主义的劳动大学，体现了共产主义相互支援、相互帮助、相互鼓励的大协作精神，涌现出了一大批英雄模范。

[15] 具体参见《话剧〈十三陵水库畅想曲〉创作纪实》，黎之彦：《田汉创作侧记》，四川文艺出版社1994年版，第118—129页。

[16] 朱艺祖：《怎样展望共产主义的明天？——电影〈十三陵水库畅想曲〉观后》，《文艺报》1958年第19期。

[17] 金山：《电影〈十三陵水库畅想曲〉的拍摄》，《大众电影》1958年第21期。

[18] 陈刚：《应该写出人们的共产主义精神品质》，《文艺报》1958年第22期。

[19] 丁浪：《畅想与人》，《文艺报》1958年第22期。

[20] 在后革命时代，物质利益成为维系社会主义合法性的主要动力所在，随之而来的，是物质利益对人的规定性越来越强。这虽然是在新的历史时期更为凸显的现象，但其与前一时期的连续性也值得关注。

[21] 关越：《怎样评价〈十三陵水库畅想曲〉》，《文艺报》1958年第24期。

[22] 刘鸿仁：《问题在哪里？》，《文艺报》1958年第22期。

[23] 王绍猷：《不要吹毛求疵》，《文艺报》1958年第24期。

[24] 谢玲：《"小灵通的爸爸"叶永烈》，《阅读》2014年Z5期。

[25] 叶永烈：《小灵通三游未来》，叶永烈：《小灵通漫游未来》，湖北少年儿童出版社2006年版，第242页。

[26] 叶永烈：《小灵通三游未来》，叶永烈：《小灵通漫游未来》，湖北少年儿童出版社2006年版，第269页。

［27］ 叶永烈：《小灵通三游未来》，叶永烈：《小灵通漫游未来》，湖北少年儿童出版社 2006 年版，第 313 页。

［28］ 梁鸿：《明天的人将是争取美好未来的人》，《文艺报》1958 年第 24 期。

［29］ 黎之彦：《话剧〈十三陵水库畅想曲〉创作纪实》，《田汉创作侧记》，四川文艺出版社 1994 年版，第 120—121 页。

［30］ 叶永烈：《小灵通漫游未来》，湖北少年儿童出版社 2006 年版，第 78—79 页。着重号为笔者自加。

［31］ 叶永烈：《小灵通三游未来》，叶永烈：《小灵通漫游未来》，湖北少年儿童出版社 2006 年版，第 342 页。

［32］ 叶永烈：《小灵通三游未来》，叶永烈：《小灵通漫游未来》，湖北少年儿童出版社 2006 年版，第 340—341 页。李大钊语出自《"今"》（1918 年 4 月），《新青年》第四卷第四号。

［33］ 参见王汎森：《中国近代思想中的"未来"》，《思想是生活的一种方式：中国近代思想史的再思考》，联经出版事业股份有限公司 2017 年版，第 277—306 页。

［34］ 胡适：《介绍我自己的思想》，胡适：《胡适自述》，云南人民出版社 2015 年版，第 9 页。

## 第五章　当代中国语境下"科幻"概念的生成

——以 20 世纪七八十年代之交的"科文之争"为个案

［1］ 本章所讨论的"科幻"，专指"科学幻想小说"，不包括科幻影视等其他文艺形式。

［2］ 比如，始终有想要将科学性与文学性划清界限的尝试，参见汪志：《读〈科学之窗〉"致读作者"——兼谈科学小说》（1980），收入汪志：《论科学小说》，中国广播电视出版社 1989 年版。汪志曾提及钱学森指导和支持过他

的“科学小说”概念，参见汪志：《学习钱学森——我与钱学森二十年》，《化工之友》2001 年第 12 期；张之杰近年来仍在发展这一思路，参见张之杰：《试论“科普小说”》，《科普创作》2019 年第 5 期。对于这种概念界定方式，许多科幻作者表示并不赞同。此外，近年来“核心科幻”“稀饭科幻”“科幻现实主义”等命名方式，也都在尝试凸显科幻概念的不同面相。近年来直接涉及科幻概念的论文包括吴岩《论科幻小说的概念》（《昆明师范高等专科学校学报》2004 年第 1 期）、贾立元《“晚清科幻小说”概念辨析》（《中国现代文学研究丛刊》2017 年第 8 期）等。

［3］ 参见陈建守：《语言转向与社会史：科塞雷克及其概念史研究》，《东亚观念史集刊》2013 年第 4 期。

［4］ 参见郑文光：《科学文艺杂谈》，收于《儿童文学研究》编辑部编：《儿童文学研究（第 7 辑）》，少年儿童出版社 1981 年版，第 1—14 页。

［5］ 中国科普创作协会 1990 年更名为中国科普作家协会。从“创作”到“作家”的名称变化，体现出对于科普创作者的定位变迁。2016 年 12 月中国科普创作协会科幻创作研究基地成立，挂靠单位是北京市海淀区科协，可见科普与科幻的关系始终十分紧密。此外，中国科普创作协会所隶属的中国科学技术协会成立于 1958 年 9 月 25 日，由原中华全国自然科学专门学会联合会（“全国科联”）和中华全国科学技术普及协会（“全国科普”）合并而成。中国科学技术协会服务于更为广泛的群众技术革命，降低了专业门槛。具体参见段治文：《当代中国的科学文化变革》，浙江大学博士学位论文，2004 年，第 83—84 页。由此也就可以更清晰地看到科幻在整体结构中的位置。

［6］ 根据郭建中的统计，1980—1986 年间共出版 174 种引进翻译的外国科幻小说，其中由文艺类出版社出版的仅有 13 种，而由各省科技出版社和有关专业出版社出版的则占据 79 种之多。参见郭建中：《中国科幻小说盛衰探源》，《杭州大学学报（哲学社会科学版）》1992 年第 1 期。

［7］ 关于当时论争的具体情况，叶永烈在《是是非非“灰姑娘”》（福建人民出版社 2000 年版）一书中提供了详尽的历史材料。吴岩曾绘制表格总结

当时的论争情况，参见《科幻文学论纲》，重庆出版社 2011 年版，第 37—38 页。对此本章不再赘述。

［8］ 肖建亨：《试论我国科学幻想小说的发展——兼谈我国科学幻想小说的一些争论》，收于黄伊主编：《论科学幻想小说》，科学普及出版社 1981 年版，第 21—22 页。在第四章中所引用的为他给《科学文艺》撰写的版本，署名“萧建亨”。此文一直没有得到足够重视，而且值得注意的是，该书虽以科学幻想小说为主题，但在正文前的“内容提要”中，依然将科幻归入科普之中。

［9］ 参见饶忠华：《永久的魅力——中国科幻小说发展史初探》，收于饶忠华主编：《中国科学幻想小说大全》上集，海洋出版社 1982 年版，第 1 页。

［10］ 肖建亨：《试论我国科学幻想小说的发展——兼谈我国科学幻想小说的一些争论》，收于黄伊主编：《论科学幻想小说》，第 24 页。

［11］ 董仁威：《中国百年科幻史话》，清华大学出版社 2017 年版，第 11 页。

［12］ 武田雅哉、林久之著：《中国科学幻想文学史》下卷，李重民译，浙江大学出版社 2017 年版，第 117 页。

［13］ 吴岩：《亲历中国科幻 30 年》，《科技潮》2009 年第 10 期。

［14］ 李刚、卢家希：《科幻，带着惊喜与困惑回归》，《第一财经日报》2013 年 11 月 15 日。

［15］ 宋明炜：《新世纪科幻小说：中国科幻的新浪潮》，陈思和、王德威主编：《文学（2013 春夏卷）》，上海文艺出版社 2013 年版，第 7—15 页。

［16］ 詹玲：《1980 年代前期中国科幻小说的转型》，《二十一世纪》（香港）2014 年第 8 期。

［17］ 这套丛书包括吴岩：《科幻文学理论和学科体系建设》，重庆出版集团 2008 年版；王逢振主编：《外国科幻论文精选》，重庆出版社 2008 年版；吴岩：《科幻文学论纲》，重庆出版社 2011 年版；王泉根主编：《现代中国科幻文学主潮》，重庆出版社 2011 年版。

［18］ 刘慈欣：《刘慈欣谈科幻》，湖北科学技术出版社 2014 年版，第 84 页。

［19］ 刘慈欣在第三届中国科普作家协会科幻创作研究基地年会暨科幻作品学术论坛上的发言，姚利芬整理供稿，来自“中国科普作家协会”微信公众号 2019 年 11 月 2 日。

［20］ 斯·波尔塔夫斯基：《论科学幻想作品中一些悬而未决的问题》，黄伊编：《论科学幻想小说》，科学普及出版社 1981 年版，第 271 页。

［21］ 吴岩：《难忘哈尔滨之夏——忆中国科普作家协会科学文艺暨少儿科普研究年会》，《科普创作》2018 年第 4 期。

［22］ 叶永烈：《是是非非“灰姑娘”》，第 571 页。

［23］ 姜振宇指出，即便是属文派的观点，也并未得到充分讨论：“‘软硬之分’也同样遮蔽了 20 世纪 70 年代末 80 年代初中国科幻作家们所经历的痛苦挣扎和深沉思考。童恩正、刘兴诗、叶永烈们对于全新科学观、科幻观进行追求和探索的要求，特别是关于科学审美观念、体验的引入和深化也未能得到更充分的讨论。”参见姜振宇：《科幻“软硬之分”的形成及其在中国的影响和局限》，《中国文学批评》2019 年第 4 期。

［24］ 前四篇分别发表于《中国青年报》1979 年 7 月 5 日、1979 年 8 月 14 日、1979 年 10 月 11 日、1979 年 11 月 1 日。第五篇写作于 1980 年 7 月，根据鲁兵打印稿，收录于《中国青年报》长知识副刊编辑室编：《科普小议》，科学普及出版社 1981 年版，第 40—46 页。第六篇发表于《中国青年报》1982 年 4 月 24 日，第七篇发表于《文谭》1983 年第 3 期。此外，鲁兵还在专著《教育儿童的文学》（少年儿童出版社 1982 年版）收入《既然叫做“科学幻想”》《“夹缝”质疑》《不宜提倡的“加法”》等三篇，这三篇很少被提及。

［25］ 童恩正等：《关于科幻小说评论的一封信》，《文谭》1982 年第 8 期。

［26］ 鲁兵：《灵魂出窍的文学》，《中国青年报》1979 年 8 月 14 日。

［27］“灵魂出窍的文学”甚至成为科幻作者用以自嘲的“梗”。据科幻

作家苏曼华的回忆，童恩正就借此自嘲，参见苏曼华《相识在“珊瑚岛”——怀念著名科幻作家童恩正》的第一节“关于‘灵魂出窍’的笑谈”，《深圳商报》2008 年 5 月 6 日。

［28］ 关于这点，肖建亨在《试谈我国科学幻想小说的发展——兼论我国科学幻想小说的一些争论》一文中早有提醒。

［29］ 事实上，鲁兵在 1980 年 7 月写就的《内容、形式及其结合——就〈灵魂出窍的文学〉一文答友人》中，已经修正了自己之前的观点，认为双方都只谈及一个方面，都不够准确。但这样的发声在当时并未被关注。而且他在《报十二同志书》中还指出，自己并非科幻文学的对头，童恩正的《晖晖的小伙伴》和刘兴诗的《小哈桑和黄风怪》便是经他之手出版，后被收入他主编的《365 夜》。这些历史细节也早已被今日的讲述遗忘。

［30］ 叶·谢·李赫兼斯坦：《论科学普及读物与科学幻想读物》，祁宜译，科学普及出版社 1958 年版，第 29 页。

［31］ 参见汪习麟：《鲁兵评传》，希望出版社 2001 年版，第 227 页。

［32］ 具体可参见他在《教育儿童的文学》一文中的论述，收入鲁兵：《教育儿童的文学》，少年儿童出版社 1982 年版。

［33］ 参见张永健主编：《20 世纪中国儿童文学史》，辽宁少年儿童出版社 2006 年版，第 380—381 页。

［34］ 鲁兵：《幻想篇》，《中国青年报》1979 年 11 月 1 日。

［35］ 林毓生：《民初“科学主义”的兴起与涵义——对民国十二年“科学与玄学论争”的省察》，收入《政治秩序与多元涵义——社会思想论丛》，联经出版事业公司 1989 年版，第 299 页。

［36］ “思想性”是时任科协主席周培源在科普作协会刊《科普创作》创刊号上提出的：“质量好的作品必然是思想性、科学性与艺术性结合得最好的作品，使它能够起到提高觉悟，增长知识，开阔眼界，启发创造，促进生产的作用。”周培源：《迎接科普创作的春天》，《科普创作》1979 年第 1 期。

［37］《中国青年报》长知识副刊编辑室编：《科普小议》，科学普及出版

社 1981 年版，“序”第 2 页。

［38］ 叶永烈：《是是非非“灰姑娘”》，第 633 页。

［39］ 叶永烈：《是是非非“灰姑娘”》，第 633、636 页。

［40］ 赵之：《后记》，《科普小议》，第 69—70 页。

［41］ 杜英：《重构文艺机制与文艺范式：上海，1949—1956》，上海三联书店 2011 年版，第 185 页。

［42］ 赵之：《报纸科普副刊的方针、任务及其它》，中国科普作协成都科普学研究小组编：《科普学文汇》，四川人民出版社 1981 年版，第 198 页。

［43］ 赵之：《发挥报纸副刊的优势——科普副刊的编辑工作》，中国科普编辑作者协会、北京科普编辑作者协会编：《科普编辑记者入门》，海洋出版社 1984 年版，第 190、191 页。

［44］ 叶至善：《别把小读者当成口袋》，《中国青年报》1979 年 9 月 6 日。

［45］ 叶至善：《趣味的挖掘》，《中国青年报》1979 年 9 月 13 日。

［46］ 赵之：《报纸科普副刊的方针、任务及其它》，第 199 页。原文中的“着”字为衍文。

［47］ 赵之：《变死知识为活知识——谈中国青年报的科学副刊》，《新闻战线》1958 年第 8 期。

［48］ Sigrid Schmalzer, *The People's Peking Man: Popular Science and Human Identity in Twentieth-Century China*, The University of Chicago Press, 2008, p.77.

［49］ 叶永烈：《世界最高峰上的奇迹》，《少年科学》1977 年第 2—3 期。这篇作品动笔于 1976 年 1 月。

［50］ 叶永烈：《是是非非“灰姑娘”》，第 325 页。

［51］ 甄朔南：《科学性是思想性的本源》，《中国青年报》1979 年 7 月 19 日。

［52］ 叶永烈：《科学・合理・幻想——答甄朔南同志》，《中国青年报》

1979年8月2日。

[53] 甄朔南:《科学幻想从何而来?——兼答叶永烈同志》,《中国青年报》1979年8月14日。

[54] 叶永烈:《是是非非"灰姑娘"》,第332页。

[55] 当时也确实出现了不少粗制滥造的、打着科幻旗号的"伪科学"通俗读物。马识途就曾指出,在科幻名目下甚至出现了《王府怪影》《刚撬开的天灵盖》《尸变》《美女蛇奇案》等神、怪、尸、魔的小说。参见马识途:《向科学文艺工作者提一点希望——为〈科学文艺〉创刊五周年而作》,《科学文艺》1984年第3期。

[56] 叶·谢·李赫兼斯坦:《论科学普及读物与科学幻想读物》,第29页。

[57]《把科普工作当做一项伟大的战略任务来抓——记钱学森同志的一次谈话》,《科普创作》1980年第3期。

[58]《把科普工作当做一项伟大的战略任务来抓——记钱学森同志的一次谈话》,《科普创作》1980年第3期。

[59]《把科普工作当做一项伟大的战略任务来抓——记钱学森同志的一次谈话》,《科普创作》1980年第3期。类似的观点还有,"科幻在科普宣传中应占什么位置?我们认为只能是一个辅助的方面,是一个侧面,不是主要的方面。对我国人民来说,最有用、最有效的就是告诉他们如何解决现实问题的知识,这就是生产技能和生活技能的知识,人民群众缺乏的就是这些知识。我们搞科普工作,不宣传大量的生产和生活的科学技术知识,'为四化服务'就是一句空话,至少是不那么贴切"。刘述周:《要重视科普创作评论》,《科普创作》1982年第3期。

[60]《钱学森同志谈出版工作》,《中国出版》1980年第10期。

[61] 钱学森:《科学技术现代化一定要带动文学艺术现代化》,《科学文艺》1980年第2期。

[62] "科学幻想这一类影片可以搞,但它应该是科学家头脑里的那种幻

想，而不是漫无边际的胡想。应该搞那些虽然现在还没有搞出来，但能看得出苗头，肯定能够实现的东西。科学幻想一定要讲科学。……科学幻想作品不科学就成了污染。"《钱学森谈科教片创作》,《人民日报》1981 年 3 月 26 日。

[63] 周扬:《继往开来，繁荣社会主义新时期的文艺——在中国文学艺术工作者第四次代表大会上的报告》,《文艺报》1979 年第 11—12 期。

[64] 邓小平:《在中国文学艺术工作者第四次代表大会上的祝辞》,《人民日报》1979 年 10 月 31 日。

[65] 可参见冯牧:《关于社会主义文艺性质和提高创作质量问题》,《文艺研究》1983 年第 5 期。冯牧在文中讲道:"我们的文艺应当为自己提出一个明确的方针、任务、定义、范围、界说。我们提倡什么东西，容许什么东西，什么东西可以包括在我们这个文艺之中，什么东西不可以。"可见这些问题在当时尚未达成明确共识。

[66] 汤寿根:《中国科普作协成长的忠实记录——〈科普创作〉杂志》,《科普研究》2010 年第 2 期。此外还可参见叶永烈:《是是非非"灰姑娘"》,第 536—537 页。

[67] 施同:《科幻作品中的精神污染也应清理》,《人民日报》1983 年 11 月 5 日。

[68] 侯大伟、杨枫主编:《追梦人：四川科幻口述史》，第 125 页。

[69] 侯大伟、杨枫主编:《追梦人：四川科幻口述史》，第 126 页。

[70] 金涛:《我对科学文艺创作的反思》,《科普研究》2016 年第 1 期。

[71] 关于郑文光"科幻现实主义"理论的讨论，详见姜振宇:《贡献与误区：郑文光与"科幻现实主义"》,《中国现代文学研究丛刊》2017 年第 8 期；徐刚:《郑文光：科普作家的现实主义关切》,《传记文学》2019 年第 6 期。

[72] 郑文光:《序言》，雷·勃雷德伯里等:《当代美国科幻小说选》，陈珏译，宝文堂书店 1988 年版，第 15 页。这篇序言写于 1982 年 10 月。

[73] 童恩正:《谈谈我对科学文艺的认识》,《人民文学》1979 年第 6 期。

[74] 吴岩:《理论对中国科幻的作用》，收入《'97 北京国际科幻大会

论文集》。后以《西方理论对中国科幻的作用》收入《科幻文学入门》，福建少年儿童出版社2006年版，第229页。

［75］ 雷蒙·威廉斯：《文化与社会：1780—1950》，高晓玲译，吉林出版集团2011年版，第345页。

# 下 篇 从“赛先生”到赛博格

## 文明转型与文学创造

### 第六章 认知媒介与想象力政治

——作为“新显学”的中国科幻研究

［1］ “被压抑”一直是科幻史叙述的主调。王德威在《被压抑的现代性：晚清小说新论》（北京大学出版社2005年版）中曾专门谈及“科幻奇谭”，显示出这一文类自开端处便处于被压抑的命运。

［2］ 飞氘：《寂寞的伏兵：新世纪科幻小说中的中国形象》，《2010年度中国最佳科幻小说集》，四川人民出版社2011年版，第317页。

［3］ 参见宋明炜：《弹星者与面壁者——刘慈欣的科幻世界》，《上海文化》2011年第3期。

［4］ 赵松采写：《专访石黑一雄：爱是抵抗死亡的武器，机器人的爱却是个悲剧》，《新京报书评周刊》2021年3月31日。

［5］ 张漫子等：《“国产科幻热”如何走更远？——来自2020中国科幻大会的观察》，新华社2020年11月6日。

［6］ 这种检索方法虽不够精确，但还是能够反映研究趋势的总体变化。

［7］ 宋明炜：“科幻文学与中国现代文学”主持人语，陈思和、王德威

主编:《文学(2017春夏卷)》,上海文艺出版社2017年版,第51页。

[8] 参见尉龙飞、李广益:《中国科幻研究新时代——科幻研究青年学者论坛述评》,《中国现代文学研究丛刊》2020年第12期。

[9] 毛泽东在1953年即提到技术革命,1957年前后与1960年代初也都有强调。不过,社会革命始终先于技术革命。如他所说:"思想工作和政治工作是完成经济工作和技术工作的保证,它们是为经济基础服务的。思想和政治又是统帅,是灵魂。只要我们的思想工作和政治工作稍为一放松,经济工作和技术工作就一定会走到邪路上去。"毛泽东:《工作方法六十条(草案)》(1958年1月31日),中共中央文献研究室编:《建国以来毛泽东文稿》第七册,中央文献出版社1992年版,第53页。

[10] 卡尔·马克思:《资本论》第一卷,人民出版社2004年版,第493页。

[11] 李泽厚:《漫说"西体中用"》,《说西体中用》,上海译文出版社2012年版,第31页。

[12] 王洪喆:《漫长的电子革命:计算机与红色中国的技术政治1955—1984》,香港中文大学博士论文,2014年,第245页。

[13] Rudolf G. Wagner, "Lobby Literature: The Archeology and Present Functions of Science Fiction in China", *After Mao: Chinese Literature and Society, 1978–1981*, edited by Jeffrey C. Kinkley, Harvard University Asia Center, 1985, pp. 15–62.

[14] 达科·苏恩文:《科幻小说变形记:科幻小说的诗学和文学类型史》,丁素萍等译,安徽文艺出版社2011年版,第13页。

[15] 弗里德里克·詹姆逊:《未来考古学:乌托邦欲望和其他科幻小说》,吴静译,译林出版社2014年版,第455页。

[16] 弗里德里克·詹姆逊:《未来考古学:乌托邦欲望和其他科幻小说》,吴静译,译林出版社2014年版,第372页。

[17] 关于科幻与真实、现实的讨论,可参见陈楸帆:《"超真实"时代

的科幻文学创作》,《中国比较文学》2020 年第 2 期。

［18］ 王汎森在《中国近代思想中的“未来”》一文里，对于 1900—1930 年间，“过去”的重要性降低，“未来”的地位上升，做了深入描述。而对于百年后的今天来说，这一趋势愈发明显。参见氏著《思想是生活的一种方式：中国近代思想史的再思考》，北京大学出版社 2018 年版，第 244—271 页。

［19］ 王德威:《史统散，科幻兴——中国科幻小说的兴起、勃发与未来》,《探索与争鸣》2016 年第 8 期。

［20］ 王洪喆:《冷战的孩子——刘慈欣的战略文学密码》,《读书》2016 年第 7 期。

［21］ 李广益:《代序〈三体〉的言说史》，李广益、陈颀编:《〈三体〉的 X 种读法》，生活 · 读书 · 新知三联书店 2017 年版，第 5 页。

［22］ 石晓岩主编:《刘慈欣科幻小说与当代中国的文化认知状况》，社会科学文献出版社 2018 年版，第 5 页。

［23］ 徐萧:《中国科幻的进击与隐忧》，澎湃新闻 2019 年 5 月 22 日。

## 第七章　赛博时代的创造力

——近年诗歌创作中的机器拟人与人拟机器

［1］ 小冰:《阳光失了玻璃窗》，北京联合出版公司 2017 年版。

［2］ 本雅明:《机械复制时代的艺术作品》，汉娜 · 阿伦特编:《启迪：本雅明文选（修订译本）》，张旭东、王斑译，生活 · 读书 · 新知三联书店 2012 年版，第 253 页。

［3］ 马丁 · 海德格尔:《林中路（修订本）》，孙周兴译，上海译文出版社 2004 年版，第 325 页。

［4］ 转引自本雅明:《机械复制时代的艺术作品》，第 242 页。

［5］ 唐娜 · 哈拉维等女性主义学者曾设想，在赛博空间中或许可以摆脱社会性别的扮演，因而非常肯定其激进潜能，提出自己宁愿“做一个赛博格，

而不是一位女神”。参见唐娜·哈拉维:《类人猿、赛博格和女人——自然的重塑》,陈静、吴义诚译,河南大学出版社2012年版,第253页。但实际上赛博空间往往复制甚至强化了现实世界的某些不平等的维度,而且凭借其虚拟性免于被“责问”。

［6］ 小冰:《阳光失了玻璃窗》,第121页。

［7］ 小冰:《阳光失了玻璃窗》,第45页。

［8］ 参见彭晓玲:《微软小冰写诗引发诗人集体斥责,更值得思考的是人类未来的美好与可怕》,“第一财经”网站,2017年5月26日。

［9］ 曹雪芹:《红楼梦》上册,人民文学出版社2008年版,第646、647页。

［10］ N.维纳:《人有人的用处——控制论和社会》,陈步译,商务印书馆1978年版,第46页。

［11］ 沈向洋:《推荐序 人工智能创造的时代,从今天开始》,小冰:《阳光失了玻璃窗》,第V页。

［12］ 杨丹丹:《人工智能写作与文学新变》,《艺术评论》2019年第10期。

［13］ 约斯·德·穆尔:《赛博空间的奥德赛:走向虚拟本体论与人类学》,麦永雄译,广西师范大学出版社2007年版,第100页。着重号为原文所有。

［14］ 参见潘劲虹:《我看遍了僵尸bot,发现了互联网时代的荒诞文学……》,“城市画报”微信公众号,2019年8月13日。

［15］ 法国诗人布雷东为超现实主义所下的定义是:“心灵在它的纯粹状态中的自动作用,我们打算通过这种自动作用表达——通过词语,借助书面用语,或者用其他手段——思想的实际功能。超现实主义听从思想的命令,不受任何理性施加的控制的影响,免除了任何审美的或者道德的操心。”参见本·海默尔:《日常生活和文化理论导论》,商务印书馆2008年版,王志宏译第85页。

［16］ 罗杰·斯克鲁顿:《文化的政治及其他》,谷婷婷译,南京大学出版社2019年版,第133—134页。

［17］ 杰姆逊：《后现代主义与文化理论（精校本）》，唐小兵译，北京大学出版社 1997 年版，第 211—212 页。

［18］ 詹明信：《晚期资本主义的文化逻辑》，张旭东编，陈清侨、严锋等译，生活·读书·新知三联书店 2013 年版，第 327 页。

［19］ 本雅明：《机械复制时代的艺术作品》，第 258 页。

［20］ 本雅明：《机械复制时代的艺术作品》，第 259 页。加粗效果为笔者自加。

［21］ 参见潘劲虹：《我看遍了僵尸 bot，发现了互联网时代的荒诞文学……》，"城市画报"微信公众号，2019 年 8 月 13 日。

［22］ 马克思：《1844 年经济学哲学手稿》，中共中央马克思恩格斯列宁斯大林著作编译局编译，人民出版社 2000 年版，第 146 页。

［23］ 尤瓦尔·赫拉利：《未来简史》，林俊宏译，中信出版社 2017 年版，第 359 页。

［24］ 米歇尔·福柯：《词与物——人文科学的考古学》，莫伟民译，上海三联书店 2016 年版，第 392 页。

［25］ 汉娜·阿伦特：《过去与未来之间》，王寅丽、张立立译，译林出版社 2011 年版，第 262 页。

［26］ 凯瑟琳·海勒：《我们何以成为后人类：文学、信息科学和控制论中的虚拟身体》，刘宇清译，北京大学出版社 2017 年版，第 4 页。

［27］ 孙然：《专访微软李笛：小冰写诗了，她能赚的版权费或可抵成千上万个网络作家》，"36kr"官网，2017 年 5 月 17 日。

［28］ 约斯·德·穆尔：《赛博空间的奥德赛：走向虚拟本体论与人类学》，第 237 页。

［29］ 约斯·德·穆尔：《赛博空间的奥德赛：走向虚拟本体论与人类学》，第 238—239 页。

［30］ 马克思：《机器体系和科学发展以及资本主义劳动过程的变化》，参见《马克思恩格斯选集》第二卷，中共中央马克思恩格斯列宁斯大林著作编

译局编译，人民出版社 2012 年版，第 785 页。

［31］ 莫利兹奥·拉扎拉托：《非物质劳动》，霍炬译，张历君校，罗岗主编：《帝国、都市与现代性》，江苏人民出版社 2006 年版，第 142 页。亦可参见张历君：《普遍智能与生命政治——重读马克思的〈机器论片断〉》，《帝国、都市与现代性》，第 153—190 页。

## 第八章 当代“诗意生活”的生产原理

——解读微信公众号“为你读诗”“读首诗再睡觉”的文化症候

［1］ 卡尔·雅斯贝斯：《时代的精神状况》，王德峰译，上海译文出版社 2003 年版，第 36、44、47 页。

［2］ 王国维：《红楼梦评论》，方麟选编：《王国维文存》，江苏人民出版社 2014 年版，第 137、139 页。

［3］ 蔡元培：《以美育代宗教说——在北京神州学会演说词（一九一七年四月八日）》，沈善洪主编：《蔡元培选集》，浙江教育出版社 1993 年版，第 212 页。

［4］ 黄子平：《诗歌、印刷与网络》，《害怕写作》，江苏教育出版社 2006 年版，第 192 页。

［5］ 参见洪子诚：《“献给无限的少数人”：大陆近年诗歌状况》，《读作品记》，北京大学出版社 2017 年版，第 321 页。

［6］ 参见罗小凤的系列论文：《边缘化？全民化？——新媒体时代新诗与公共世界的关系》（《南方文坛》2016 年第 5 期）、《论新媒体语境下诗与公众世界的关系新变》［《广西师范大学学报（哲学社会科学版）》2017 年第 2 期］、《论新媒体诗对“诗生活”方式的构建》（《社会科学》2017 年第 3 期）、《“诗歌地理”作为一种传播方式——论新媒体时代的诗歌地理》（《文艺争鸣》2017 年第 11 期）、《日常生活的审美化及陷阱——新媒体语境下的“微信诗热”探析》（《文学与文化》2019 年第 4 期）、《从“诗性创作”到“媒介化生产”——

论新媒体语境下新诗发展的媒介化转型》(《社会科学》2020 年第 5 期）等。

［7］ 近年来类似主题的社交产品不断涌现，比如“句读”“mono”“轻芒”“one”“一刻”等，从名字便可看出这些产品的定位无不是“小而美”的，为用户提供精细化、垂直化的内容供给，大都还具备社交功能。

［8］ 罗杰·夏蒂埃:《书籍的秩序》，吴泓缈、张璐译，商务印书馆 2013 年版，第 26 页。

［9］ 詹明信:《晚期资本主义的文化逻辑》，张旭东编，陈清侨等译，生活·读书·新知三联书店 2013 年版，第 372 页。

［10］ 参见“为你读诗”官方网站，网址：https://www.thepoemforyou.com。

［11］ 阿诺德·盖伦:《技术时代的人类心灵——工业社会的社会心理问题》，何兆武、何冰译，何兆武校，上海科技教育出版社 2003 年版，第 76 页。

［12］ 宗白华:《艺境》，商务印书馆 2017 年版，第 510—511 页。

［13］ 本雅明:《发达资本主义时代的抒情诗人》，张旭东、魏文生译，张旭东校订，生活·读书·新知三联书店 2012 年版，第 202 页。

［14］ 章淑贞、郑施:《用“诗歌”打造一个文化平台——专访“为你读诗”联合创始人、总策划人张炫》，《新闻与写作》2015 年第 7 期。

［15］ 在此维度上，近年来互联网上流行的 asmr（autonomous sensory meridian response，即自发性知觉经络反应），则更加纯粹地从听觉、触觉、嗅觉的生理层面给人带来愉悦反应。用来催眠的 asmr 作品，往往由各种舒缓的触发音组成，如按摩耳朵、梳头发等，帮助人们舒缓平静，开拓了“耳蜗经济”的新领域。此外，听书软件、播客等也成为新时尚。

［16］ 参见柄谷行人:《日本现代文学的起源（岩波定本）》，赵京华译，生活·读书·新知三联书店 2019 年版，第 46—47 页。

［17］ 提摩太·贝维斯:《犬儒主义与后现代性》，胡继华译，上海人民出版社 2008 年版，第 30 页。

［18］ 马克思、恩格斯:《共产党宣言》，中共中央马克思恩格斯列宁斯

大林著作编译局译，人民出版社 1992 年版，第 28 页。

［19］ 参见韩炳哲：《前言 倦怠的普罗米修斯》，韩炳哲：《倦怠社会》王一力译，中信出版社 2019 年版，第 1—2 页。

［20］ 阿诺德·盖伦：《技术时代的人类心灵——工业社会的社会心理问题》，何兆武、何冰译，何兆武校，上海科技教育出版社 2003 年版，第 76 页。

［21］ 卡尔·雅斯贝斯：《时代的精神状况》，第 51 页。

［22］ 提摩太·贝维斯：《犬儒主义与后现代性》，第 140 页。

［23］ 参见《当你若有所悟向我走来》，微信公众号“读首诗再睡觉”，2020 年 3 月 21 日。

［24］ 姜涛：《从催眠的世界中不断醒来：当代诗的限度及可能》，华东师范大学出版社 2020 年版，第 319 页。

［25］ 参见彼得·汉德克：《试论疲倦》，陈民、贾晨、王雯鹤译，上海人民出版社 2016 年版，第 3—49 页。

［26］ 托马斯·斯特里特：《网络效应：浪漫主义、资本主义与互联网》，王星等译，华东师范大学出版社 2020 年版，第 27 页。

［27］ 林语堂：《苏东坡传》，“原序”，张振玉译，湖南文艺出版社 2016 年版，第 1—2 页。

［28］ 克里斯托弗·拉什：《自恋主义文化：心理危机时代的美国生活》，陈红雯、吕明译，上海译文出版社 2013 年版，第 48 页。

［29］《赵又廷：我的话语从熔炉之中，飞出了零星碎片》，微信公众号“为你读诗”，2018 年 9 月 9 日。

［30］《“为你读诗”张炫：做有呼吸感的内容付费》，整理自 2017 年 9 月 28 日三声·新青年沙龙的演讲，参见“界面新闻”，2017 年 10 月 5 日。

［31］ 布莱恩·奥康纳：《闲散的哲学》，王喆、赵铭译，北京联合出版公司 2019 年版，第 18 页。

［32］《冯至全集》第 12 卷，河北教育出版社 1999 年版，第 121 页。

［33］ 马丁·海德格尔：《存在的天命：海德格尔技术哲学文选》，孙周

兴编译，中国美术学院出版社 2018 年版，第 180 页。

［34］ 让・斯塔罗宾斯基:《透明与障碍：论让－雅克・卢梭》，汪炜译，华中师范大学出版社 2019 年版，第 488 页。

［35］ 迈克・费瑟斯通:《消费文化与后现代主义》，刘精明译，译林出版社 2000 年版，第 124 页。

［36］ 提摩太・贝维斯:《犬儒主义与后现代性》，第 77 页。

［37］ 参见范致行:《从微信媒体号的共时阅读形态，说到"公媒体"新可能》，虎嗅网，2013 年 7 月 29 日。

［38］ 托马斯・斯特里特:《网络效应：浪漫主义、资本主义与互联网》，王星等译，吴靖等校，华东师范大学出版社 2020 年版，第 22 页。

## 第九章　互联网世代的文学生活与主体塑造

——以弹幕版四大名著的接受为个案

［1］ 以四大名著为例，几乎每个时段都有对其阅读状况的问卷调查，以此考察国民（尤其青少年）的文学素养。而关于经典名著的讨论，深植于具体的历史社会情境中，正如佛克马与蚁布思在讲演中指出的:"在中国，现代经典讨论或许可以说是开始于 1919 年，而在 1949、1966、1978 这些和政治路线的变化密切相关的年份里获得了新的动力。" D. 佛克马、E. 蚁布斯:《文学研究与文化参与》，俞国强译，北京大学出版社 1996 年版，第 37 页。

［2］《从中外古今名著中汲取知识（座谈纪要）》，《读书》1985 年第 1 期。

［3］ 2019 年 5 月，在第七届网络视听大会上，B 站 CEO 陈睿指出用户中年龄为 18—35 岁的占据 78%，且月活用户已经破亿。这一数据虽然不断变动，但足以证明 B 站是影响很大的青年网民视听文化平台。而且 B 站也逐渐褪去青年亚文化的色彩，其影响日渐主流化。2020 年 B 站更是喊出口号"和 1.3 亿 B 站年轻人一起"。即便 B 站发展过程中会引发争议（比如 2021 年初动

漫作品《无职转生》引发的“性别战争”，比如围绕B站主流化是否会减损其特质的忧虑，等等），但其存在感、影响力都是不容低估的。

［4］“四大名著”具有极强的媒介适应性，甚至于“四大名著”的提法本就是现代媒介发明的说法。根据苗怀明的文献检索结果，“四大名著”一词最早出现于《申报》1919年2月14日的一则广告上，用于书籍促销。直至20世纪80年代后，“四大名著”才逐渐特指化，相关出版物层出不穷直至“泛滥成灾”。相比之下，古典文学研究界对这四部小说则大多分而治之，很少以“四大名著”合并研究。

［5］著名电影导演马丁·斯科塞斯亦有类似说法，认为当代流媒体将电影降格为内容。Martin Scorsese, “Federico Fellini and the lost magic of cinema”, *Harper's*, 2021(3).

［6］具体参见邵燕君主编：《破壁书：网络文化关键词》，生活书店出版有限公司2018年版，第59—66页。

［7］在B站十周年活动上陈睿这样评价：“弹幕让B站变成了一个社区，而且这个社区是真正能够触达内心的、有温度的社区。”

［8］“鬼畜”是指“一种原创视频类型。这类视频往往将同一段视频、音频素材以极快的速度反复循环剪辑，并配合节奏感极强的背景音乐拼贴而成。作为素材的视频、音频与背景音乐往往在速率、节拍或内容上高度同步，以达到一种洗脑或爆笑的效果”。参见邵燕君主编：《破壁书：网络文化关键词》，生活书店出版有限公司2018年版，第67页。以四大名著为素材改编的鬼畜视频数量众多，而诸如诸葛亮骂死王朗的片段，已是B站鬼畜文化的代表作。

［9］“‘梗’在二次元文化中是指某些可以被反复引用或演绎的经典桥段、典故。”邵燕君主编：《破壁书：网络文化关键词》，第48页。有趣的是，在1949—1966年间，四大名著中印量最大的也是《三国演义》，而如今《三国演义》也是与二次元文化互动最深的一种。可参见孔德罡：《跨文化语境下的中国文化“提喻法”——“三国”在电子游戏中的国际媒介形象》，《艺术评论》

2023 年第 9 期。

［10］“观光打卡”的修辞，正是文学与文化日渐景观化的表征。

［11］对《红楼梦》的整本书阅读，离不开版本选择、系统梳理、辞典辅助等，这一艰巨的任务极有可能极大提升学生的文学素养，但也有可能被过度“课程化”“应试化”，导致偏离阅读的本质。

［12］杜庆春：《走向文化生产的经典文本再生产——名著改编电视剧文化研究》，《北京电影学院学报》2000 年第 2 期。

［13］D. 佛克马、E. 蚁布斯：《文学研究与文化参与》，第 44 页。

［14］斯各特 · 拉什：《信息批判》，杨德睿译，北京大学出版社 2009 年版，第 282 页。

［15］马歇尔 · 麦克卢汉：《理解媒介：论人的延伸》，何道宽译，译林出版社 2019 年版，第 309—310 页。

［16］有趣的是，互联网语言中的亲属化称谓很多，对此已有一些语言学、传播学方面的研究成果。

［17］沃尔特 · 翁：《口语文化与书面文化：语词的技术化》，何道宽译，北京大学出版社 2008 年版，第 34—35 页。

［18］Anan Wan, Leigh Moscowitz & Linwan Wu, “Online social viewing: Cross-cultural adoption and uses of bullet-screen videos”, *Journal of International and Intercultural Communication*, 2020, Vol. 13, No. 3.

［19］斯各特 · 拉什：《信息批判》，第 50、51 页。

［20］斯各特 · 拉什：《信息批判》，第 31—32 页。

［21］马歇尔 · 麦克卢汉：《理解媒介：论人的延伸》，第 109 页。

［22］沃尔特 · 翁：《口语文化与书面文化：语词的技术化》，第 56 页。

［23］沃尔特 · 翁：《口语文化与书面文化：语词的技术化》，第 34 页。

［24］胡适：《白话文学史》，百花文艺出版社 2002 年版，第 364 页，“自序”第 7 页。

［25］胡适：《文学改良刍议》，《新青年》1917 年第 2 卷第 5 号。

［26］ 沃尔特·翁：《口语文化与书面文化：语词的技术化》，“作者自序”第 2 页、“译者前言”第 7 页。相比之下，原生口语文化（primary orality）是指未被文字或印刷术影响的文化。

［27］ 目前也已出现了语音弹幕的形态，但比例较低。

［28］ 商伟：《礼与十八世纪的文化转折：〈儒林外史〉研究》，严蓓雯译，生活·读书·新知三联书店 2012 年版，“导论”第 2—3 页。

［29］ 浦安迪：《明代小说四大奇书》，沈亨寿译，生活·读书·新知三联书店 2015 年版，第 22 页。

［30］ 马歇尔·麦克卢汉：《理解媒介：论人的延伸》，第 344 页。

［31］ 沃尔特·翁：《口语文化与书面文化：语词的技术化》，第 75 页。

［32］ 斯各特·拉什：《信息批判》，“导论”第 6 页。

［33］ 斯各特·拉什：《信息批判》，第 290 页。

［34］ 浦安迪：《明代小说四大奇书》，第 24 页。

［35］ 参见约翰·费斯克：《理解大众文化》，王晓珏、宋伟杰译，中央编译出版社 2001 年版。

［36］ 商伟：《礼与十八世纪的文化转折：〈儒林外史〉研究》，“导论”第 24 页。

［37］ Anan Wan, Leigh Moscowitz & Linwan Wu, “Online social viewing: Cross-cultural adoption and uses of bullet-screen videos”, *Journal of International and Intercultural Communication*, 2020, Vol. 13, No. 3.

［38］ 马歇尔·麦克卢汉：《理解媒介：论人的延伸》，第 383 页。

［39］ 德里克·德克霍夫：《文化的肌肤：半个世纪的技术变革和文化变迁（第二版）》，何道宽译，中国大百科全书出版社 2020 年版，第 15 页。

［40］ 李静：《弹幕版四大名著：“趣味”的治理术》，《读书》2021 年第 1 期。

［41］ 马歇尔·麦克卢汉：《理解媒介：论人的延伸》，第 302、66 页。

［42］ 汪涌豪：《经典阅读的当下意义》，《文汇报》2012 年 4 月 23 日。

［43］ 李静：《弹幕版四大名著："趣味"的治理术》，《读书》2021年第1期。

［44］ Julian Kücklich, "Precarious Playbour: Modders and the Digital Games Industry", *The Fibreculture Journal*, Vol. 5, 2005.

［45］ 参见韩南：《韩南中国小说论集》，王秋桂等译，北京大学出版社2008年版。

［46］ 林文刚编：《媒介环境学：思想沿革与多维视野》，何道宽译，北京大学出版社2007年版，第49页。

［47］《人民日报》《光明日报》《中国青年报》《北京日报》等多家媒体都刊发了相关评论，此外还有"澎湃新闻"等新媒体上的诸多讨论，此处不再逐一列举。

［48］ 参见斯各特·拉什：《信息批判》，第258—259页。

［49］ 参见马歇尔·麦克卢汉：《理解媒介：论人的延伸》，第387页。

## 第十章 "互联网鲁迅"

——现代经典的后现代命运

［1］ 关于此事件的报道，参见《一键查询引热搜　鲁迅官网多次宕机》，《北京青年报》2019年5月8日。

［2］ 参见《鲁迅博物馆首开网络直播》，《北京青年报》2020年3月22日。

［3］ 参见孙郁：《新媒介背后的关键在于思想深度》，《探索与争鸣》2019年第10期。

［4］ 鲁迅：《"题未定"草（六至九）》，《鲁迅全集》第6卷，人民文学出版社2005年版，第439页。

［5］ 参见黄乔生：《字里行间读鲁迅》，生活·读书·新知三联书店2017年版，第142—166页。

［6］ 参见鲁迅：《在上海的鲁迅启事》，《语丝》1928 年第 4 卷第 14 期，收入《三闲集》。

［7］ 参见东浩纪：《动物化的后现代——御宅族如何影响日本社会》，褚炫初译，（台湾）大鸿艺术有限公司 2012 年版。

［8］ 参见让・波德里亚：《象征交换与死亡》，车槿山译，译林出版社 2012 年版。

［9］ 让－弗朗索瓦・利奥塔尔：《后现代状态：关于知识的报告》，车槿山译，生活・读书・新知三联书店 1997 年版，第 108、140 页。

［10］ 葛涛编选：《网络鲁迅》，人民文学出版社，2001 年，第 24、136 页。

［11］ 葛涛编选：《网络鲁迅》，第 70 页。

［12］ 参见徐小平自述：《Papi 酱是互联网时代的鲁迅》，界面新闻，2016 年 4 月 15 日。

［13］ 比如微博上的"鲁迅 bot"等账号，正是以众网友为"语料股东"，"众筹"鲁迅著作中那些戳中人心的句子，以此团聚同道、抒发共鸣。

［14］《2016 鲁迅文学大数据解读报告发布》，https://www.sohu.com/a/116359566_140447。

［15］《"专访"1936 年的鲁迅：你想对"佛系青年"说什么？》，《南方周末》2019 年 5 月 22 日。

［16］ 让・波德里亚：《象征交换与死亡》，第 83 页。

［17］ 詹明信：《晚期资本主义的文化逻辑》，张旭东编，陈清侨、严锋等译，生活・读书・新知三联书店 2013 年版，第 372 页。

［18］ 参见东浩纪：《动物化的后现代——御宅族如何影响日本社会》第二章中关于"从故事消费到数据库消费"的讨论。

［19］ 根据藤井省三的考察，最早收录《故乡》的教科书是秦同培编选的四册《中学国语文读本》（上海世界书局，1923 年 7 月），参见藤井省三：《鲁迅〈故乡〉阅读史——现代中国的文学空间》，董炳月译，南京大学出版社 2013 年版，第 51 页。

［20］ 参见鲁迅：《290504 致舒新城》，《鲁迅全集》第 12 卷，第 162—163 页。

［21］ 在这条脉络上，还有围绕鲁迅和闰土的耽美改编，对此本章不再展开。

［22］ 甚至在 2018 年录制的网络综艺《笑场》中，一个制造笑点的“梗”便是提议该歌手直接扮演闰土。

［23］ 余世存演讲：《失格》，“一席”视频节目（主要在网络传播），2012 年 8 月 22 日。

［24］ 梁鸿：《重新发现当代乡村的“生活实感”——穿越鲁迅的思想幽光》，《探索与争鸣》2016 年第 6 期。

［25］ 参见王磊光为《呼喊在风中：一个博士生的返乡笔记》（复旦大学出版社 2016 年版）所撰序言。返乡笔记的成功直接促成了此书的出版。

［26］ 参见蒋好书：《如果真爱家乡，知识不会无力》，澎湃新闻，2015 年 2 月 26 日；常培杰：《在乡村，知识为何是无力的？》，澎湃新闻，2015 年 2 月 28 日；潘家恩：《城乡困境的症候与反思——以近年来的“返乡书写”为例》，《文艺理论与批评》2017 年第 1 期。

［27］ 参见杨时旸：《快手事件：知识分子的“鲁迅模仿秀综合征”》，https://www.douban.com/note/563388025/。

［28］ 参见孙玉石：《〈野草〉研究》，北京大学出版社 2007 年版，第 255 页。

［29］ 参见木山英雄：《〈野草〉主体构建的逻辑及其方法——鲁迅的诗与哲学的时代》，载氏著《文学复古与文学革命——木山英雄中国现代文学思想论集》，赵京华编译，北京大学出版社 2004 年版，第 1—69 页。

［30］ 孙玉石：《〈野草〉研究》，第 180 页。

［31］ 汪卫东：《探寻“诗心”：〈野草〉整体研究》，北京大学出版社 2014 年版，第 186 页。

［32］ 孙郁：《序二：在词语的迷宫里》，汪卫东：《探寻“诗心”：〈野

草〉整体研究》，第 3 页。

［33］ 莫斯里 · 迪克斯坦：《伊甸园之门：六十年代美国文化》，方晓光译，上海外语教育出版社 1985 年版，第 197 页。

［34］ 按照出场顺序，这 16 篇分别是：《好的故事》《影的告别》《秋夜》《过客》《求乞者》《我的失恋》《复仇》《复仇（其二）》《希望》《雪》《死火》《这样的战士》《墓碣文》《腊叶》《死后》《一觉》。

［35］ 参见雅克 · 朗西埃：《美学异托邦》，蒋洪生译，汪民安、郭晓彦主编：《生产：忧郁与哀悼（第 8 辑）》，江苏人民出版社 2012 年版。

［36］ 王逸群：《嘻哈音乐的世界感：音乐形式中的反讽意蕴》，《文艺理论与批评》2020 年第 1 期。

［37］ 鲁迅：《夜颂》，《鲁迅全集》第 5 卷，第 203 页。

# 后　记

## 祛魅时代的人文学探索

本书的写作，起步于博士在读时期，上篇便部分脱胎于2018年完成的博士学位论文《改革中国的“赛先生”——20世纪七八十年代之交文学文化中的“科学”》，下篇则陆续完成于近五年间。作为学科的文学与科学，同样都是19世纪以来西方学科体系与知识分类制度的产物。“文学”在中国的立科过程，虽纠缠着古今中西的多重坐标，但其主要驱动力是现代科学（“分科治学”）理念。基于这样的背景，贯穿于本书十则个案研究的问题意识在于，深受科学理念形塑的现代中国文学，是如何在这种规定性下发展自身的？文学承受了什么挑战，又做出何种回应？比起关于文学与科学关系的泛泛而谈，我希望能够细读个案，以文学为方法、为田野，发掘本土语境中丰富幽微的具体问题。

伴随着个案研究的展开，我渐渐发现，推动自己持续关注这项研究的根本动力，或许不完全是上述这些“冠冕堂皇”的学术理由。当读到蒋子龙的小说《晚年》里张玉田彻夜难眠的情景，我想到父辈们在市场大潮里关系割裂的境遇，不禁也潸然泪下；当读到年轻学生受到《哥德巴赫猜想》里陈景润精神的感召，将学习视作自我价值的实现渠道，却苦读而不得，甚至自我放弃时，我眼前浮现出不少昔日同窗，也记起知识与道德的分裂给曾经的少年们带来的伤害；当我翻看科幻故事集时，“想当科学家”的集体记忆袭来，面对这个世界最初的好奇心令早已信息过载的当代人熟悉而又陌生。更不用说，当我梳理互联网科技与文化传统的碰撞时，经常处于既沉迷又抽离、既理想化又充满怀疑的复杂情感状态，在书写中一遍遍照见自己的日常生活，时而恍然大悟，经常游移不定。于是，我渐渐明白，这个题目里浸透着自己生命中的种种焦灼、关怀与希冀，而不仅仅是一项学科之内的专业化成果。

从专业的角度看，尤其从选题来评估的话，这大概率不是一个明智之选。文学与科学的关系辐射甚广，材料繁多，对于二者关系的论述难以实证化，关于文学能动性的阐释也较难跳出陈词滥调，难以真正提出具备原创性与说服力的观点。寻找在历史进程中发挥重要作用，且同时具备较高文学史价值的研究文本，同样充满挑战。更不必说，一名纯文科生恶补科学史、科学哲学、科学技术进展与政策，“惨状”可想而知，常常蒙圈，偶尔一知半解，总是用时恨少。因而不得不艳羡，人家选题是四两拨千斤，而自己这名学术新手却偏偏挑了一台“重型坦克”，连顺利上路都颇感不易。追究起来，这种艰难处境的形成，当然与学术研究经验不足有关，但更多是“自找”的，或者说，这台重型坦克早就在前方等着我。

从学术的层面来讲，我关心的是科技强力之下文学的应对策略与具体行动，而用内心深处的语言来说则是，在现代社会种种强力/不可抗力的规定之下，如我这般的普通人应该如何存在并获得发展。对普通人来说，“赛先生”是遥不可及，却又挥之不去的。记忆中，小时候见到的最“恐怖”的图景，就是父亲医书里那些黑白混沌的人体影像，神秘骇人，却吸引我不断翻开。如今若以“小镇做题家”的身份回看从小到大的教育经历，正是不断主动或被动填塞“科学知识”，并努力以这些知识兑换为成绩、专业与学历的过程。那句深入骨髓的口号叫作“学好数理化，走遍天下都不怕”，这种思维模式给我的人生带来许多困惑——那些学不好数理化或有志于文史哲的孩子，在人生价值上天然就低一等吗？而那些学好数理化的孩子，后来的人生道路就注定更加开阔吗？

至今都清楚记得，高一结束时自己所在的“火箭班”（即成绩最好的班）只有五个人选择了文科，我搬着桌椅走出教室时，既感轻松雀跃，又难以摆脱世俗眼光，染上“文科羞耻”。考入中文系的欢愉也是短暂的，或许因为从来就不是赤忱的文学热爱者吧，一时间也无法得知作为一项专业的“文学”到底意味着什么。因此，当同乡好友说出“数学是最美的语言”时，恍惚间无从辩驳，只好私下默默转向那些高深莫测的术语、概念、知识与理论，试图变得更有“学问”，更加“务实”，更努力地追随“真实”世界的规则。这么多年的文学教育、文学研究到底带来了什么，它们有用吗？坦白讲，理念与现实经常打架，无论找出多少种辩护的理由，现实中的困境与疑惑并未随之减少。

文学研究和文学批评在我出生成长的20世纪八九十年代曾是社会文化生活的重要平台，及时提供了公共知识。但今非昔比，现在我所寄身其中的已是日益细密的专业分工体系，写出来的东西，是亲友不懂的“黑话”，于职业生涯来讲更近乎折兑工分的“计件产品”。因此我不得不去想，如果所学所写的不是实实在在的知识，不能令自己身心安顿，也不能兑换为社会与经济价值，那么意义何在？还是说，在科层制与项目化管理中追寻意义，已成为精神分裂般的“庸人自扰”？尤其在2023年底写下这段话时，包括我在内的所有同行无不忙于开会、填表和报销，在加速内耗中越来越偏离研究工作的正轨。

不得不说，博士毕业五年来的摸爬滚打，终究还是帮助自己在学术上磨炼得略微成熟一点，开始真正进入这个行当，拥有了一些“学科感”或是学术认同，但作为底色的焦虑感还是有增无减。在科技资本主导、迈入数码文明的今天，人文研究者瞬间被卷入其中，没有太多余暇与空间细细思索。面对实实在在的物质力量，“坐而论道”显得轻飘，如此这般，投身人文学术的研究者如何建立自身工作的价值感？从小接受的“求真”信念，指向何处？做一个合时宜的人，是否就意味着接受科技的塑造与系统的管理，而没有勇气与能力去反思片刻？

所以说，不管是自己的人生，还是专业与职业，似乎方方面面都被笼罩在“科学”的强力之下，却也悖论性地彰显“科学”的边界，那些属于“人生观”的部分——那些面对各种挤压时的情感旋涡，那些身为普通人的挣扎时刻，那种孤独挫败的低价值感与低活力状态——“科学”难以触及，也并未帮助到我。所以，我暗自想要将自己的处境与时代状况、历史脉络并置在一起，把这背后的难题从大脑中抽离出来，用文字描述自己的感受、观察与思考，把生命难题变成研究课题，不管多么不成熟，起码不要放弃思考的权利。

或许正是在这种“不认命”的自觉里，迟钝如我，开始领会文学的意义，接受它的馈赠。文学之于个人的价值，就在于它虽然无法折算为知识点、考试分数、优渥薪资，但它帮助我们成为心智更成熟，更能理解他人与世界，也更懂得精神生活的人。当然，文学语言与修辞技法具备相当的迷惑性，纠缠着人性复杂莫测的变化，由此困于深渊也有可能。在作为“人学”

的“文学”里，分裂了的知识、道德与审美重新统合，照见自己，又指向更广阔的世界与更隐秘的未知。在本书所描绘的两个时段里，文学既呼应时代变迁，但又往往执拗地游离，以自身的方式回看那些跟不上发展节奏的弱者，表征那些情感中最幽深的部分。如果说现实世界一次次“教育”我，“公平”怎么可能存在？但在文学世界里，我却时时能看见公平的模样，缓慢修复着自己残缺不全的勇气，倍加珍视文学赋予的言说权力。

也是在文学中，我认识到自己对科学、科学性、科学精神的理解是狭隘的。文学带来的审美冲击与敏锐觉知、与其他知识/学科的汇通、与历史政治结构的批判性互动，怎么就不能具备科学性呢？“诗的真实”，也许只会向更有阅历与人生智慧的人敞开，因而我希望能够自我挑战，在文学文本的可能性与复杂性里描摹科学强力带给现代世界的种种变化。至此，也就可以理解，前文所说的，这台“重型坦克”早就在前方等我，人与题目的相遇，也需人生机缘，所谓“选题缘起”，此之谓也。

本书的研究方法也由此奠定，即充分运用文学教育中尤其看重的文本细读能力，不是将这些文本个案当作定型化的知识与结论，而是尽可能深入文本生产与社会历史文化的互动过程，理解字里行间的真实指向、观念形态与美学追求。换言之，借助研读这些科学故事，本书意图破除简单的政治经济决定论，论证科学社会化进程是如何深深地依赖于文学叙述，而文学叙述又是如何形塑一个时代的价值观、人生观与生活世界。作为文学研究者，我们不需再去重复资本—科技—国家三位一体所具备的控制能力，而是亟须在作家作品里发现、激活与转化那些曾经的人文关怀与思想探索，或许这才是不容推卸的、旁人不可替代的分内之责。归根结底，本书是以文学为“主战场”，同时打通科学、社会与历史等多重领域，致力从人文视角汲取与表述现代中国所蕴藏的基本经验与思想资源，关注现代中国人如何在种种强力面前培育创造力与主动性。正如钱理群老师在本书序言中所指出的，“赛先生”是本书所选择的人文学研究视角，“赛先生”在20世纪七八十年代之交与2016年以降两个时段的种种际遇，具有相当的代表性，有助于理解复杂厚重的中国经验。

作为青年学者，我的这一研究课题很荣幸地得到诸多师友的指点与帮助。洪子诚老师在一次学术会议上曾告诫我，不必开篇便陷入宏大结论，应当从具体问题谈起，这一提醒时时在我脑海中响起，修正了自己的思维惯性；王德威老师与贺桂梅老师曾对我的博士论文给予悉心指导，从具体细节到整体框架都给出详细建议，令我切身了解了优秀学者是如何驾驭处理研究课题的。而近年与钱理群老师的持续交流，让我更深切地理解了何为一名思想者，何为与生命、与脚下大地相交融的学术生涯。本书完成后，钱老师更是慷慨作序，勉励后辈，从当代人文学的视角概括与提升拙著的研究方法论。面对老师们的教诲，我还有诸多力有未逮之处，未能都落实于本书的最终面貌之中。但这些珍贵的提点，将作为长期的努力方向不断引领着我。

同时，非常感谢《文学评论》《中国现代文学研究丛刊》《中国当代文学研究》《文艺争鸣》《当代作家评论》《现代中文学刊》《读书》《文艺论坛》等学术期刊提供的发表平台，其中还有文章有幸获得研究奖项。这令我意外之余，也更加明确了学术研究就是应当以自己关心的问题作为出发点，尝试发出自己的声音。此外，也十分感谢中国艺术研究院资助本书出版，感谢院所同人的帮助。感谢生活书店曾诚总编与编辑李方晴老师高效专业的编辑工作。

既然是回答人生之问的学术尝试，在写作过程中我也时常想起自己的亲人。感谢一路以来支持我进行奢侈的学术探险的父母和家人，他们无私的爱令我充满勇气，敢于去追寻心之所向。感谢我的先生李浴洋，他是每篇文章的第一读者，是最苛刻诚实的批评者，更是最懂背后关怀的对话人，他日复一日的鼓励让枯燥艰难的研究工作充满了希望与意义。接下来，我也将继续从事20世纪70年代末以来的当代人文学研究。愿这部小书能够联结读者的某些困惑与热望，带来内心深处的交谈，继而一道去构筑我们时代的人文价值。

2023年9月8日初稿，11月13日定稿

写于京西芙蓉里